U0158847

# 换流变压器运行维护实用技术

国网宁夏电力有限公司超高压公司　组编

**图书在版编目（CIP）数据**

换流变压器运行维护实用技术/国网宁夏电力有限公司超高压公司组编．—北京：中国电力出版社，2023.4

ISBN 978-7-5198-7612-8

Ⅰ.①换…　Ⅱ.①国…　Ⅲ.①换流变压器—运行②换流变压器—维修　Ⅳ.①TM422

中国国家版本馆 CIP 数据核字（2023）第 040132 号

---

出版发行：中国电力出版社
地　　址：北京市东城区北京站西街 19 号（邮政编码 100005）
网　　址：http://www.cepp.sgcc.com.cn
责任编辑：苗唯时（010-63412340）
责任校对：黄　蓓　郝军燕
装帧设计：赵丽媛
责任印制：石　雷

---

印　　刷：河北鑫彩博图印刷有限公司
版　　次：2023 年 4 月第一版
印　　次：2023 年 4 月北京第一次印刷
开　　本：710 毫米×1000 毫米　16 开本
印　　张：13
字　　数：210 千字
定　　价：86.00 元

---

**版权专有　侵权必究**

本书如有印装质量问题，我社营销中心负责退换

# 编　委　会


**主　　编**　雷战斐　吴　鹏　史　磊

**副主编**　徐　辉　窦俊廷　秦有苏　柴　斌

**编写人员**　谢伟锋　刘若鹏　王豪舟　宋海龙　赵庆杰

王文刚　王天鹏　刘书吉　吕　军　张立明

宁复茂　刘　钊　高梓栩　邓　沛　曹宏斌

温　泉　耿祥瑞　李　洋　韩慧麟　张国斌

李　昊　刘廷埏　毛春翔　臧　瑞　裴康宇

赵宇卿　刘舒杨　武嘉薇　于小艳　高海洋

朱　颖　孙　璐　董广民　李发裕　杨　群

齐鹏洋　田　瑞　李成昱　赵　慧　马小军

郑　昊

# 前言

随着国家《大气污染防治行动计划》的发布实施，我国又迎来直流工程建设新的高潮，所采用的换流变压器，容量已从向家坝—上海±800kV 特高压直流输电工程的 321MVA 增加到现在输送容量为 10GW 直流工程的 510MVA，送端要接入 750kV 系统，受端低端接入 1000kV 系统。特高压直流是当今国际直流输电的制高点，无任何成熟的经验可以借鉴，设备多为首台首套，运维人才极度缺乏。面对容量更大、电压更高的要求，换流变压器的设计制造与运行维护技术难度又上了一个新台阶。设备运行维护的培训需求大大增加。

因此，编写有关换流变压器的生产岗位培训教材是当前直流输电工程发展所急需的，对提高在运直流输电工程的运行可靠性也具有重要意义。本书以换流变压器运行维护者的角度，从换流变压器的特点和功能等基本概念出发，介绍换流变压器型式参数、结构原理和高压试验，总结运行维护技术和要点，理论结合实际，实用性强。

本书在编辑出版过程中，得到国网宁夏电力有限公司领导和业内专家的大力支持和指导，在此一并感谢。

限于作者的水平和经验，书中难免存在缺点和不足，敬请广大读者批评指正！

编　者

2023 年 4 月

# 目 录

# 第一章　换流变压器基本知识

换流变压器是整个直流输电系统中必不可少的设备，其主要参数按直流系统的特殊要求确定。在整流站，用换流变压器将交流系统和直流系统隔离，通过换流装置（换流阀）将交流电网的电能转换为高压直流电能，利用高压直流输电线路传输；在逆变站，通过换流装置将直流电能转换为交流电能，再通过换流变压器输送到交流电网；从而实现交流输电网络与高压直流输电网络的联络。

## 第一节　换流变压器类型及参数

换流变压器技术应直流输电技术的需求变化而不断发展，随着直流输电系统容量的不断提升，换流变压器的型式也在不断演变。当输送容量较小时，换流变压器采用单相三绕组，含两主芯柱和两旁柱，阀侧星形和角形绕组分置于两主芯柱上。然而，当输送容量增大时，受变压器单柱容量的限制，需采用两柱并联。因此，换流变压器必须采用单相双绕组型式。当容量进一步提升且受到大件运输的限制时，就必须采用三柱并联的单相双绕组换流变压器。

三峡电力外送确定为直流工程时，我国并不具备换流变压器的设计制造能力，因此实行国际采购。通过国际招标方式引进关键技术后消化吸收再创新，逐步实现我国换流变压器的国产化，同时选择让我国沈阳变压器厂（简称沈变）和西安变压器厂（简称西变）作为引进技术的受让方。目前，国内成功的生产厂也由西变、沈变扩大到保定天威保变电气股份有限公司（简称保变）、山东电工电气集团有限公司（简称山东电工）、特变电工衡阳变压器有限公司（简称衡变）等变压器厂，重庆 ABB 和广州西门子作为合资厂也能独立供货。换流变压器有以下四个主要类型及参数。

## 一、柔性直流系统换流变压器参数

柔性直流系统（简称柔直）有张北柔直（包括张北、康保、丰宁、北京4座±500kV柔性直流换流站）、福建厦门柔直（包括±320kV浦园、±320kV鹭岛）、浙江舟山柔直（包括±200kV舟洋、±200kV舟衢、±200kV舟岱、±200kV舟定、±200kV舟泗）、上海南风—书柔柔直（包括±30kV南风、±30kV书柔）、芦潮港（上海）—嵊泗（浙江）柔直（包括±50kV芦潮港、±50kV嵊泗）。

以张北柔直为例，换流变压器额定容量283.3MVA，采用单相双绕组，联结组别为Ii0，短路阻抗为14.96%，额定电流为2133.4A，阀侧电流为973.9A；厦门柔直额定电压±320kV，额定容量100万kW。

## 二、背靠背直流系统换流变压器参数

背靠背直流系统有灵宝换流站、高岭换流站和黑河换流站。灵宝站一期工程额定输送容量360MW、直流电压为120kV、额定直流电流为3000A；二期扩建工程额定输送容量750MW、直流电压为±166.7kV、额定直流电流为4500A；主接线采用低端单点接地。高岭换流站和黑河换流站均为额定容量为750MW、直流电压为±125kV、额定直流电流为3000A；主接线采用一侧换流单元中性点接地，另一侧换流单元中性点经避雷器接地。

所有换流变压器全部采用单相三绕组的型式，容量一般按送、受端相同设计，单台容量基本在300MVA以下（灵宝Ⅱ期为300.87MVA），联结组别为YNyn0d11，阻抗基本为16%；因为没有降压运行方式，有载分接开关调压范围不大；网侧绝缘水平按交流系统相应电压等级要求的绝缘水平选取。每个背靠背单元需配备7～8台换流变压器，其中1～2台备用。

## 三、±400、±500、±660kV直流系统换流变压器参数

±400、±500、±660kV高压直流工程均采用单12脉动双极系统接线。其中，除葛洲坝—上海南桥±500kV直流输电工程（简称葛南直流）输送容量为1200MW外，三常（简称龙政直流）、三广（简称江城直流）及三沪

（简称宜华直流和林枫直流）工程Ⅰ、Ⅱ期，呼伦贝尔—辽宁（简称伊穆直流）、四川—陕西（简称德宝直流）±500kV直流输电工程全部采用3000MW输送容量。青海—西藏±400kV（简称柴拉直流或青藏工程）和宁夏—山东±660kV（简称银东直流）直流输电工程输电容量分别为600MW和4000MW。

柴拉、葛南工程换流变压器采用三相三绕组，联结组别为YNyn0d11，每个工程配备14台换流变压器，其中2台为备用。三常、三广等工程换流变压器采用三相双绕组型式，联结组别为YNyn0或YNd11。每个工程配备28台换流变压器，其中4台为备用。

### 四、±800、±1100kV直流系统换流变压器参数

±800kV特高压直流输电工程采用（400kV＋400kV）等电压双12脉动双极系统接线、双12脉动对称接线。截至目前，工程输电容量从复奉直流的6400MW，到锦苏直流的7200MW，到天中直流、灵绍直流等的8000MW，到鲁固直流、昭沂直流等的10000MW，再到吉泉直流的12000MW；换流变压器容量从（送/受端）321MVA/297MVA、363MVA/341MVA到405MVA/377MVA和607.5MVA/382MVA，都采用单相双绕组，联结组别为YNyn0或YNd11。

受端低端400kV和200kV换流变压器接入1000kV，高端800kV和600kV接入500kV交流系统的“分层接入”式的锡泰直流和昭沂直流也已投入正常运行，接入1000kV电网有利于提高系统抵御严重故障的能力；接入500kV电网有利于保证电力的就地消纳。

另外，（550kV＋550kV）双12脉动的1100kV直流输电工程，即准东—皖南工程，直流电压提升到1100kV、额定功率提升到12000MW。送端直接接入750kV电网，受端分层接入500kV/1000kV电网，现已投入运行，满足2000km以上的远距离、大容量输电需求。

## 第二节 换流变压器功能与特点

由于换流变压器的运行与换流器换相造成的非线性密切相关，它在漏抗、绝缘、谐波、直流偏磁、有载调压和试验等方面与普通电力变压器有不同的

特点和要求。换流变压器与普通电力变压器一样，除了需要进行例行试验、型式试验、交接试验之外，还需进行直流电压试验、直流电压局部放电试验、直流电压极性反转试验等。

## 一、换流变压器的作用

换流变压器与换流阀一起实现交流电与直流电之间的相互转换，主要作用为：为换流阀换相提供电压；将送端交流电力系统的电功率送到整流器或从逆变器接受功率送到受端交流系统；通过两侧绕组的磁耦合实现交流系统和直流部分的电绝缘和隔离；实现电压的变换，使换流变压器网侧交流母线电压和换流桥的直流侧电压能分别符合两侧的额定电压及容许电压偏移；对从交流电网入侵换流阀的过电压波起抑制作用。

## 二、换流变压器的型式结构

换流变压器结构型式的选择受产品容量大小、绝缘水平、运输限制、换流阀和阀厅的布置、试验条件等的限制。总体结构分为三相三绕组式、三相双绕组式、单相双绕组式和单相三绕组式四种。

两个六脉冲换流桥构成一个单极十二脉动接线，这两个六脉冲换流桥分别由 Yy 与 Yd 联结的换流变压器供电。两个单极叠加在一起构成一个双极。每极所用的换流变压器可以由下述方式实现：一台三相三绕组换流变压器或两台三相双绕组变压器（一个 Yy 联结，一个 Yd 联结）或三台单相三绕组变压器（一个网侧绕组和两个阀侧绕组，一个 Y 接，一个 D 接）或六台单相双绕组变压器（三个 Yy 单相，三个 Yd 单相）。由建设规模的大小及直流电压等级可以确定换流变压器的大致型式。选择不同的型式主要受运输尺寸的限制，其次是考虑备用变压器容量的大小，当然，备用变压器容量越小越经济。换流变压器绕组接线原理图如图 1-1 所示。下面重点介绍单相三绕组和单相双绕组换流变压器。

（1）单相三绕组换流变压器。灵宝、高岭、黑河等背靠背直流系统均采用单相三绕组换流变压器（三维外形图见图 1-2），常规直流如±500kV 葛南直流、±400kV 柴拉直流也采用了单相三绕组换流变压器。从这几个工程的换流变压器的容量来看，都在 300MVA 以下。

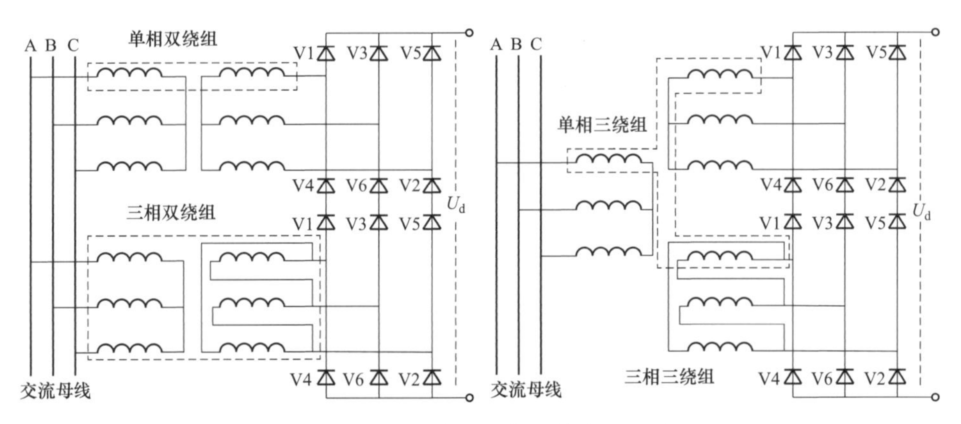


图 1－1　换流变压器绕组接线原理图

图 1－2　单相三绕组换流变压器三维外形图

（2）单相双绕组换流变压器。从±500kV 三常直流输电工程开始，直流输电系统输送容量达到 3000MW，换流变压器如果继续采用单相三绕组型式，那么单台容量需要达到 600MVA，无法满足大件运输的要求，因此改为单相双绕组的型式。特高压换流变压器容量大、阀侧绝缘水平高，一般都采用单相双绕组方案，铁芯为三相四柱或五柱式结构，中间两个或三个芯柱上套绕组，外边两个旁柱作为磁通回路，不套绕组。单相双绕组换流变压器三维外形图如图 1－3 所示。

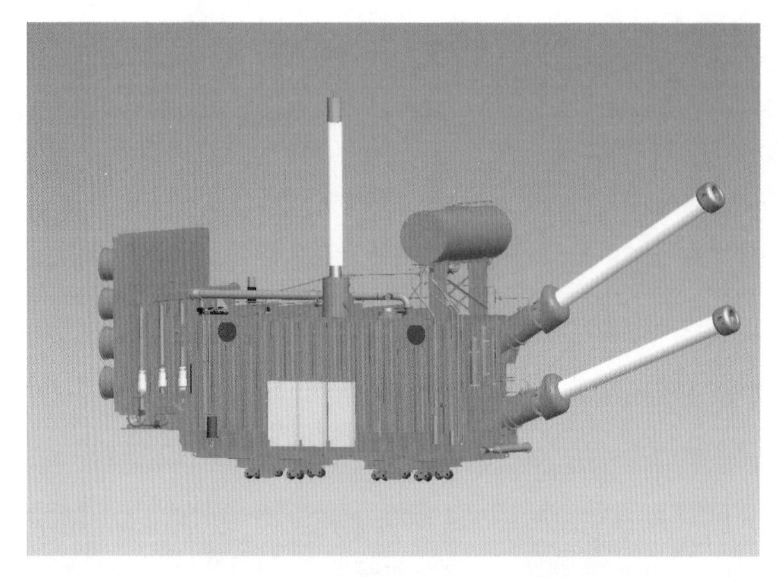

图 1-3　单相双绕组换流变压器三维外形图

## 三、换流变压器的特点

（1）短路阻抗。换流变压器短路阻抗指网侧与阀侧之间阻抗电压百分数，其阻抗通常高于普通交流变压器，这不仅为了根据换流阀承受短路电流的能力限制短路电流，也是为了限制换相期间阀电流的上升率。当换流变压器桥臂短路时，为了限制过大的短路电流损坏换流阀，换流变压器应具有足够的短路阻抗。短路阻抗增大，会使换流变压器中无功分量增大，会增加无功损耗和无功补偿设备，并导致直流电压中换相压降过大，因此在设计中要兼顾。背靠背及常规±500kV 直流工程通常取 16%左右，±660kV 直流工程达 18%，特高压直流工程通常取 18%以上，最大达到 23%。

（2）直流偏磁。如果换流阀触发脉冲间隔不等，会使换流变压器发生直流偏磁，导致换流变压器铁芯发生周期性饱和，发出低频噪声，损耗和温升也将增加。同时，由于直流输电系统换流变压器的接线方式大都为网侧 Y 接、中性点直接接地，阀侧 Y 接或角接、中性点不接地，网侧中性点接地为直流电流通过大地和绕组流出提供了通道。因此，设计时要充分考虑直流偏磁的影响。特高压换流变压器的设计直流偏磁电流一般可按 10A 考虑。

（3）谐波。在运行中，换流变压器直流侧和交流侧产生的谐波电流使换流变压器损耗和温升增加，产生局部过热，发出高频噪声，会使交流电网中的发电机和电容器过热。在换流变压器的设计中，要充分考虑谐波电流引起的损耗增加，在结构上还应采取有效的冷却措施，在套管升高座等有较强谐波通过的部分采用非导磁材料。在绕组两端和油箱壁上分别加磁屏蔽和电屏蔽，以减少谐波产生的影响。

（4）绝缘。由于换流阀的轮流导通，换流变压器阀侧绕组对地电位含有直流分量，换流变压器阀侧绕组同时承受交流电压和直流电压。当两个 6 脉动换流器串联而形成的 12 脉动换流器接线中，由接地端算起的第一个 6 脉动换流器的换流变压器阀侧绕组直流电压垫高 $0.25U_d$（$U_d$ 为 12 脉动换流器的直流电压），第二个 6 脉动换流器的阀侧绕组垫高 $0.75U_d$，因而换流变压器的阀侧绕组除承受正常交流电压产生的应力外，还要承受直流电压承受的应力。

另外，直流系统运行中的潮流反转、启停以及直流线路故障后的再启动和直流闭锁等，是对应于换流变压器绝缘介质中电场快速变化的工况。直流全压启动以及极性反转，阀侧绕组内部绝缘中的电位分布和场强与普通电力变压器不同，阀侧套管要采用全绝缘结构。换流变压器和普通变压器的内部绝缘都采用变压器油和绝缘纸板的复合结构，但两者绝缘油和纸板的比例不同，在直流电压作用下，绝缘中的电场呈阻性分布，与材料的电导率呈反比，极性反转时，绝缘中的电场基本按容性分布。因此，在设计中对油纸绝缘电气强度的校核，既要考虑交流电压的作用，又要考虑直流电压的作用和极性反转时的情况，应增加绝缘中绝缘纸板的比例。

（5）有载调压范围宽。为了补偿换流变压器交流网侧电压的变化以及将触发角运行在适当的范围内以保证运行的安全性和经济性，要求换流变压器有载调压分接开关的调压范围较大，特别是可能采用直流降压模式时，要求的调压范围往往高达 20%～30%。

# 第二章　换流变压器本体及组件运行维护

换流变压器组件是换流变压器的重要组成部分，除换流变压器本体以外的部件统称为换流变压器组件，主要由油箱、器身（绕组、铁芯及夹件）、套管、冷却器、储油柜、有载分接开关等组成。换流变压器组件是确保换流变压器安全运行，与其他设备连接的纽带。因此，换流变压器组件的质量关系到换流变压器能否安全可靠的运行。

## 第一节　本体及内部器身

### 一、换流变压器油箱

换流变压器油箱盖和底部分别设有与铁芯夹件定位销相对应的定位孔，器身装配时对器身形成强烈定位，保证器身在运输、运行和突发出口短路以及突发自然灾害等情况下器身不发生位移。换流变压器油箱一般采用优质高强度碳素结构钢，有些大电流套管的升高座采用了无磁钢。箱底和箱盖均采用整块钢板。整块钢板在焊接前采用超声波进行无损探伤以保证钢板质量。每台油箱应经过负压、最高油面静压密封试验和真空度校验。

1. 油箱结构

换流变压器油箱的基本作用可概括为保护油箱、盛油，外部组件安装骨架，散热。换流变压器油箱按照外形结构型式可分为两类：桶式油箱、钟罩式油箱。换流变压器的油箱一般为桶式结构，油箱盖分为平箱盖和拱形箱盖两种结构。拱形箱盖多在高端换流变压器使用，平顶箱盖进行预处理，形成一定弧度不会形成积水，并保证内部无窝气死角。油箱盖与箱体的连接方式分为焊接密封和螺栓密封。焊接密封的效果好，只要封焊质量有保证就不会出现箱沿渗漏油缺陷，其缺点是一旦换流变压器发生内部故障需要吊芯检修时，必须将焊接的箱沿刨开，检修不方便。用螺栓连接密封结构对箱沿和箱盖的密封面加工工艺要求严格，密封材料质量必须达到要求，否则容易出现渗漏油和漏磁发热缺陷。油箱盖上设有套管、分接开关、压力释放阀等组件的安装孔和检修孔。

换流变压器的油箱壁一般为平板式结构，用槽形加强筋加强。一种加强铁结构是仅用竖向加强，另一种加强铁采用数条横向板式加强筋进行加固。对于千斤顶的支点、牵引部位、运输装车的悬挂点或支点等受力部位采取局部加强措施。

油箱的短轴箱壁和箱盖分别设有人孔，便于安装和检修人员出入。冷却器通过进出油管和框架安装在油箱短轴一侧的箱壁上，少数结构的换流变压器将冷却器安装在油箱顶部。在油箱另一侧短轴箱壁上设有安装阀侧套管的法兰孔。由于阀侧套管倾斜安装在该侧箱壁上，套管的重量在该侧箱壁产生较大的应力。因此，该侧的箱壁用槽形加强或板式加强铁进行加强。

2. 油箱屏蔽

换流变压器正常运行，始终伴随着漏磁通的存在，而当漏磁通穿过钢结构件（夹件、油箱箱壁和螺栓）就在其中产生涡流损耗。这种损耗将导致各结构件的局部过热，影响绝缘件的寿命。再加上由于换流变压器的体积较大，磁路较长，漏磁通会在油箱上产生较大的涡流和附加损耗而引起发热。因此，换流变压器的油箱结构上需要采取磁屏蔽或电屏蔽措施。

（1）电屏蔽：在油箱内壁加装铝板（或铜板）作为内衬，铝板（或铜板）在漏磁场作用下感生涡流。这一涡流场产生的反磁通将阻止漏磁通进入油箱壁，从而减小了附加损耗。铝板（或铜板）内也有一定的涡流损耗，但是由于铝板（或铜板）的电阻小，所以损耗也小。电屏蔽焊接方便，基本不增加油箱宽度，在换流变压器上应用广泛。

（2）磁屏蔽：是在油箱内壁设置有硅钢片条竖立叠装组成的磁屏蔽，用以对来自绕组端部的漏磁通起疏导作用，减小在油箱壁产生涡流损耗。由于硅钢片磁屏蔽需要将硅钢片与油箱良好绝缘并可靠接地，有时绝缘不当或接地不良，会引起局部过热或放电缺陷。同时，由于磁屏蔽突出于油箱内表面，占据了一定的空间距离，不利于减小换流变压器的运输宽度。因此，磁屏蔽结构在换流变压器上应用相对较少。

## 二、绕组

换流变压器中的绕组按照其连接的系统不同，通常可分为连接交流系统的网侧绕组及调压绕组；连接换流阀的阀侧绕组。绕组的排列方式通常有以下两种：铁芯柱→阀侧绕组→网侧绕组→调压绕组；铁芯柱→调压绕组→网侧绕组→阀侧绕组。第一章第二节中讲到，一般换流变压器型式为单相双绕组式和单相三绕组式，铁芯为三相四柱或五柱式结构，中间两个或三个芯柱上套绕组，外边两个旁柱作为磁通回路，不套绕组。某工程 800kV 换流变压器器身及调压引线见图 2－1。

图 2－1　某工程 800kV 换流变压器器身及调压引线

以单相四柱式结构的换流变压器为例介绍。图 2－2 中，箭头方向为两柱式结构换流变压器磁路示意图。绕组排列顺序为铁芯柱→调压绕组→网侧绕组→阀侧绕组，其中两柱为芯柱，用于套绕组，另两柱为旁轭。芯柱 1 和芯柱 2 从内到外依次排列着调压绕组、网侧绕组和阀侧绕组。调压绕组放于最内侧，便于减小与铁芯的距离，减小运输尺寸。两个阀侧绕组首末端分别通过阀侧出线装置并联在一起，两个网侧绕组首端通过引线连接在一起。

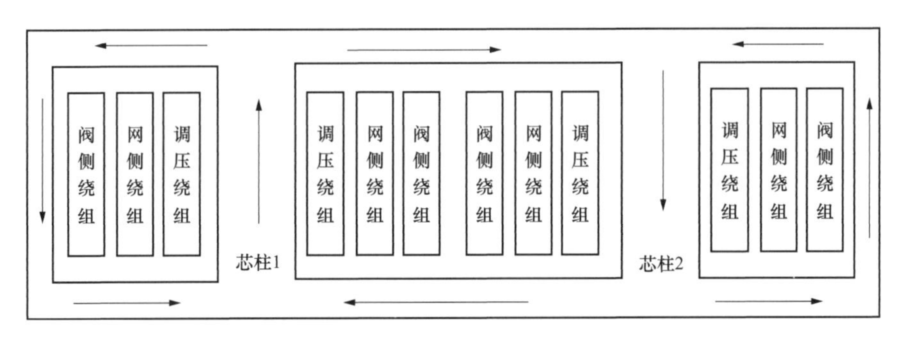


图 2-2　两柱式器身结构换流变压器磁路示意图

1. 调压绕组

换流变压器的调压绕组一般采用单层式绕组或双层式绕组，它一般布置在最里面，紧靠铁芯柱，用机械强度和绝缘强度很高的硬纸筒作为绕组的骨架，克服了层式绕组的机械稳定性较差的问题。对于阀侧电压较低的换流变压器，阀侧绕组常位于紧靠铁芯处。这时，调压绕组位于网侧绕组外侧。调压绕组可根据实际情况选择双层圆筒、单层圆筒、螺旋式等。结构与普通变压器相同。

调压引线的布置方式和走向取决于有载分接开关的数量和安装位置。对于采用单层调压绕组结构的换流变压器，各柱调压绕组就近并联后接到有载分接开关，经分接开关后引出接至中性点套管；对于采用双层调压绕组结构的换流变压器，其每层调压引线均应分别引至分接开关处并联，由于电流方向相反，调压引线中同方向电流之和基本为零。

2. 网侧绕组和阀侧绕组

换流变压器的网侧绕组一般采用分级绝缘结构，阀侧绕组采用全绝缘结构。网侧绕组主要采用轴向纠结加连续式结构。与传统的纠结或内屏连续式不同，轴向纠结采用特殊的阶梯导线绕制 $n$ 个双饼构成 $n/2$ 个纠结单元；阀侧绕组多采用特殊的内屏，即连续式。与常见的插入电容式内屏连续式绕组不同，此种绕组在内屏部分的屏线与工作线融为一体，通过对屏线在不同位置进行断开来调节匝间电容。

网侧引线一般采用端部垂直出线方式。各柱绕组的首端引线通过均压屏蔽管在器身上端连接后经出线装置接至套管尾部或者经升高座从油箱顶部引出，各柱引线在升高座内并联后经出线装置接至套管尾部，套管垂直安装在升高座上；阀侧各柱绕组一般采用“手拉手”结构连接后，通过屏蔽管经出线装置接到阀侧套管。

## 三、铁芯及夹件

### 1. 铁芯

铁芯是换流变压器的基本部件之一，它由硅钢片、绝缘材料和铁芯夹件及其他结构件组成。铁芯既是换流变压器的磁路，也是绕组和引线以及换流变压器内部器身的主要骨架：①作为磁路，铁芯的导磁体把一次系统的电能转换成磁能，又把磁能转换为二次系统的电能，是能量转换的主要载体。②作为骨架，其结构应具有足够的机械强度和稳定性，以便换流变压器内部引线和分接开关、出线装置等绝缘件的安装和固定，同时应能承受换流变压器在制造、运输和运行中可能受到的各种作用力。

换流变压器铁芯由高导磁晶粒取向冷轧硅钢片叠积而成，可以有效降低铁芯材料的磁滞损耗，减小换流变压器的空载损耗和空载电流。铁芯的结构件主要由铁芯本体、夹件、垫脚、撑板、拉板、拉带、拉螺杆和压钉以及绝缘件组成。铁芯通过高强度纵向和横向拉板连成整体，上下夹件设有三维强力定位装置，总装配时分别固定在油箱底部和箱盖上，防止器身产生位移。

铁芯是换流变压器中主要的磁路部分，通常含硅量较高，由表面涂有绝缘漆的热轧或冷轧硅钢片叠装而成。铁芯和绕在其上的绕组组成完整的电磁感应系统。铁芯由硅钢片组成，为减小涡流，片间有一定的绝缘电阻（一般仅几欧姆至几十欧姆），由于片间电容极大，在交变电场中可视为通路，因而铁芯中只需一点接地即可将整叠的铁芯叠片电位箝制在地电位；夹件是用来夹紧铁芯硅钢片的，铁芯和夹件互相绝缘，铁芯和夹件与绕组、外壳之间也是绝缘的。换流变压器在运行过程中，铁芯和夹件分别由小套管引出外壳，然后分别接地。

单相两柱旁轭铁芯实物如图 2－3 所示，单相三柱旁轭铁芯实物如图 2－4 所示。

### 2. 夹件

夹件为板式结构，上夹件无压钉结构，采用腹板下压块压紧器身；下夹件焊有导油盒，配合不同位置的导油孔，精确保证两心柱的各个绕组的油量

图 2-3　单相两柱旁轭铁芯实物图

图 2-4　单相三柱旁轭铁芯实物图

分配。拉板下部采用挂钩结构与下夹件腹板咬合，上部为螺纹结构，在上夹件腹板内侧穿过上横梁锁紧固定。铁轭上下设置高强度钢拉带紧固。夹件系统整体结构简洁，避免了轴销、压钉结构所产生的尖角凸棱，使绕组端部出头及引线的布置简单方便。在保证电气强度的前提下引线布置可尽量靠近夹件，从而减小变压器尺寸。

为避免换流变装车运输或运行振动时器身移位，需要对换流变器身进行内部限位、定位，现阶段主要采用夹件与油箱的限位配合（即夹件定位结构）来实现器身定位。以 ABB 技术为例，ABB 技术路线换流变压器上定位采用“压钉与夹件螺纹连接定位、聚酯偏心圆外侧填充限位”结构，如图 2-5 所示。压钉与箱盖盖板之间采用聚酯绝缘板进行绝缘隔离，当绝缘板受振动或者受力破损时，容易导致压钉（即夹件）与箱盖连接或绝缘降低。

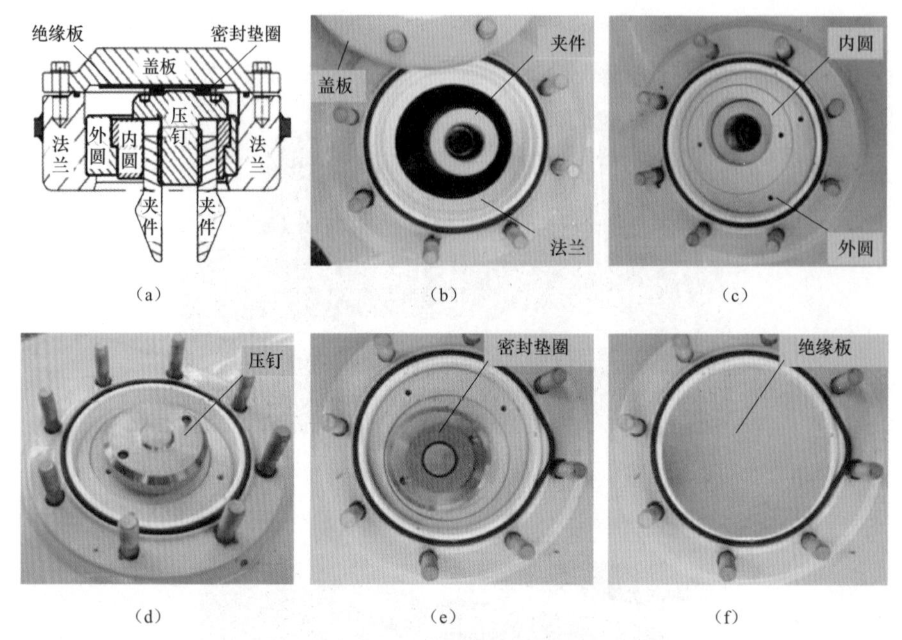


(a) (b) (c)

(d) (e) (f)

图 2-5　ABB 技术路线夹件上定位结构

(a) 上定位结构；(b) 初始状态；(c) 放置聚酯偏心圆；(d) 放置压钉；

(e) 放置密封垫圈；(f) 放置绝缘板

ABB 技术路线换流变下定位采用“夹件定位柱与箱底定位环嵌”。为保证夹件、油箱可靠绝缘，夹件定位柱、夹件金属板与箱底之间放置绝缘垫圈，夹件定位柱与外侧定位环金属法兰之间采用聚酯环进行绝缘填充，如图 2-6 所示。当绝缘板破损或夹件金属件与箱底之间有异物搭接时，容易导致夹件与箱底导通或绝缘降低。

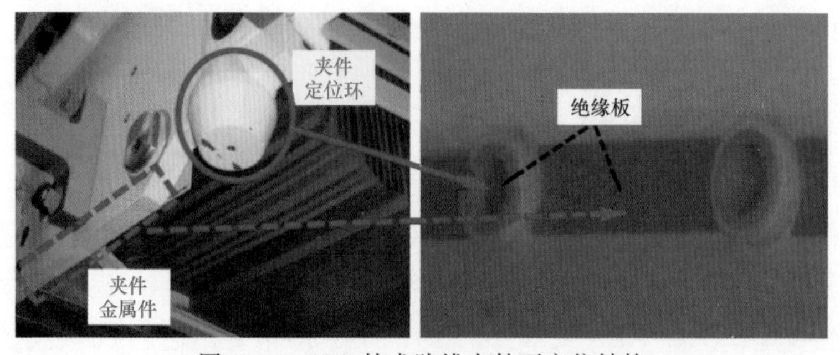


图 2-6　ABB 技术路线夹件下定位结构

3. 铁芯和夹件绝缘及接地

换流变压器运行过程中，铁芯、夹件等金属结构件均处在强电场中，它们具有较高的对地电位，且电容分布不均、场地各异。如果铁芯不接地，它们与接地的油箱和其他金属结构件之间存在电位差，极易发生断续的放电现象，对换流变压器的状态检测和评估非常不利。因此，必须将铁芯与金属构件一点接地。

同时，为避免电位差放电或形成内部环流，换流变压器的铁芯和夹件之间是相互绝缘的，通过接地装置分别引出油箱外部一点接地。如果铁芯和夹件发生多点接地，就会产生环流造成铁芯或夹件局部过热、使绝缘油分解产生特征气体，对设备运行状态的诊断带来困难。如果长时间局部过热运行，将导致绝缘油和绝缘材料非正常老化，影响换流变压器的运行寿命，甚至还会引起铁芯片间的绝缘层老化脱落或失效，严重时还会造成铁芯或夹件局部烧损，甚至造成铁芯烧损事故。铁芯与加夹件彼此绝缘且分别单点接地示意见图 2－7。

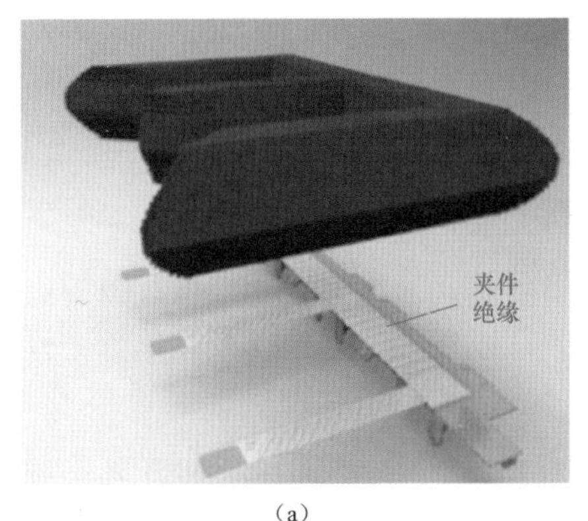


(a)

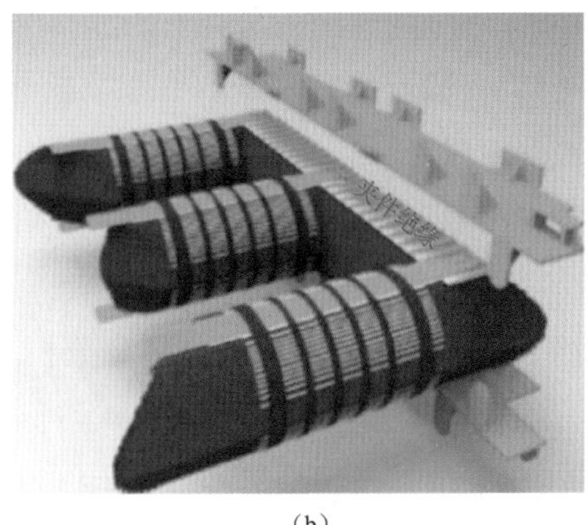

(b)

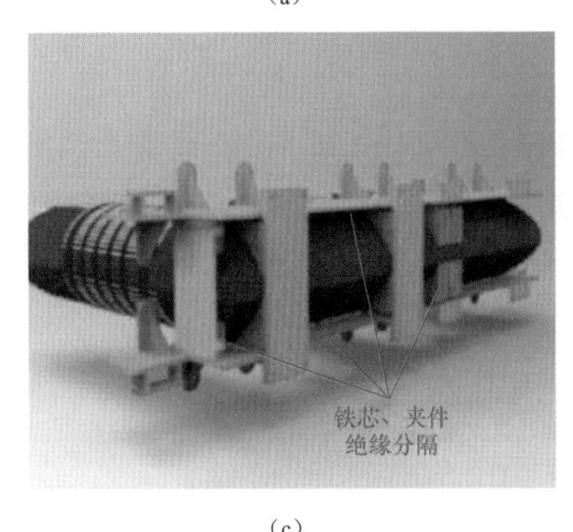


(c)

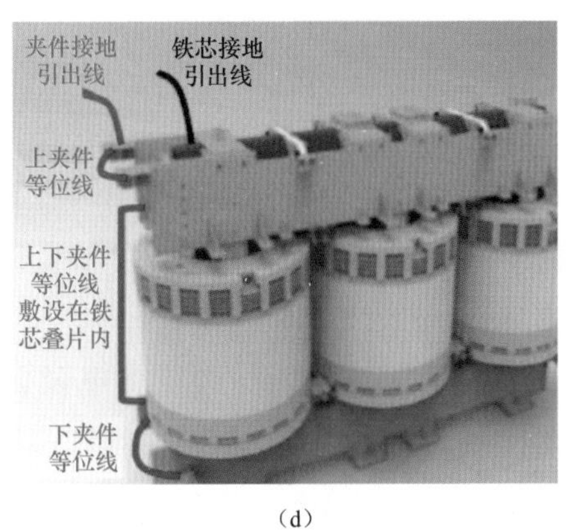


(d)

图 2－7　铁芯与加夹件彼此绝缘且分别单点接地

(a) 铁芯与下部夹件彼此绝缘；(b) 铁芯与上部夹件彼此绝缘；

(c) 铁芯与夹件彼此绝缘分隔；(d) 铁芯、夹件接地引出示意

## 四、铁芯和绕组的技术标准归纳及运维经验

### 1. 抗短路能力校核

《国家电网有限公司关于印发〈十八项电网重大反事故措施（修订版）〉的通知》（国家电网设备〔2018〕979号）中9.1.1要求："240MVA及以下容量变压器应选用通过短路承受能力试验验证的产品；500kV变压器和240MVA以上容量变压器应优先选用通过短路承受能力试验验证的相似产品。"依据《国网设备部关于印发加强66kV及以上电压等级变压器抗短路能力工作方案的通知》（设备变电〔2019〕1号）要求，2019年起新采购的110kV及以上新购变压器交货时要提供变压器抗短路中心出具的抗短路能力校核报告。

### 2. 短路电流冲击

《国家电网有限公司关于印发〈十八项电网重大反事故措施（修订版）〉的通知》（国家电网设备〔2018〕979号）中9.1.8要求："220kV及以上电压等级变压器受到近区短路冲击未跳闸时，应立即进行油中溶解气体组分分析，并加强跟踪，同时注意油中溶解气体组分数据的变化趋势，若发现异常，应进行局部放电带电检测，必要时安排停电检查。变压器受到近区短路冲击跳闸后，应开展油中溶解气体组分分析、直流电阻、绕组变形及其他诊断性试验，综合判断无异常后方可投入运行。"

《国家电网公司直流换流站运维管理规定　第1分册　换流变压器运维细则》1.1.3规定：换流变压器承受近区短路冲击后，应检查记录短路电流情况。

**【条款说明】** 各单位变压器专责人应组织开展油色谱分析等带电检测和动态评估，必要时安排停电检测。遭受短路冲击后，对设备状态把握不准时，应及时向省公司设备部汇报，严禁盲目投送。

### 3. 漏磁发热

根据DL/T 644—2008《带电设备红外诊断技术应用导则》（简称《导则》）中9.3条规定，对于磁场和漏磁引起的过热可依据电流制热型设备的判据进行处理。

**【条款说明】** 现场运行人员红外测温发现极Ⅱ低端Y接换流变压器本体箱沿连接螺栓漏磁发热。其中温度最高的热点温度达到183℃，正常箱沿温度为30℃，环境温度16℃。过热螺栓由普通钢或者热镀锌铁件制成，普通钢有

很强的导磁性，在随负荷电流变化的漏磁场和三相交变磁场的作用下由于空气的磁导率较低，从而大量的漏磁通通过磁导率较好的连接螺栓，使得螺栓内部的磁通密度增大，高密度交变磁通在螺杆中产生很大的涡流，造成螺栓发热。换流变压器漏磁发热红外图谱和可见光照片如图 2－8 所示。

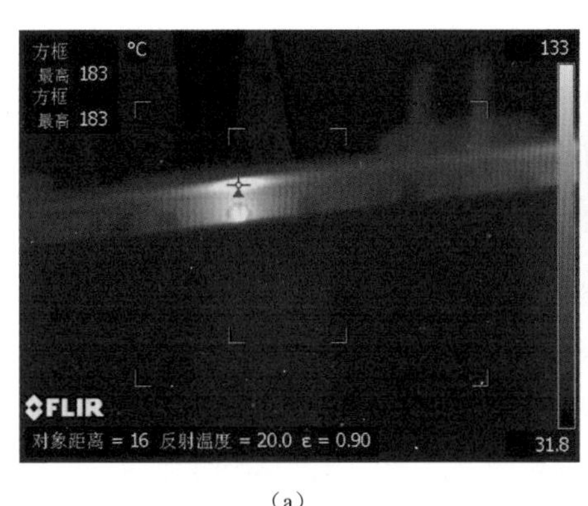


(a)

(b)

图 2－8　换流变压器漏磁发热红外图谱和可见光照片

(a) 红外图谱；(b) 可见光照片

（1）用导磁性较好的材料旁通发热螺栓的漏磁通密度，降低螺栓内部的涡流损耗，建议采用硅钢片，硅钢片具有良好的导磁性能。

（2）选用低导磁材料不锈钢螺栓作为连接螺栓，降低螺栓内的涡流损耗，剔除发热螺栓作为连接螺栓。

（3）将变压器本体箱沿顶盖连接螺栓处连接面的油漆进行刮擦清理，重新将螺栓连接。

4. 送电消磁

（1）国调中心调控运行规定的通知中规定：500kV 及以上变压器（含换流变压器）在充电前，现场要做好消磁工作。

（2）按照 Q/GDW 168《输变电设备状态检修试验规程》要求，直流电阻试验为大型变压器的例行试验项目，有载分接开关检修后及更换套管后，应测量直流电阻，直流电阻试验时直流电流过大，直流电流流过绕组，由于电流的方向一定，此时的绕组相当于一个电磁铁，被绕组缠绕的铁芯由于处于磁力线最密集处，铁芯被磁化。将在换流变压器铁芯中产生剩磁，剩磁的大小是影响变压器合闸涌流的重要因素，可能引起换流变压器保护误动作。

5. 铁芯、夹件泄漏电流异常

Q/GDW 299—2009《±800kV 特高压直流设备预防性试验规程》中规定：铁芯接地电流不大于 300mA，铁芯与夹件的绝缘电阻测量值应不小于 500MΩ。

《国家电网公司直流换流站检测管理规定》中规定：铁芯、夹件接地电流±660kV 及以上：≤300mA（注意值），其他：≤100mA；与历史数值比较无较大变化。铁芯、夹件绝缘电阻与以前试验结果比较无显著降低；500kV 以上：≥500MΩ（新投运 1000MΩ），其他：≥100MΩ（新投运 1000MΩ）。

**【条款说明】** 极Ⅱ低端 YD－B 相换流变压器铁芯泄漏电流达到 1358mA，A 相电流为 280mA，C 相电流为 294mA，使用万用表对铁芯、夹件引出线套管处进行直流电阻的测量，发现铁芯、夹件间的绝缘电阻为 19.9Ω。

第一种情况（如图 2－9 所示）：当换流变压器发生铁芯和夹件通过金属丝或高阻短接后，会在“铁芯—铁芯接地点—大地—夹件接地点—夹件”回路里形成环流 I。由于此电流通过了外部引线，因此，在外接引线监测处测量到增大的泄漏电流，且 A、B 监测点的电流一样大，即铁芯和夹件的泄漏电流同样增大。

第二种情况（如图 2－9 所示）：当换流变压器为铁芯多点接地情况时，因为夹件与大地不能形成导电回路，故在 A 监测点测量不到电流增大情况；而铁芯则能在“铁芯—接地引线—大地—铁芯另一接地点”形成回路，故在 B 监测点能测量到增大的铁芯接地电流，且夹件电流不会明显变大。

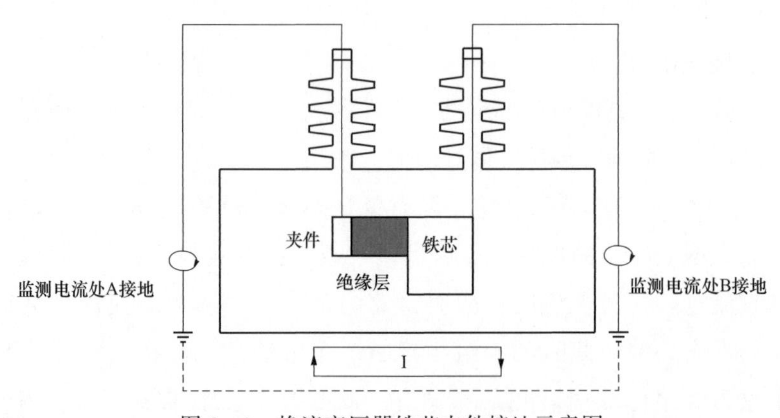


图 2－9　换流变压器铁芯夹件接地示意图

因此，判断铁芯与夹件之间存在金属或高阻值短接，可能原因为铁芯与夹件之间存有导电异物或铁芯芯片变形与夹件系统有电气接触，具体原因有：①换流变压器在安装或运输过程中疏忽，导致变压器铁芯碰触油箱外壳或铁芯碰夹件；②变压器铁芯与夹件间的绝缘板磨损脱落，造成夹件与铁芯碰触；③穿心螺杆或金属绑扎带绝缘损坏，与铁芯或夹件等碰触；④潜油泵轴承磨损产生的金属粉末进入变压器油箱内，导致铁芯与夹件短接。解决措施有：①使用电焊机的一端连接到换流变压器油箱接地端子上，将电焊机的电流调整到 100A，使用电焊机的另一端瞬间点击换流变压器铁芯（或夹件）端的连接导线，并瞬间离开。接触时有电击状况，则停止冲击，使用 500V 绝缘电阻表测量绝缘电阻，当绝缘电阻大于 200MΩ 时，使用 2500V 电压继续进行测量，绝缘仍然在 200MΩ 及以上时，停止冲击。若电流 100A 效果不明显，应逐级调整电焊机电流，120、140、160、180A，电流不建议超过 200A。②排油内检。③加装限流装置。

6. 铁芯夹件电流测试

（1）铁芯、夹件接地电流测试在新投运后 1 周内（但应超过 24h）应进行电流测试，以后每月测试 1 次。

（2）在日常运行维护时，应以投运时的电流数值作为初值，参照 Q/GDW 168—2008《输变电设备状态检修试验规程》标准中方法，通过纵向、横向比分析和显著性差异分析监测换流变压器的运行工况，积累运行经验数据。由于换流变压器接地电流谐波含量大于常规变压器，在不同频带宽度下所得到的测量数据有一定差异，因此钳形表“工频挡”“全频挡”测量数据及后台显示数据不可直接对比。与普通变压器的铁芯接地电流频率集中在工频不同，换流变压器因其自身结构特点以及直流偏磁等原因，铁芯及夹件接地电流中包含了大量的高频分成。换流变压器的特殊性，使得在测量其铁芯及夹件接地电流时必须考虑设备的频带宽度，否则测试数据不能直接对比。目前国家电网公司发布的技术标准体系中，只对普通电力变压器及电抗器的铁芯接地电流值进行了规定，对铁芯接地电流频率特性没有明确规定和说明，各厂家接地电流传感器的频率特性都存在一定的差异。换流变压器铁芯接地电流与普通变压器的区别也没有成熟的运行经验，需要在实际工作中逐步摸索。

（3）换流变压器解体检修后、更换绕组后、油中溶解气体分析异常时应进行电流测试，当铁芯及夹件接地电流超标时，应适时开展铁芯、夹件绝缘电阻测试。

换流变压器铁芯夹件接地示意如图 2－10 所示。

图 2－10　换流变压器铁芯夹件接地示意图

7. 冲击合闸试验

（1）GB 50150—2016《电气装置安装工程　电气设备交接试验标准》中 8.0.15 规定：额定电压下的冲击合闸试验，应符合下列规定：在额定电压下对变压器的冲击合闸试验，应进行 5 次，每次间隔时间宜为 5min，应无异常现象，其中 750kV 变压器在额定电压下，第一次冲击合闸后的带电运行时间不应少于 30min，其后每次合闸后带电运行时间可逐次缩短，但不应少于 5min；无电流差动保护的干式变可冲击 3 次。

（2）DL/T 1798—2018《换流变压器交接及预防性试验规程》中规定：交接试验时，空载合闸 5 次，每次间隔 5min；更换绕组后，空载合闸 3 次，每次间隔 5min。

（3）《国家电网公司直流换流站运维管理规定　第 1 分册　换流变压器运维细则》中规定：新投运、解体性检修后的换流变压器投入运行前，应在额定电压下做空载全电压冲击合闸试验。加压前应将换流变压器全部保护投入。新投运的换流变压器冲击 5 次，解体性检修后的换流变压器冲击 3 次。

（4）DL/T 274—2012《±800kV 高压直流设备交接试验》中规定：在网侧、在额定电压下，对换流变压器冲击合闸 5 次，每次间隔时间不应小于 5min，第一次冲击合闸后的带电运行时间不应少于 30min，其后每次合闸后，带电运行时间可逐次缩短，但不应少于 5min。冲击合闸时，应无异常声响等现象，保护装置不应动作。冲击合闸时，可测量励磁涌流及其衰减时间。冲击合闸前后的油色谱分析结果应无明显的差别。

# 第二节　套　　管

换流变压器套管是将内部绕组引线引到油箱外部的出线装置。它不但作为引线对地的绝缘，而且承担着引线的固定作用，运行中长期通过负荷电流，应能承受短路时的瞬时过热，必须具有良好的热稳定性。套管长期暴露在大气中，同时应具备能承受高温、严寒、风沙、雨雪、强紫外线以及酸碱等有害气体环境影响的耐候性能。

## 一、套管的结构

换流变压器套管分为网侧套管和阀侧套管。换流变压器接到与交流电网相连的换流站交流母线上的绕组称为网侧绕组，与之相连的套管即为网侧套管；接到换流阀的绕组称为阀侧绕组，与之相连的套管即为阀侧套管。

交流网侧套管按照电流连接方式一般分为穿缆式、导杆式、底部端子固定式、拉杆式（见图 2－11），换流变压器一般采用拉杆式。目前，网内运行的换流变压器阀侧套管主要采用的是 HSP 公司的 RIP（环氧树脂浸纸）套管和 ABB 公司 GGF（油—气混合）套管。

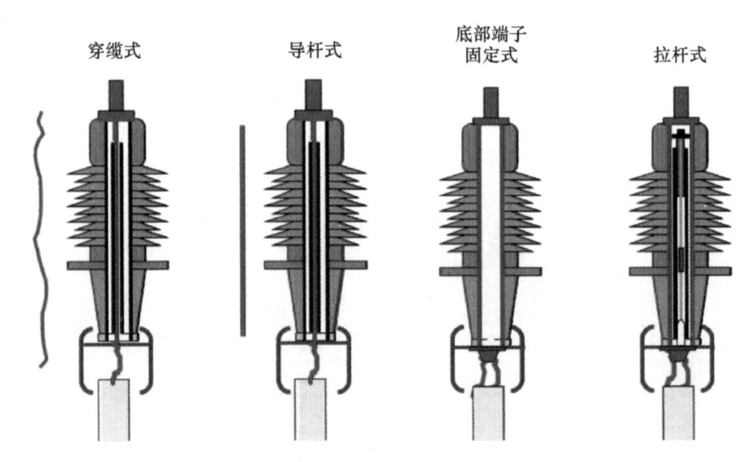


图 2－11　网侧套管电流连接方式

### 1. 网侧套管

换流变压器网侧套管供货厂家主要有 ABB、HSP、传奇电气（沈阳）有限公司、南京电气（集团）有限责任公司。网侧高压套管为油纸电容式套管，头部设有套管储油柜，满足油量变化的需要，内部配有软连接与弹簧，用来补偿温度所产生的形变和位移。为了满足运行维护的需要，在储油柜上设置油面指示器。油位指示有玻璃油表和磁指针油位计两种结构。对单玻璃油位计的套管，在20℃时，油位在油位计中间，油位每变化10℃，油位高度变化3mm；对双玻璃油位计的套管，在20℃时，油位在两玻璃油表之间，油位每变化10℃，油位高度变化6mm；对于磁指针油位计的套管，在20℃时，磁指针油位计呈水平方向，当指针指示在绿色区域时，套管油位处于正常状态，当指针指示在红色区域时，套管处于低油位状态。

套管外绝缘为瓷套，内绝缘通过电缆纸和多层铝箔极板卷制，形成圆柱形电容芯子，随着中心导管处的电容屏到外部的末屏之间的距离逐渐增大，其长度不断缩短。通过对轴向和径向的电场进行控制，同时对端部场强进行均匀处理，在一定程度上确保每两层铝箔之间电容的一致性。为便于安装，ABB网侧油浸电容式高压套管（GOE）采用拉杆式结构，下部引线通过拉杆在套管顶部将军帽处，用螺栓紧固。换流变压器网侧套管首端与系统的接线端子采用设备线夹连接，尾部一般采用螺栓与绕组引线连接。高压套管的首端设有均压环，尾部伸入出线装置中，并设有均压球，用以均匀电场，提高绝缘强度，减小局部放电。网侧首头套管为油纸电容式套管，结构原理如图2-12所示。以GOE套管为例：套管的外壳体可从尾部到顶部可分成尾部瓷套、TA安装位延伸管、法兰、外部瓷套、储油柜5个部分。

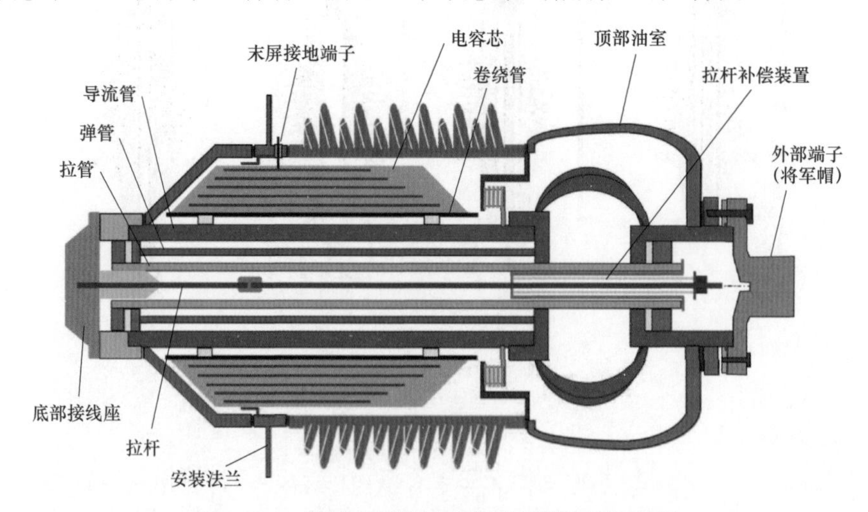


图2-12　换流变压器网侧高压套管结构原理图

拉杆为不锈钢材质，设置拉杆的作用主要是为了防止热胀冷缩导致导电杆位移，通过拉杆、补偿铝管、补偿钢管、定位杆共同释放热胀冷缩带来的应力。

拉杆位于导电杆中间部位，一端与接线底座（如图 2－13、图 2－14 所示）相连，另外一端插入将军帽中，但不与将军帽接线柱相连。为方便安装，拉杆设计为 3 节拼装结构，同时为防止碰触，在底端设置有导向锥（聚四氟乙烯）防止拉杆接触定位杆。

图 2－13　接线端子面向套管侧

图 2－14　接线端子面向绕组侧

补偿铝管、补偿钢管（如图 2－15 所示）套装在一起，位于拉杆第一个接头向将军帽侧（从将军帽侧至接线端子侧，共 3 个接头）。最里层为拉杆，其次为补偿铝管，最外侧为补偿钢管。补偿铝管通过止位片固定下部位置，拉杆上部通过螺栓、垫片与补偿钢管构成整体。

图 2－15　补偿装置

导流杆位于套管最外侧，通过油浸纸绕制而成，油浸纸中有铝箔构成电容屏。导流排通过法兰在压紧弹簧内部与导流杆相连接，压紧弹簧共 8 根，可承受 190kN 的压力，弹簧与法兰、密封圈与外瓷套固定。网侧套管接头（将军帽处）结构如图 2－16 所示。

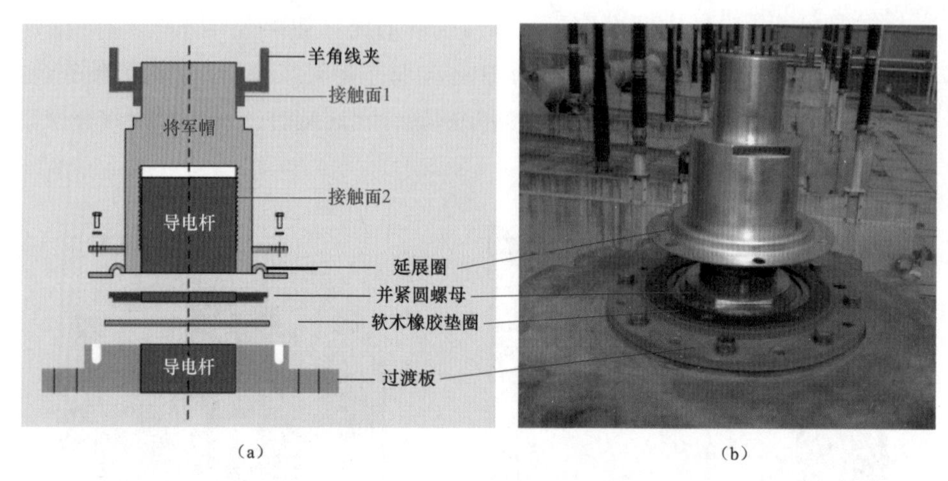


图 2－16　网侧套管接头（将军帽处）结构

（a）结构图；（b）实物图

2. 阀侧套管

阀侧套管用于换流变压器阀侧，与换流阀连接的套管，主绝缘承受一个交流叠加直流的电压。目前，换流变压器阀侧直流套管一般采用油浸纸电容芯体、胶浸纸电容芯体、油浸纸充气套管、油浸纸充固化材料、胶浸纸纯干式套管等结构。外绝缘为硅橡胶合成外套，安装于换流变压器油箱短轴侧的一端，倾斜伸入阀厅。换流变压器阀侧套管首端与直流系统换流阀设备的接线端子采用设备线夹相连，套管尾部与绕组引线一般采用插接式连接，便于套管安装。主要设备厂家有 ABB、HSP、抚顺传奇套管有限公司。阀侧套管的类型如图 2－17 所示。

（1）环氧树脂浸纸电容式套管。环氧树脂浸纸电容式套管也称干式套管，由导管、法兰及电容芯子连接组成。外绝缘为硅橡胶合成外套，主绝缘电容芯子是由绝缘纸和铝箔电极在导电管上卷绕而成的同心圆柱形串联电容器，用以均匀电场。通常对绝缘纸包裹铝箔的电容芯子浸渍环氧树脂并经高温固化，形成电容芯子环氧棒；再通过直接在电容芯子环氧棒上车削加工，形成环氧树脂绝缘子伞裙结构；最终形成纯环氧树脂浸纸电容式换流变压器阀侧

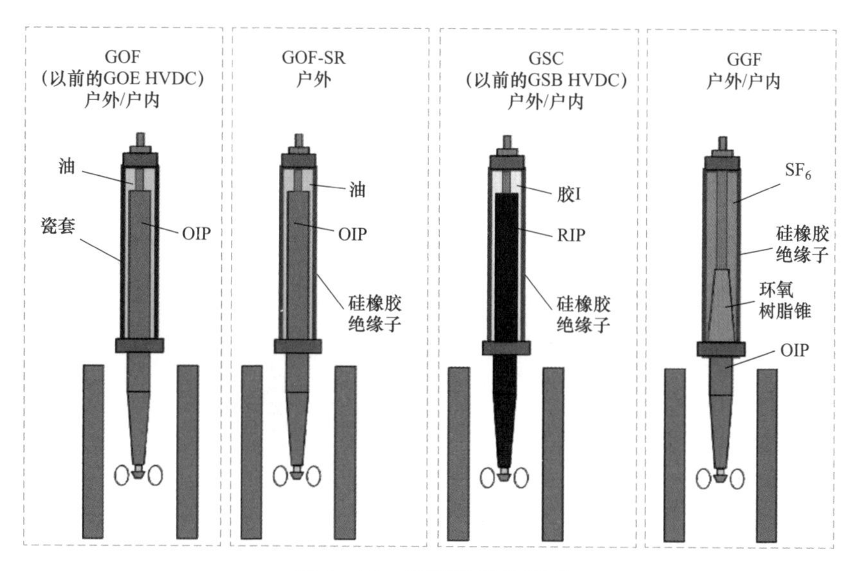


图 2-17 阀侧套管的类型

套管。套管空气端只涂覆一层环氧树脂漆，不包裹任何其他绝缘层，结构简单；但受环氧车削工艺的限制，直接在芯子上车削的套管爬电距离小于带复合外套的套管。同时，环氧树脂材料不能够长期承受阳光暴晒和雨水浸泡，限制了该型套管只能在较干燥的室内环境中使用。该套管一般用于 400kV 及以下电压等级的换流变压器。

（2）充 $SF_6$ 气体套管。换流变压器充气套管一般采用树脂浇注绝缘和 $SF_6$ 气体混合绝缘结构，其电容芯体采用树脂浇注绝缘结构，其外表面与硅橡胶复合外套外绝缘的内表面间的空间充有 $SF_6$ 气体，以提高绝缘强度。套管设有 $SF_6$ 密度监测的接口，用以监视气体压力的变化。空气中部分为玻璃纤维壳体加硅橡胶伞套，内部充 $SF_6$ 气体。

（3）$SF_6$—油绝缘套管。油—气混合式套管主要为 ABB 供货的 GGF 型系列套管，外形如图 2-18 所示。套管设计为内部和外部两部分。内部为通常的油绝缘油冷却型，在油侧，套管没有隔离体（内部有两个压力阀，正常运行打开），这意味着套管与变压器油箱相通，套管内部部分注满油。为了保证套管油室充满着油，换流变压器储油柜应高于套管顶部。该套管的安装方式与交流高压套管相同，并且有相同型号的牵引杆。外部绝缘体由带硅橡胶裙的玻璃纤维环氧树脂管构成，并充上一定压力的 $SF_6$ 气体。正常运行时，$SF_6$ 气体的压力为 0.37MPa。通过 $SF_6$ 气体密度继电器对其压力进行监视。套管在安装法兰处装有一个电压抽头，抽头与法兰绝缘并连接到电容器身的最外层。装于户内的套管是通过套管升高座穿入阀厅的，所以需要有一个密封系统防止油由变压器流入阀厅。密封系统安装于中间法兰和电容铁芯之间的外壳处，在密封垫片处安装压力阀，能够使油从变压器流向套管，并且当绝缘体受损时，仍然保持密封。温度快速变化能以下列方法使阀门打开。

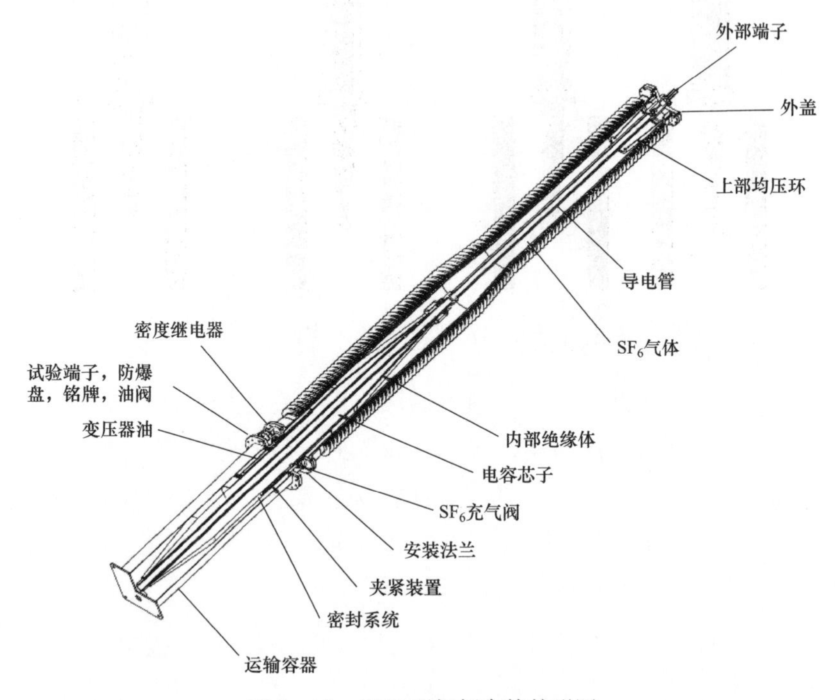


图 2-18　GGF 型阀侧套管外形图

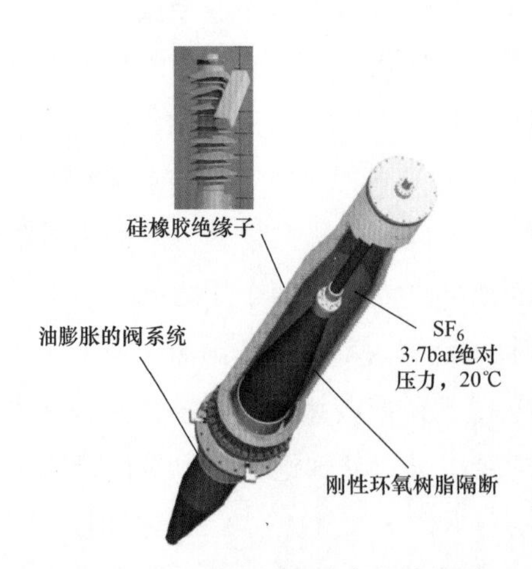


图 2-19　$SF_6$—油绝缘套管结构图

$SF_6$—油绝缘套管结构如图 2-19 所示，套管密封系统如图 2-20 所示。

图 2-20 中，$P_B$ 和 $P_T$ 分别表示套管内部压力和换流变压器本体压力。电容芯的上半部分外包绝缘腔体（图中绿色所示标注为刚性环氧树脂隔断）中置于硅橡胶环氧绝缘筒内，上半部电容芯充满绝缘油，下半部电容芯置于换流变压器油箱中。套管电容芯在换流变压器中有两个不同方向的逆止阀门，以便于

从换流变压器向套管上半部注油或释放套管电容芯压力。具体如下：

1）当 $P_B$＋25kPa＞$P_T$，即套管的空气侧温度升到一个预定值（25kPa）后，阀门 2 打开并且油从套管中流向变压器，油流方向如图 2－14 中箭头所指。

2）当 $P_T$＋55kPa＞$P_B$，且 $P_B$＜大气压，即套管的空气侧温度下降到一个预定值（55kPa）后，阀 1 打开并且油从变压器流向套管。

3）当空气侧圆锥形绝缘体和外层绝缘体都受到损坏时，阀都被关闭，油不能从变压器流向阀厅。

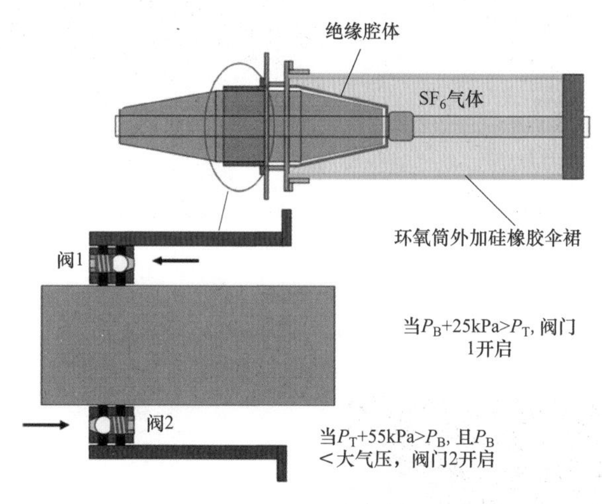


图 2－20　$SF_6$—油绝缘套管密封系统

需要说明的是，通常在套管安装过程中，首先从套管法兰的放油阀排尽上半部电容芯的油；其次将套管装于换流变压器上，换流变压器和套管同时抽真空；然后，换流变压器注油，当油位至套管抽真空阀门时，将套管抽真空的管路拆除；最后，换流变压器继续注油，套管上半部腔体内将全部注满油。更可靠的方法是，可以在注油过程中，增加套管法兰下部阀门与换流变压器本体的连通管。这样，在换流变压器和套管分别抽真空时，两者保持了更好的连通，且套管电容芯渗出的残油会立即流出（至换流变压器本体），同时注油时间加快，可以较好地解决套管电容芯抽真空不良的问题。

## 二、套管组件

### 1. 套管末屏

套管末屏就是最外面一层的电容屏，网侧套管末屏结构如图 2－21 所示。

接地端子是在最外层铝箔上卷入一层铜带后通过绝缘小套管引出的结构，主要用来接地及测量套管的介质损耗因数和电容量。类型Ⅰ是套管末屏通过末屏盖接地弹片与套管外壳相连；类型Ⅱ是套管末屏接电压取量装置引线，此电压量用作换流变压器阀侧电压测量及换流变压器保护。

(a)

(b)

图 2-21　网侧套管末屏结构图

(a) 网侧高压套管末屏；(b) 网侧中性点套管末屏

图 2-22　套管末屏内部焊接引出线

套管末屏接地装置按末屏接地引出方式结构主要分为四大类：引出线焊接式、顶针式、自接地式和外罩草帽或外引接地式。其中，可靠性较优的是引出线焊接式（见图 2-22）。500kV 及以上电压等级的套管（包括换流变压器）主要为引出线焊接式，220kV 电压等级套管主要为引出线焊接式和自接地方式，顶针式接地方式使用范围逐步在缩小，外罩草帽式主要应用在老式套管结构中。

(1) 引出线焊接式。该型式套管末屏用多股镀锡铜绞线引出，铜绞线外面覆一层耐油氟橡胶绝缘层。接线时铜绞线留有 10～15mm 的伸缩余量，以防套管震动时，造成铜绞线断开。接线柱与接地片采用表面铜加工而成，接地盖下部有一个密封垫圈，防止套管末屏受潮。但在使用此类结构时应注意以下情况：

1) 接地柱与接地片必须使用同种材料，材料宜使用铜。若接线柱材料使用铜，接地片为铝合金，由于铜铝直接导电易产生电位差，造成电腐蚀，易导致该处接触不良。

2）旋入接地盖时，不应同时旋动接线柱。因为接线柱直径较小，过度用力易导致其断裂。

3）接地弹簧应有一定的工作行程，确保接地片与接线柱可靠接触。

（2）顶针式。顶针式末屏接地装置为接线柱一端接套管末屏，另一端接地，绝缘瓷套中间有一个弹簧将其连接。最难控制的是接线柱与末屏的可靠接触，由于是硬接触，接线柱与套管末屏之间的松紧度无法控制，太松容易造成接触不良；太紧，易损坏末屏与第二层的绝缘；另外，套管在运输、运行时可能存在一定的震动，很可能造成接线柱易位，导致与末屏接地不良。

（3）自接地式。该结构外部保护罩只起防潮作用，测量套管介损及局部放电时，需按下接地片，然后用表笔插入接线孔中，使接线柱与地绝缘。其代表厂家为英国雷诺尔套管（包括抚顺传奇套管），该结构比较容易出现的问题有：套管末屏的对地绝缘电阻偏小，直接导致套管末屏介损大；不可靠接地，造成末屏对地放电。

（4）外罩草帽式或外引接地式。套管的末屏用多股镀锡铜绞线接在铜螺杆上绝缘瓷套引出，外罩草帽或外引金属片的小端面有一个小圆孔，套在接地套管的螺杆上，并用螺母接在接地套管的螺杆上；再通过外罩草帽或外引金属片，用螺钉接在接地的法兰上实现接地。这种接地装置主要在老式套管接地结构中常见，其优点是便于观察，但其运行稳定性较差，易受外界条件腐蚀而断裂。

### 2. 末屏分压器

换流变压器阀侧套管末屏处加装电压测量装置，测量换流变压器阀侧相电压，用于换流变压器中性点偏移保护。换流变压器阀侧电压通过套管上的末屏电压测量装置求得。

由于换流变压器阀侧接线形式为星形中性点不接地或角接方式，换流变压器充电、阀闭锁状态时换流变压器阀侧发生单相接地无故障电流，只能通过换流变压器阀侧套管 TV 零序电压检测换流变压器阀侧是否发生单相接地，当检测到单相接地故障就禁止阀解锁。阀解锁后发生换流变压器阀侧单相接地，会与当前正常通过阀接地的相形成两相接地短路，因此阀解锁后不再检测换流变压器阀侧零序电压。

如图 2－23 所示，连接适配器接地端子上的连线至分压器端子为接地端子“FLANGE EARTH”，连接适配器中心接线端子上的连线至分压器端子为测量端子“TEST TAP”。

图 2－23 换流变压器阀侧套管末屏分压器

换流变压器阀侧末屏分压器采用电容分压原理，末屏分压器由电容、电阻和避雷器并列组成。套管自身的电容 C1 和末屏电容 C2 与末屏分压器电容值 C3 进行匹配，得到二次控制保护系统所需的保护电压。例如，假设套管主电容为 C1，末屏电压监视装置内分压电容为 C2，监测 C2 上的电压为 V2，则可求得换流变压器阀侧电压为 $V1=V2\times(C1+C2)/C1$。具体如图 2－24 所示。

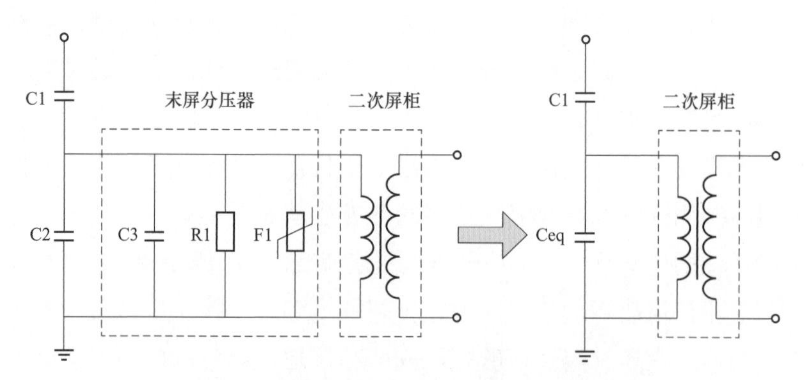


图 2－24 换流变压器阀侧套管末屏分压器原理图

### 3. 密度继电器

换流变压器阀侧套管外绝缘筒为环氧树脂材料，外绝缘筒与导电杆之间充有一定压力的 $SF_6$ 气体。对换流变压器阀侧套管气体密度监测采用 $SF_6$ 气体密度表或者密度传感器送至一体化监控后台。阀侧套管密度监测仪实物如图 2－25 所示。

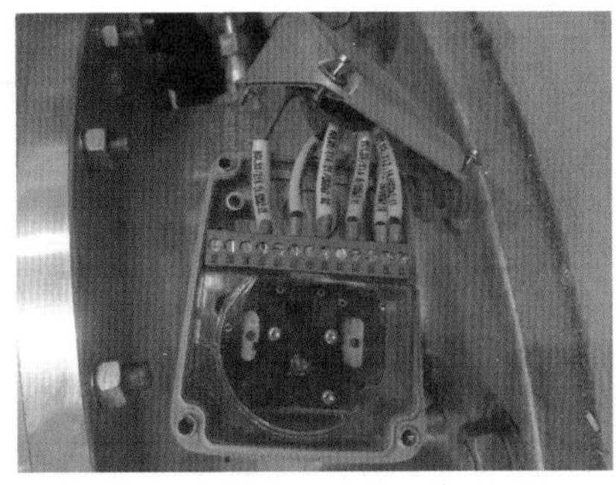

图 2－25　阀侧套管密度监测仪实物图

（1）可观测的密度表。$SF_6$ 气体密度表表盘上未标注工作温度及不同环境温度下的温度补偿误差限，该表不具备温度补偿功能，为普通的工业压力表。采用这种普通压力表来监视 $SF_6$ 气体的泄漏，无法准确判断气室内压力值的变化是由于漏气还是由温度变化引起的，无法起到密度监测的作用。另外，根据 JB/T 10549—2006《$SF_6$ 气体密度继电器和密度表　通用技术条件》及 GB/T 22065—2008《压力式六氟化硫气体密度控制器》规定，$SF_6$ 气体密度表表盘上需明确注明被测介质 $SF_6$ 气体的名称，表盘上需明确标注 $SF_6$ 气体专用、使用的温度范围及各温度下温度补偿误差限。

（2）密度继电器。ABB 制造的 GGF 套管配备的 $SF_6$ 密度继电器，其原理是带有温度补偿的绝对压力继电器，有标准密度继电器和混合密度继电器两种结构。

标准密度继电器有 3 个微动开关，如图 2－26 所示。对应不同的密度变化发出动作信号，密度继电器的监测气室通过接口与

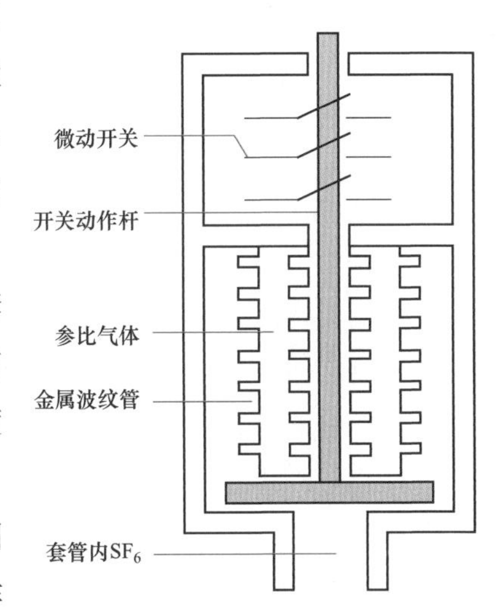


图 2－26　标准密度继电器原理图

被监测的套管相连接。监测气室内的金属波纹管腔气室内充有一定压力的参比气体，作为一个密封的参比气室。如被监测气室发生气体泄漏的情况，金属波纹管在内外压力差的作用下，直接带动开关动作杆上三个独立的微动开关运动。当被监测气室气体泄漏到设定值时，相应的微动开关触点接通，发出三个阶段的报警（补气）或闭锁信号。密度继电器在结构设计以及在安装上，使整个参比气室紧邻被监测的 $SF_6$ 气室。因此认为，温度变化对参比气室和被监测气室中 $SF_6$ 气体压力的影响相同，金属波纹管会抵消被监测气室内因温度变化而导致的 $SF_6$ 气体绝对压力变化的影响，即密度监测计具有温度自动补偿功能。

混合密度继电器，除具备标准密度继电器的所有结构和功能外，还增加了模拟输出的功能。模拟输出采用的是石英晶体振荡频率比较方式，原理如图 2-27 所示。一个晶振腔与监测气室相通，得到套管中 $SF_6$ 气体的共振频率；另一个晶振腔在一个密封的真空腔中，得到真空中的共振频率。因为共振频率的差异与气体的密度成正比，所以通过比较就能获得监测气室内 $SF_6$ 气体的密度。

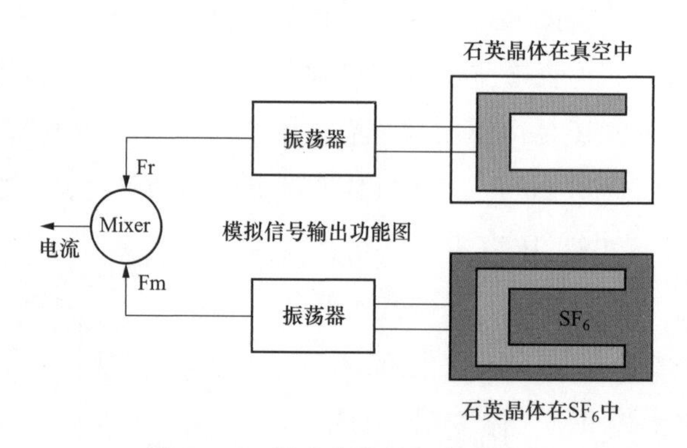


图 2-27　混合密度继电器原理图

换流变压器阀侧套管的 $SF_6$ 气体密度监测是换流变压器在线监测系统的重要环节。常见 ABB 供货的换流变压器阀侧套管 a、b 密度继电器分别提供 1 个一级报警接点 350kPa、2 个二级报警接点 330kPa、3 个跳闸接点 310kPa，均接入后台，并设置分级报警，在设备运行期间一旦怀疑发生漏气，可以从 350kPa 泄漏至 330kPa 的时间，推断出 330kPa 降至 310kPa 所需要的时间。从而可以利用压降法测定漏气率。通过压力降，用式（2-1）计算漏气率 $F_y$，单位是%/年，使运行人员有足够的时间进行故障判断和响应。

$$F_y = \frac{\Delta p}{p_1 + 0.1} \times \frac{12}{\Delta t} \times 100 \quad (2-1)$$

$$\Delta p = p_1 - p$$

式中　$p_1$——压降前的压力（换算到标准大气条件下），MPa；

$p$——压降后的压力（换算到标准大气条件下），MPa；

$\Delta t$——压降 $\Delta p$ 经过的时间，月。

## 三、套管技术标准归纳及运维经验

### 1. 套管低温过热

低温过热是指套管载流铜托过热及其引起的拉杆系统分流，导致套管油中乙烷升高。铜托通过拉杆与套管底部的黄铜载流底板相接触，传导电流。正常情况下，电流流过将军帽—导流带—导流杆—汇流环—接线端子，拉杆、定位杆、补偿管不流过电流。

载流铜托结构如图 2-28 所示，如果该处松动，部分电流会分流至拉杆。拉杆分流后，拉杆与补偿钢管、定位杆产生电位差，引起电弧放电，将灼伤补偿钢管、定位杆，并且熔化导向锥，使拉杆系统（包括补偿铝管和补偿钢管）过热。这种过热，会使套管也处于低温过热中。严重时，载流铜托与套管黄铜载流底板间会产生大量可燃性气体，甚至导致变压器绝缘异常。

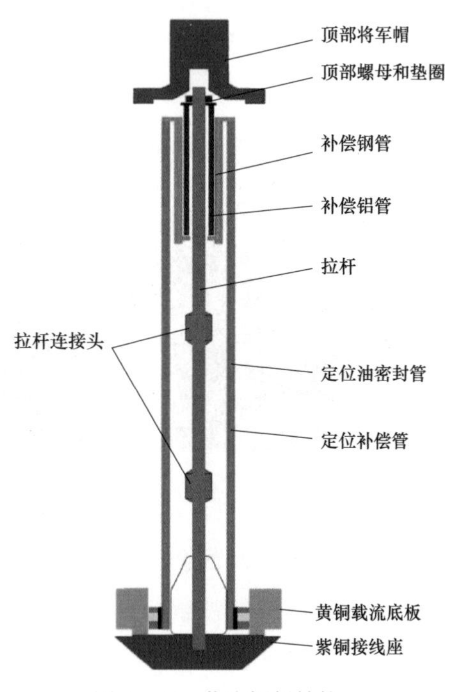


图 2-28　载流铜托结构

### 2. 套管弯曲负荷耐受

《国家电网有限公司关于印发〈十八项电网重大反事故措施（修订版）〉的通知》（国家电网设备〔2018〕979 号）中 9.5.2 要求："新安装的 220kV 及以上电压等级变压器，应核算引流线（含金具）对套管接线柱的作用力，确保不大于套管及接线端子弯曲负荷耐受值。"

### 3. 套管末屏接地适配器采用铝合金

《国家电网有限公司关于印发〈十

八项电网重大反事故措施（修订版）〉的通知》（国家电网设备〔2018〕979号）中9.5.9要求："加强套管末屏接地检测、检修和运行维护，每次拆/接末屏后应检查末屏接地状况，在变压器投运时和运行中开展套管末屏的红外检测。对结构不合理的套管末屏接地端子应进行改造。"《关于印发〈变压器套管末屏接地装置专项检查报告〉的通知》（生变电函〔2009〕3号）中要求：套管末屏接地装置接地螺帽使用的材质为纯铝时，容易损坏引起接地不良，应该为铝合金材质。

**4. 套管局部包扎法检漏**

局部包扎法检漏是用密封袋把怀疑漏气部分包扎起来，待24h后再使用检漏仪测量袋内$SF_6$气体的浓度。此方法可以对出现漏气的设备进行定量定性检测。

阀侧套管包扎法检漏逐层检测套管如图2－29所示。具体是用约0.1mm厚的保鲜膜将阀侧套管伞裙包扎，将每两层伞裙间隔隔开，待24h后再使用检漏仪测量袋内$SF_6$气体的浓度，使用定性检漏仪粗测，定量检漏仪精测，如果包扎保鲜膜内$SF_6$含量大于10ppm（体积比），则表明该处漏气。以24h的漏气量换算，年漏气率不应大于0.5％。

由于ABB套管采用了变径设计，根据以往经验，ABB套管漏气大多数发生在变径部分。

图2－29　阀侧套管包扎法检漏逐层检测套管

**5. 套管粘贴感温纸**

阀侧套管接线端子由于均压环遮挡，无法对其直接进行红外测温，如果套管端部密封圈软木胶垫因高温炭化，胶垫处因热胀冷缩出现缝隙，会导致套管端部漏油，如图2－30所示。

图 2－30　换流变压器阀侧套管外观图

感温纸粘贴在电气设备表面，用于设备历史最高温度检查，如图 2－31 所示。感温纸超温后快速反应，在数秒内发生醒目变色。一个简单的从白到黑的颜色变化结果就测出了温度结果（当温度上升至感温纸对应温度点时，方格会转变为黑色，即使温度降低后也不会恢复到原来的颜色，这样便可以知道物体曾经历过的温度）。

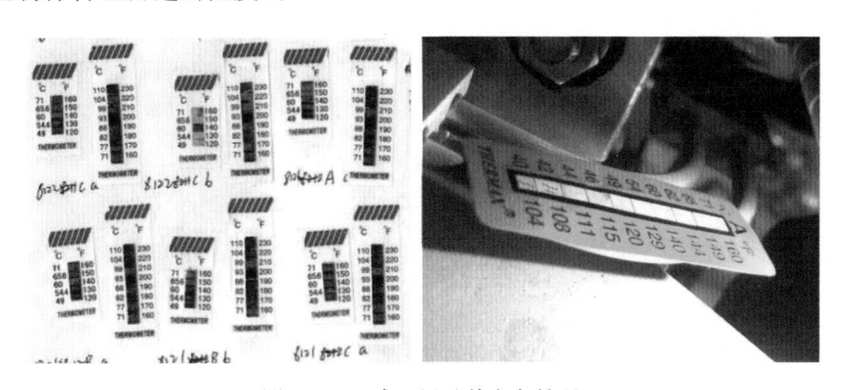

图 2－31　感温纸及其变色情况

### 6. 其他运行规定

（1）Q/GDW 168《输变电设备状态检修试验规程》中规定油浸电容式套管：乙炔≤1μL/L，氢气≤140μL/L，甲烷≤40μL/L。

（2）短路冲击电流在允许短路电流的 50%～70%，次数累计达到 6 次以上，应适时开展套管停电试验。

（3）末屏电压的异常变化可以反映末屏电容值的变化，三相电压值进行比较，可以间接判断运行套管的健康状态，从而及时发现隐患。

（4）锦苏工程中的测量电路，为满足锦苏工程标书中关于换流变压器阀侧末屏电压额定负载为5VA的要求，在末屏和分压器之间接入有源放大单元（交流230V）。现场运行中该放大单元多次发生故障且阀解锁后测量波形异常。根据2013年3月锦苏工程换流变压器阀侧套管末屏分压器技术讨论会纪要，决定取消锦苏工程末屏分压器的电压测量放大器，改用电容分压器直接测量（如图2-32所示），末屏分压器输出电压定为110V/$\sqrt{3}$，末屏分压器负载定为（1±0.1）VA。

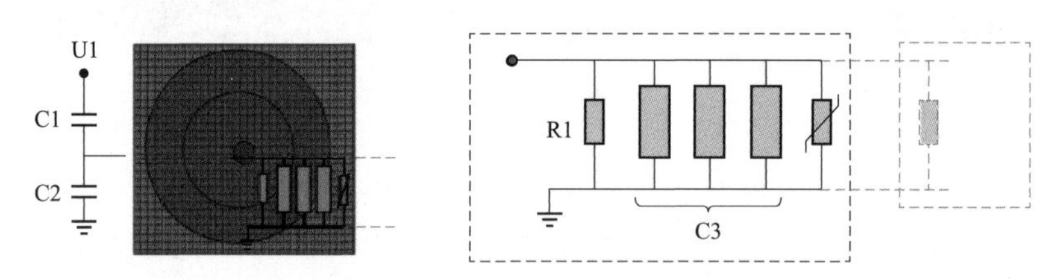


图2-32　锦苏工程中的电容分压测量电路

（5）《国家电网有限公司关于印发〈十八项电网重大反事故措施（修订版）〉的通知》（国家电网设备〔2018〕979号）中规定：

1）新安装的220kV及以上电压等级变压器，应核算引流线（含金具）对套管接线柱的作用力，确保不大于套管及接线端子弯曲负荷耐受值。

**【条款说明】** 根据《国网运检部关于开展220kV及以上大型变压器套管接线柱受力情况校核工作的通知》（国网运检〔2016〕126号），防范因套管或接线柱弯曲负荷耐受值不满足要求而引发的故障，增加设计单位进行相关计算的内容。

**【典型案例】** 2015年9月30日，某电站2号主变压器C相重瓦斯动作跳闸。经解体分析，故障原因为引线T接点与高压套管的横向水平方向的偏移量最大达5.61m，高压套管顶部接线柱长期承受侧拉力导致接线柱及盖板歪斜变形，盖板密封功能失效。在套管顶部负压的作用下，空气及水分沿盖板缝隙吸入套管导流杆并沿导流杆内部流入变压器内部，导致高压绕组内部放电。

2）110（66）kV及以上电压等级变压器套管接线端子（抱箍线夹）应采用T2纯铜材质热挤压成型。禁止采用黄铜材质或铸造成型的抱箍线夹。

3）油浸电容型套管事故抢修安装前，如有水平运输、存放情况，安装就位后，带电前必须进行一定时间的静放，其中1000kV应大于72h，750kV套管应大于48h，500（330）kV套管应大于36h，110（66）～220kV套管应大于24h。

4）加强套管末屏接地检测、检修和运行维护，每次拆/接末屏后应检查末屏接地状况，在变压器投运时和运行中开展套管末屏的红外检测。对结构不合理的套管末屏接地端子应进行改造。

**【条款说明】** 对于弹簧压接接地的末屏，多次操作或长期运行后可能导致弹簧疲劳，末屏接地不良产生放电。因此，运行过程中红外检测应重点检查该类型末屏接地状况，结合停电进行改造。

## 第三节 冷 却 器

换流变压器冷却器本体是由一簇冷却管与上、下集油室经焊接或胀管组合而成的整体，根据油在冷却器管内折流的次数，可以分为多回路或者单回路结构，如图 2-33（a）所示。回路数越多冷却效率越高，但受结构和油泵参数的限制，回路数不可能太多。为了降低转速和扬程，换流变压器使用较多的是单回路或双回路两种结构，也有少数采用三回路结构。有些大容量的换流变压器（主要是安装 MR 分接开关的换流变压器）在分接开关的切换开关油回路，设置独立冷却器，其结构为采用自然循环方式的片式散热器，如图 2-33（b）所示。这里就不详细介绍，主要对本体冷却器及附件进行说明。

（a）

（b）

图 2-33 冷却器和散热片

（a）冷却器；（b）散热片

强迫油循环变压器的散热过程则是：用潜油泵将油上送入铁芯中或绕组间的油道中，使其中的热量直接由具有一定流速的冷油带走，而变压器上层的热油用潜油泵抽出，经冷却器冷却后再送入变压器油箱底部，强迫变压器油进行油循环冷却。油箱上层的热油在潜油泵的作用下抽出，经上蝶阀门、散热器，冷却后冷油进入下集油室，经过滤油器到潜油泵，流经流动继电器，冷油经下蝶阀门进入油箱底部，对器身冷却，变成热油上升到变压器油箱上层。如此不断循环，使铁芯、绕组得到冷却。

产品型号组成型式如下：

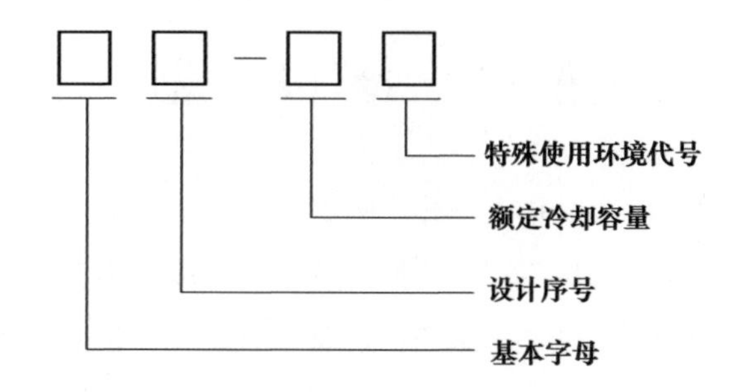


**注** 特殊使用环境代号：TA—干热带地区，TH—湿热带地区，一般地区不表示；额定冷却容量单位为 kW。

## 一、冷却方式

变压器冷却方式有很多，而换流变压器冷却方式为强迫油循环风冷式，又分为强油循环导向风冷却 ODAF 和强油循环非导向风冷却 OFAF，表 2－1 为冷却方式的代号标志。

**表 2－1** **冷却方式的代号标志**

| 冷却方式 | 代号标志 | 冷却方式 | 代号标志 |
| --- | --- | --- | --- |
| 干式自冷 | AN | 强迫油循环风冷 | OFAF |
| 干式风冷 | AF | 强迫油循环水冷 | OFWF |
| 油浸自冷 | ONAN | 强迫油循环导向风冷 | ODAF |
| 油浸风冷 | ONAF | 强迫油循环导向水冷 | ODWF |

如果仅降低油的温度而不增加油流的速度，无法达到所希望的冷却效果。因油温降到一定程度时，其黏度增加，黏度大会使散热效果变差。而人为地加快油流速度，就会使散热加快。强迫油循环冷却方式就是在油路中加入了使油的流速加快的动力——油泵。

强迫油循环风冷的变压器则是将风冷却器装于变压器油箱壁上或独立的支架上。经冷却器的油采用风扇冷却。为了防止油泵的漏油和漏气，目前广泛采用潜油泵和潜油电动机。潜油泵安装在冷却器的下面，泵的吸入端直接装在第一个油回路（冷却器为多回路的）上，吐出端通过装有流动继电器的联管接至第二回路。流动继电器的作用是，当潜油泵发生故障，油流停止时，发出信号和投入备用冷却器。

本文介绍的换流变压器属于强油循环导向风冷却。这种冷却方式与普通油冷却变压器的主要区别在于变压器器身部分的油路不同。普通的油冷却变压器油箱内油路较乱，油沿着线圈和铁芯、线圈和线圈间的纵向油道逐渐上升，而线圈段间（或称饼间）油的流速不大，局部还可能没有冷却到，线圈的某些线段和线匝局部温度很高，采用导向冷却可以改善这些状况。变压器中线圈的发热比铁芯发热占的比例大，改善线圈的散热情况很有必要。导向冷却的变压器在结构上采用了一定措施（如加挡油纸板、纸筒），使油按一定的路径流动，泵口的冷油在一定压力下被送入线圈间、线饼间的油道和铁芯的油道中，可以冷却线圈的各个部分，提高冷却效能。

强油循环导向风冷却大致分为三种导油结构：

（1）利用下夹件进行导油。国外有些变压器制造厂将铁芯夹件制成箱形，利用箱形夹件内部的空腔进行导油。这种夹件强度高且结构紧凑，但由于其需用大型折边设备，制造技术要求高（保证外壁平整等），加工费时，因而在国内还不多见。

（2）利用导油管进行导油。利用导油管进行导油是国内各变压器制造厂常用的结构，在油箱内部将两件焊接钢管用角钢和 U 形螺杆分别固定夹件的高、低压两侧作为导油母管，然后通过焊在母管上的支管将变压器冷却油导入器身内部。导油母管通过焊接在油箱上的管接头与油箱外面的汇流管相连接。从器身内部出来的变压器油，经油箱上部空间汇合后，通过焊在油箱顶盖上的法兰盘（或管接头）及与之连接的连管流回冷却器。

（3）箱底导油结构。对于特大型变压器，为了降低变压器的运输高度，常将下节油箱的加强铁布置在油箱内部。同时，为了避免大电流低压引线引起的箱沿螺栓局部过热，下节油箱高度一般取得较低。这种情况下，从下节油箱箱壁引出导油管将变得困难，但可以采用箱底导油结构。

箱底导油结构是利用箱壁内部加强铁之间的空间作为导油通道。视结构需要可以在下节油箱的高压侧（或低压侧，或高、低压侧）焊上导油盒，该导油盒通过箱壁上的管接头与油箱外面的冷却器连通。来自冷却器的变压器油流经油箱导油盒进入箱底加强铁之间的导油通路内，然后利用铁芯下夹件下支板上所开分流孔将冷却油导入器身内部。

对于强油循环导向冷却的变压器而言，当绝缘材料表面的油流速度过高时，有可能造成“油流带电”现象，危及变压器的安全运行。在结构上常采取“分流”措施，即将来自冷却器油流的一部分直接导入油箱而不进入器身内部，这部分油虽然不对绕组的线饼进行直接冷却，但由于是冷油进入变压器油箱下部，在油箱内部变热后从上部出油口流出，因此同样带走变压器损耗所产生的热量，使变压器的油面温度降低。

冷却器利用空气流通来冷却变压器油。冷却器由冷却风扇、潜油泵、散热片、油流指示器等组成。冷却器风扇被分隔开来安装，这样便于逐个有选择的开启和关闭风扇。潜油泵提供强迫油循环的动力，油流指示器则用来指示潜油泵是否启动。油流指示器根据压差原理工作，对循环油冷却换流变压器来说，流过冷却器的压差带动指示器信号指示位置。

## 二、潜油泵

强迫油循环潜油泵按油泵的结构型式分为离心式油泵、轴流式油泵、混流式油泵；按照驱动电动机结构分为普通三相异步电动机驱动的油泵、三相盘式异步电动机驱动的盘式油泵。

型号字母含义如下：

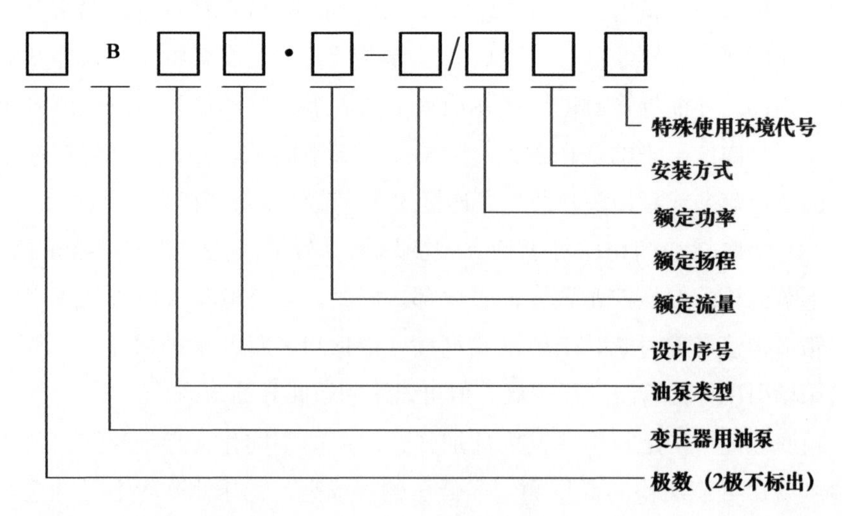


**注** 特殊使用环境代号：TA—干热带地区，TH—湿热带地区，T—干湿带地区通

用，一般地区不表示；安装方式：V—立式安装，B—卧式安装；额定功率单位为千瓦（kW）；额定扬程单位为米（m）；额定流量单位为立方米每小时（$m^3/h$）；油泵类型：P—盘式油泵，Z—轴流式油泵，H—混流式油泵，普通离心式油泵不表示。

例如：6极电动机、第2次设计改进、流量为80$m^3/h$、扬程为5m、电动机功率为2.2kW、立式安装的盘式变压器用油泵的产品型号为6BP2·80-5/2.2V。

潜油泵提供绝缘油循环的动力。泵和电机室均由铁质材料构成，再由螺栓固定，连接处的密封使用O形环。定子和线圈直接安装在电机室内，电机的传动轴用来支撑转子和泵叶轮悬挂在两端的球形轴承中，当转子静止，电机室产生振动时，球形轴承中缓冲器的弹簧可以防损伤。泵叶轮安装时，应小心地调整和平衡。

潜油泵的内部结构如图2-34所示，潜油泵的安装实物如图2-35所示。

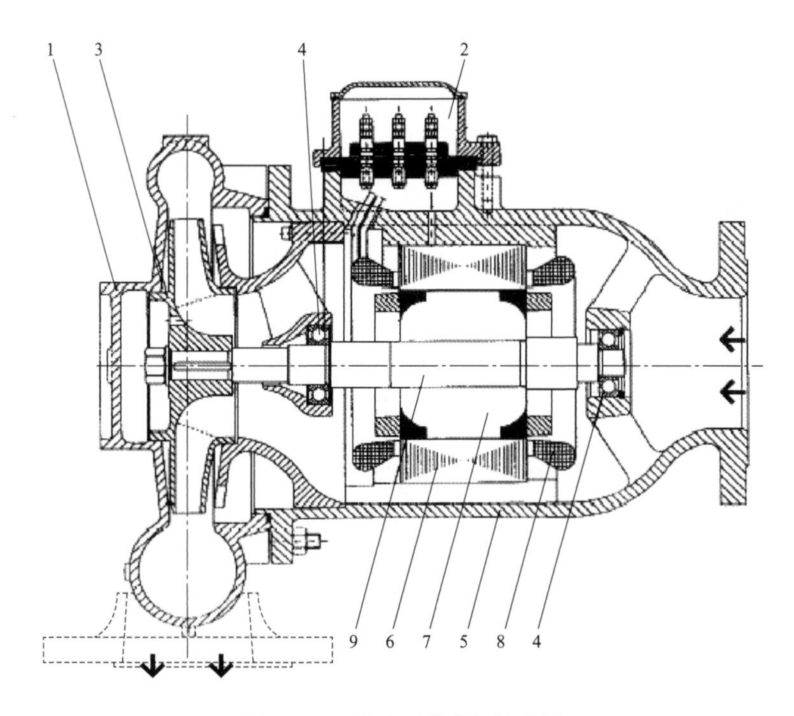


图2-34　潜油泵的内部结构图

1—泵；2—电机接线盒；3—泵叶轮；4—球形轴承；5—电机室；6—定子；7—转子；8—线圈；9—电机的传动轴球形轴承

图 2-35　潜油泵的安装实物图

在运输储存时，要盖上法兰，防止湿气在泵内聚集。潜油真空测试是检查泵在过压力下的密封性能。泵的内部应涂上一层环氧漆，外部应涂上一层耐油漆。

## 三、油流指示器

油流指示器是一种监视油流量、方向变化及油泵工作状态的报警信号装置。该产品可用来监视强油循环风冷却器和强油循环水冷却器的油泵运行情况，同时也可监视油泵是否反转、阀门是否打开、管路是否有堵塞等情况，当油流量减少到一定数值时发出报警信号。

油流指示器主要由联管和流量指示器本体两部分组成，油流指示器本体主要由传动部分、电气部分和指示部分组成，具体结构如图 2-36 所示。

当换流变压器油泵启动时就有油流循环，油流量达到额定油流量约 3/4 时挡板被冲动，而和挡板在同一轴上的磁铁也随着旋转，旋转着的磁铁带动隔着薄壁的另一个指示部分磁铁同步转动，当挡板被冲到 85°位置时，使微动开关的常开接点闭合，发出正常工作信号，指针指向“流动”位置。如果油流量减少到额定油流量约 1/2 时，挡板借助弹簧作用力返回，耦合磁铁也跟着返回，使微动开关的常开接点打开，发出故障报警信号。

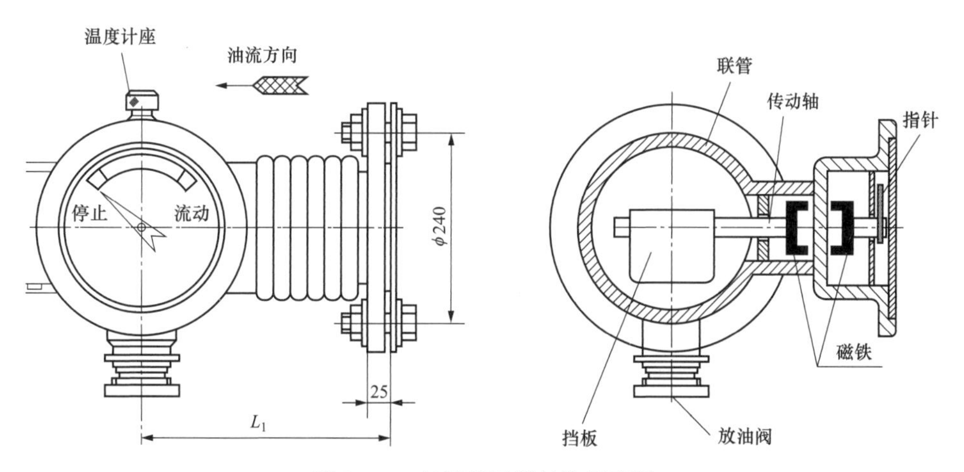


图 2－36　油流指示器结构示意图

油流指示器分为接线盒和表头两个部分，表头中 PUMP ON 与 PUMP OFF 用于指示油流的循环情况，如图 2－37 所示。当冷却器运行时带动循环油循环流动，油流指示器指示在“PUMP ON”位置，当冷却器停止时循环油流动停止，油流指示器指示在“PUMP OFF”位置。油流指示器表头带动辅助节点进行报警。

图 2－37　油流指示器实物图

## 四、冷却器的技术标准归纳及运维经验

### 1. 潜油泵为低速油泵

（1）《国家电网有限公司关于印发〈十八项电网重大反事故措施（修订

版）〉的通知》（国家电网设备〔2018〕979号）中9.7.1.2要求“新订购强迫油循环变压器的潜油泵应选用转速不大于1500r/min的低速潜油泵，对运行中转速大于1500r/min的潜油泵应进行更换。禁止使用无铭牌、无级别的轴承的潜油泵。”

（2）DL/T 572—2021《电力变压器运行规程》规定，潜油泵应采用E级和D级轴承，油泵应选用较低转速（小于1500r/min）。

**2. 其他规定**

（1）《国家电网有限公司关于印发〈十八项电网重大反事故措施（修订版）〉的通知》（国家电网设备〔2018〕979号）中规定：

1）强迫油循环变压器内部故障跳闸后，潜油泵应同时退出运行。

2）冷却器每年应进行1～2次冲洗，并宜安排在大负荷来临前进行。

（2）DL/T 572—2021《电力变压器运行规程》规定：

1）有人值守的变电站，强油风冷的变压器的冷却装置全停，宜投信号；无人值班变电站，条件具备时，宜投跳闸。

2）不允许在带有负荷的情况下，将强油冷却器全停，以免产生过大的铜油温差，使线圈绝缘受损。

3）当冷却器发生故障切除全部冷却器时，变压器在额定负载下允许运行时间不小于20min，当油面温度尚未达到75℃时，允许上升到75℃，但冷却器全停时间不得超过1h。

4）装有潜油泵的变压器跳闸后，应立即停止潜油泵。潜油泵不能有定子与转子扫膛现象，一旦扫膛，金属异物进入绕组会引起击穿事故。油路设计时不能使潜油泵产生负压，有负压时勿吸入空气，影响绝缘强度。

（3）JB/T 8315—2007《变压器用强迫油循环风冷却器》规定：

1）冷却器冷却容量应至少具有5%的储备裕度，辅机损耗率一般应不大于3%，且冷却容量的实测值至少应达到额定冷却容量的95%。

2）冷却器进油管处的最高位置须设置放气塞，下部须设置放油塞。

（4）《国家电网公司直流换流站运维管理规定　第1分册　换流变压器运维细则》规定：

1）冷却器潜油泵宜逐台启用，以防止本体重瓦斯继电器误动。《国家电网有限公司关于印发〈十八项电网重大反事故措施（修订版）〉的通知》（国家电网设备〔2018〕979号）中9.7.2.2要求：强迫油循环变压器的潜油泵启动应逐台启用，延时间隔应在30s以上，以防止气体继电器误动。

2）换流变压器在运行中，当冷却器发生故障切除全部冷却器时，换流变压器在额定负载下可运行20min。20min以后，当油面温度尚未达到75℃时，允许上升到75℃，但冷却器全停的最长运行时间不得超过1h。冷却器部分故障时，换流变压器的允许负载和运行时间应参考制造厂规定。

3）运行中更换潜油泵，换流变压器本体重瓦斯保护应临时改投报警或退出相应保护。

## 第四节　储油柜及呼吸器

储油柜是为适应换流变压器油箱内油体积变化而设置的一个与变压器油箱相通的容器。由于变压器油的体积随油温的变化而变化，油位的高度随着负载、环境温度以及冷却条件等因素的变化而变化。为了防止变压器油温过高时溢油和油温过低时内部器身露出油面，所有大型变压器都要设置储油柜，尤其是换流变压器需要安装运行性能可靠的储油柜。储油柜的容积一般不小于变压器总油量的10%。

储油柜按照结构形式分为敞开式和密封式，密封式有波纹管式储油柜、隔膜式储油柜和胶囊式储油柜（橡胶密封式储油柜）。波纹管式储油柜采用不锈钢波纹管实现对变压器油体积变化的补偿，金属波纹芯体随油面的变化可以自由伸缩。隔膜式储油柜是用两层尼龙布中间夹以氯丁橡胶、外涂丁腈橡胶的弹性膜将储油柜分隔成两部分，下部分紧贴油面，隔膜上部分通过呼吸器与大气压相通。

换流变压器本体用储油柜通常采用耐油橡胶密封式，即用耐油橡胶材料将变压器油和空气隔离，防止空气中的氧气和水分侵入，从而延长变压器油寿命。特别需要说明的是，分接开关储油柜为敞开式结构，没有安装胶囊，即储油柜经呼吸器与大气连通。由于分接开关的切换开关油室与换流变压器本体互相独立，在分接开关动作过程中应将电弧在油中的分解气体快速排出。目前，分接开关采用独立储油柜或与本体储油柜组合的两种结构方式。本体储油柜由柜体、胶囊、检修人孔、排气阀、油位计、集污盒和呼吸器等组成，如图2-38所示，分接开关储油柜就不再赘述。

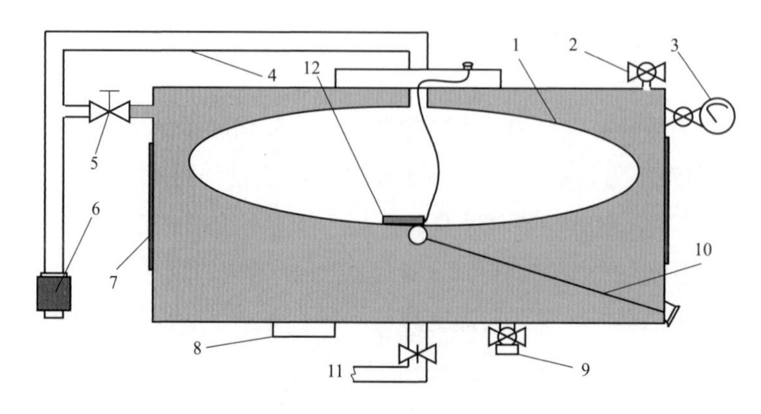


图 2-38　换流变压器本体储油柜原理图

1—胶囊；2—排气阀；3—压力式（瓦斯式）胶囊破损监测；4—呼吸器管路；5—平衡阀；6—呼吸器；7—检修人孔；8—集污盒；9—压力式油位计；10—浮球式油位计；11—连接至本体油箱；12—胶囊破损传感器

橡胶密封式储油柜产品型号如下：

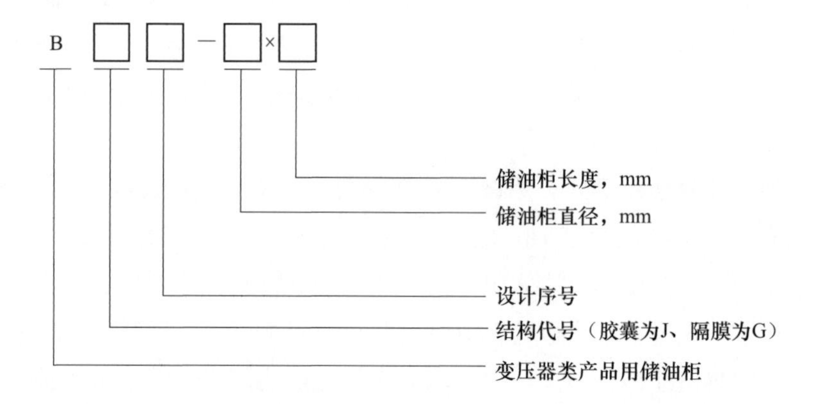


## 一、储油柜的工作原理

储油柜内装一个耐油尼龙胶囊，胶囊内通过呼吸管与呼吸器与大气相接触，胶囊外和变压器油相接触。当变压器油箱中油膨胀或收缩时，储油柜油面将会上升或下降，使胶囊向外排气或自行补充气以平衡袋内外侧压力，起到呼吸作用。当储油柜油面变化时，储油柜油位表浮球位置将随储油柜油面变化，从而引起浮球所带连杆与垂线的夹角发生改变，并通过油位表内部齿轮及磁钢传动，带动油位表指针指示出油面高度。当达到上限或下限位置时，通过接点发出相应信号。

## 二、储油柜胶囊泄漏传感器

储油柜胶囊泄漏传感器用来监测气囊内是否有破漏。气囊破裂后油或气进入，探测器检测到油和气后发报警信号。

### 1. 电容式胶囊泄漏监测装置

电容式胶囊泄漏监测装置如图 2－39 所示。监测探头透过气囊安装盖板处插入气囊内部，探头与气囊之间构成一个电容。储油柜气囊未破损时，探头处于空气中，测量到的是一个小数值的初始电容值 $C_A$；储油柜气囊破损时，气囊内部有绝缘油注入，电容值将随探头被油所覆盖区域面积的增加而增大达到 $C_B$。当电容值 $C_B$ 与电容值 $C_A$ 的差值 $\Delta C$ 达到定值后，监测装置会提供一个硬接点报警信号。

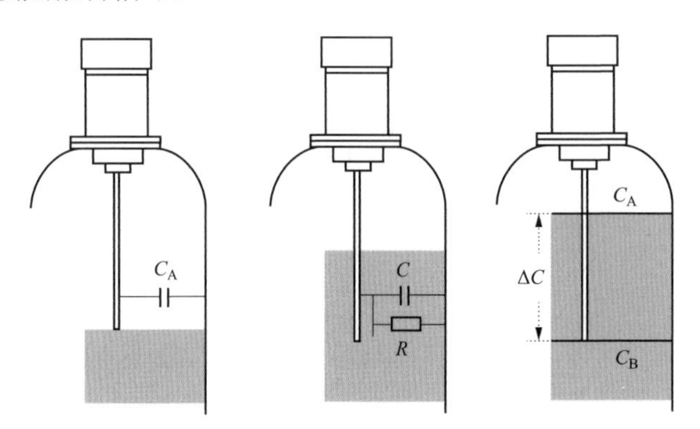


图 2－39　电容式胶囊泄漏监测装置

$R$—液体的电导率；$C$—液体电容值；$C_A$—探头未被覆盖时的初始电容值；

$C_B$—探头被覆盖后最终的电容值；$\Delta C$—电容值的变化量

电容式胶囊泄漏监测装置的正确报警与传感器探头的完好性、监测装置电容值计算环节的正确性、报警定值设定的有效性、进入气囊内的油面高度等诸多因素有关，报警原理复杂，在现场运行过程中存在反应不灵敏、动作不可靠的情况。

### 2. 气体继电器式胶囊泄漏监测装置

气体继电器可以用来监测储油柜胶囊是否破损、漏气。具体方法为：将气体继电器的一端用法兰盘密封，另一端通过法兰和联管安装在储油柜上；而胶囊通过法兰和联管与吸湿器相连。气体继电器式胶囊泄漏监测装置正常运行示意图如图 2－40 所示。首先，关闭与变压器油箱连接的阀门，通过连接吸湿器的法兰和阀门，将储油柜内部抽成真空，关闭与胶囊连接的阀门。然后开始往储油柜中注入过滤好的变压器油。当油位达到合适的位置，打开气体继电器的放气塞，直到变压器油流出，关闭放气塞，停止注油。此时，浮球已浮起，气体继电器中已充满了变压器油。最后，打开连接吸湿器的阀门，使胶囊通过吸湿器正常呼吸。此时，除胶囊内部外，储油柜内没有空气，充满变压器油。当胶囊破损时，空气进入储油柜内部，汇集到上部的气体继电器中，其内部的变压器油降下来。浮球也落下来，发出报警信号。储油柜、气体继电器和阀门的密封良好是这种监测方法能使用的关键因素。

正常运行时，换流变压器本体处于微正压，胶囊用于隔离空气和变压器油，保持变压器密封，胶囊泄漏气体继电器本体充满绝缘油，如图 2-40 所示。

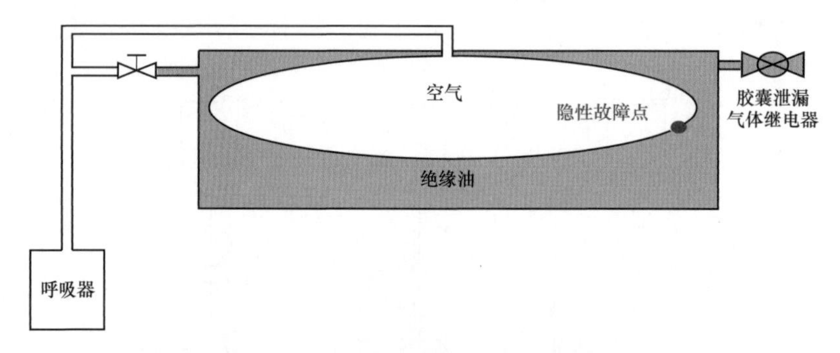


图 2-40　气体继电器式胶囊泄漏监测装置正常运行示意图

如果该胶囊在出厂时存在隐性损伤，长期运行后隐性损伤扩大可能导致胶囊破裂，胶囊破裂后空气通过呼吸器进入储油柜顶部，同时胶囊泄漏气体继电器进气报警，如图 2-41 所示。

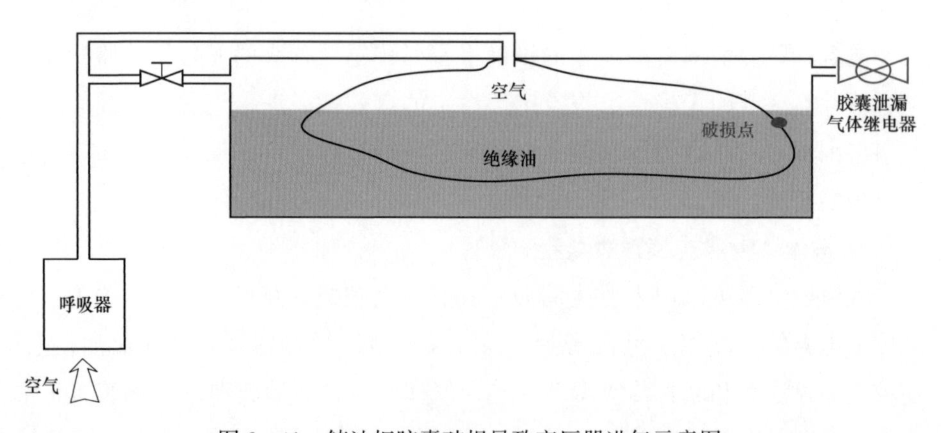


图 2-41　储油柜胶囊破损导致变压器进气示意图

大负荷期间油温升高，储油柜内部的绝缘油和空气持续膨胀，对胶囊进行挤压，导致之前漏在胶囊中的绝缘油顺着呼吸器管道从呼吸器流出，如图 2－42 所示。

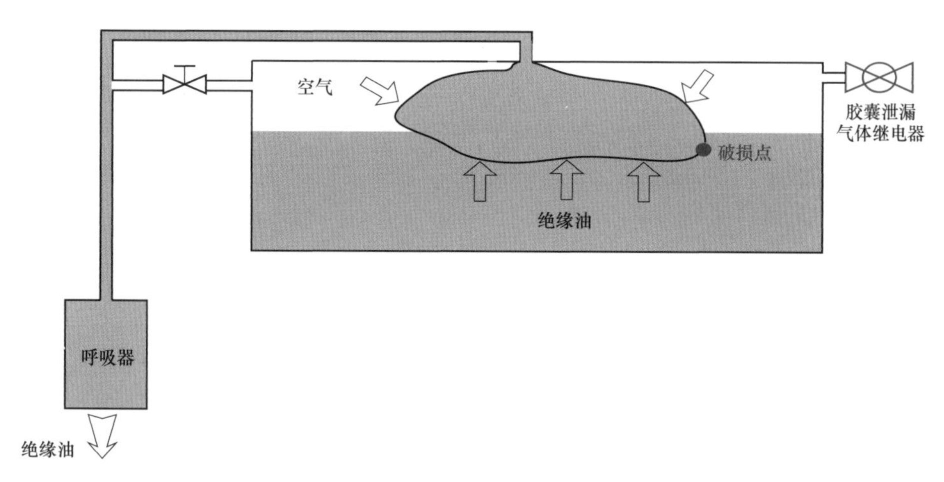


图 2－42　满负荷时油位上升压迫胶囊导致绝缘油被挤出示意图

3. 光学原理监测装置

光学原理换流变压器储油柜胶囊泄漏监测装置是基于光通过直角三棱镜会发生全反射的原理，对储油柜内部是否有绝缘油进入进行判断，进而做出储油柜气囊是否破裂的判别。

光学原理换流变压器储油柜胶囊泄漏监测装置如图 2－43 所示，具有全反射棱镜、镂空外壁、一根发射光纤和一根收信光纤的激光监测探头（见图 2－44）被安放在换流变压器储油柜气囊底部。储油柜气囊未破裂时，无换流变压器绝缘油通过图 2－43 中探头镂空外壁进入探头内部。泄漏探测装置持续发出的激光信号在探头内不会经过油面折射，激光信号直接通过探头全反射棱镜镜面发生反射，反射回来的激光信号通过收信光纤返回至泄漏探测装置。泄漏探测装置检测到回馈的激光信号，不发出换流变压器储油柜气囊破裂报警；储油柜气囊破裂初期，少量的换流变压器绝缘油进入储油柜气囊，绝缘油通过探头镂空外壁进入探头内部。泄漏探测装置持续发出的激光信号在探头内会经过油面折射，激光信号无法通过全反射棱镜镜面发生反射，泄漏探测装置检测不到回馈的激光信号，发出换流变压器储油柜气囊破裂报警。

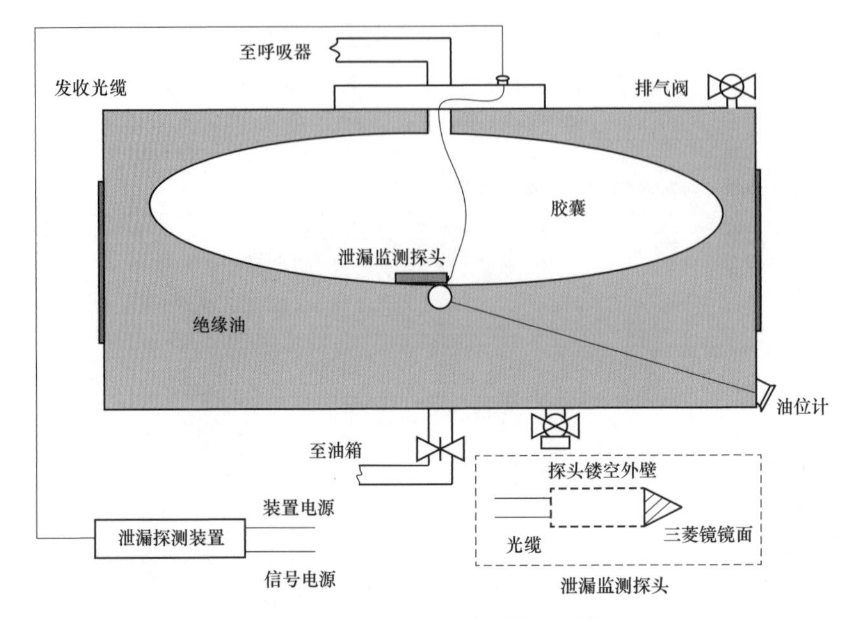


图 2-43　光学原理胶囊泄漏监测装置

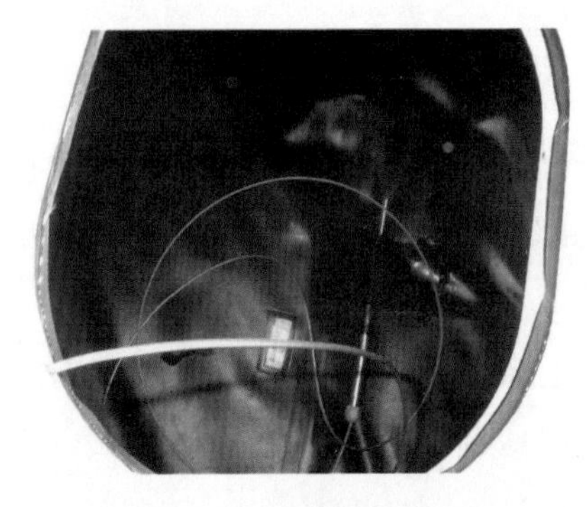

图 2-44　泄漏监测探头

相对原有的电容式胶囊泄漏监测装置，光学原理换流变压器储油柜气囊泄漏监测装置实现手段简单、原理可靠，而且可以实现故障的早期诊断，为运维人员采取紧急处理措施争取时间。

### 4. 磁助式电接点压力表胶囊破损监测

在储油柜端部安装一个磁助式电接点压力表，位置距离油室顶部 0.2m。当胶囊未破损时，储油柜油室内充满了绝缘油，此时压力表显示一个恒定的油压，如图 2-45 所示。当胶囊破损时，空气通过胶囊进入储油柜油室，油室与胶囊内部气压逐渐平衡，油室内的绝缘油流动到胶囊下方；由于绝缘油油位的下降，从而使压力表处的油压降低。此时，压力表内的布尔登弹簧旋转，进而触发开关触点，由此发出报警信号，如图 2-46 所示。

储油柜的直径一般介于 0.8～1.6m。根据浮球式油位计的结构特点可知，储油柜的高油位报警位置约在储油柜直径的 90%左右；实际上，储油柜的补偿容积往往给了一定的裕度，变压器实际运行时，胶囊下方的油位（即油位计的浮球高度）一般低于 90%，很少发生高油位报警现象。当胶囊下方的油位达到最高（即油位计的浮球接近高油位报警位置）时，此时因胶囊破损而造成的储油柜油室内绝缘油油位下降的高度差最小，约为储油柜直径的10%。进而得到，储油柜直径越大，油位的下降高度也越大，压力表的数值变化也越大；储油柜直径越小，油位的下降高度也越小，压力表的数值变化也越小。

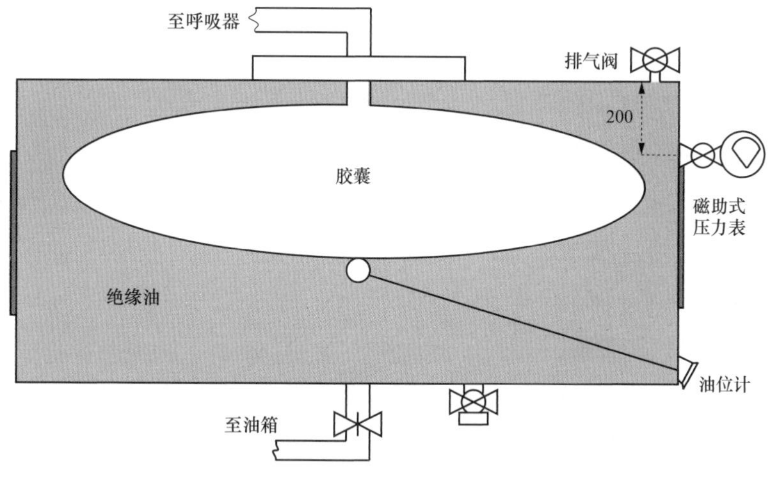


图2-45　胶囊未破损时绝缘油的位置

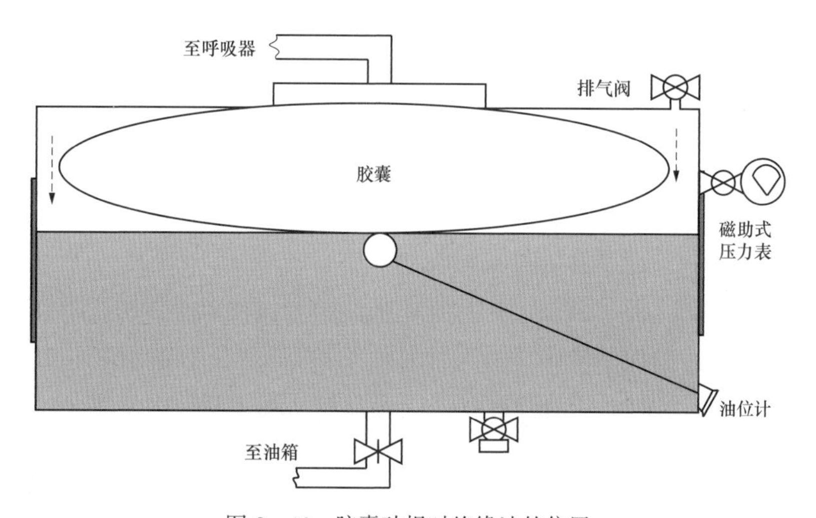


图2-46　胶囊破损时绝缘油的位置

## 三、呼吸器的结构原理

换流变压器的呼吸器，分为本体储油柜呼吸器和有载调压开关储油柜呼吸器。呼吸器的作用是在换流变压器负载下降、油温降低造成油体积减小的情况下，给换流变压器提供干燥的空气。呼吸器中填充有硅胶，硅胶有很好的干燥效果，可以吸收相当于自重15%的水分，吸收水分后硅胶会变色。在呼吸器末端有一油杯，用来防止空气直接进入呼吸器，可以在空气进入前对空气进行净化，注油的时候要注到刻度线所在的位置。

## 四、储油柜及呼吸器的技术标准归纳及运维经验

### 1. 储油柜容积

《国家电网有限公司关于印发〈十八项电网重大反事故措施（修订版）〉的通知》（国家电网设备〔2018〕979号）中8.2.1.2要求“换流变压器及油浸式平波电抗器应配置带胶囊的储油柜，储油柜容积应不小于本体油量的10%。”

### 2. 呼吸器硅胶更换

《国家电网有限公司关于印发〈十八项电网重大反事故措施（修订版）〉的通知》（国家电网设备〔2018〕979号）中9.3.3.3要求“吸湿器安装后，应保证呼吸顺畅且油杯内有可见气泡。寒冷地区的冬季，变压器本体及有载分接开关吸湿器硅胶受潮达到2/3时，应及时进行更换，避免因结冰融化导致变压器重瓦斯误动作。”

**【条款说明】** 若寒冷地区的吸湿剂潮解达到2/3且未及时更换，吸湿剂所吸收水分易因结冰将呼吸器通气孔堵塞，变压器内油压无法调节，当内部油压增加到一定程度或环境温度升高时，吸湿器通气孔被重新冲开，油流瞬时涌向储油柜，导致重瓦斯误动故障。

**【典型案例】** 2014年12月27日，某220kV变电站1号主变压器有载重瓦斯动作出口，变压器跳闸。原因为该变压器有载开关吸湿器硅胶受潮已达2/3，由于更换不及时，在夜间低温（－10℃）下吸湿剂所吸附水分结冰，导致吸湿器通气孔堵塞，有载开关无法呼吸。随着环境温度的上升和负荷的增加，开关油室压力逐渐升高，吸湿器内结冰逐渐融化，在14时40分（当日环境温度最高时，＋13℃），通气孔在油压的作用下突然导通，开关油室压力瞬间释放，变压器油涌向储油柜，导致油流速动继电器动作。

### 3. 储油柜胶囊密封性试验

《国家电网有限公司关于印发〈十八项电网重大反事故措施（修订版）〉的通知》（国家电网设备〔2018〕979号）中9.2.3.1要求“结合变压器大修对储

油柜的胶囊、隔膜及波纹管进行密封性能试验，如存在缺陷应进行更换。”

**【条款说明】** 经运行统计，大量的现场案例证明储油柜橡胶的损坏与运行年限无直接关系，而是取决于密封材料的质量和安装工艺。变压器现场安装和大修时应对储油柜胶囊、隔膜及波纹管进行密封性试验。胶囊密封试验按如下规定：将胶囊接通装有压力表的气源，然后充以 20kPa 气压、持续 30min 封住进气口，观察压力表气压是否有下降，或者用浸入水中或涂液方法检查有无渗漏。隔膜密封试验按如下规定：将隔膜密封固定在储油柜柜沿法兰上，充以 20kPa 气压、持续 30min，观察压力表气压是否有下降，或者用皂液或变压器油涂在柜沿法兰周边，检查有无渗漏。波纹储油柜密封试验按如下规定：用真空泵将储油柜抽至剩余压力不大于 50Pa 时，关闭真空泵阀持续 30min；观察真空表压力回升应小于 70Pa，解除真空后，应无永久变形。

运行过程中应加强对油位的记录，当油位出现异常时（油位异常偏高、偏低、油位不随负荷发生变化等），应立即开展红外精确测温进行确认，必要时开展油中含气量、微水检测辅助判断。运行过程中应加强对呼吸器呼吸状况的判断，若长时间未见呼吸现象，应考虑呼吸器或储油柜密封存在问题。

### 4. 呼吸器在线监测

在换流变压器呼吸器管路中接入膨胀器，主要由三通球阀、释压阀、补气阀、气囊等组成，结构示意图如图 2－47 所示。气囊中预充适量氮气，变压器不呼吸状态下，膨胀器处于半膨胀状态。

（1）开启状态：打开三通球阀，油囊通过膨胀器呼吸。当变压器温度升高，油囊体积缩小，管道内气压增大使气囊膨胀，若管道内气压达到释压阀限定值，气体通过释压阀释放。当变压器温度降低，油囊体积增大，管道气压减小使气囊收缩，若管道内气压达到补气阀限定值，气体通过补气阀自动补气。

（2）关闭状态：关闭三通球阀，油囊直接通过呼吸器呼吸。

### 5. 胶囊破损产生假油位

（1）储油柜胶囊若有破损，运行过程中储油柜内变压器油通过破损处逐渐进入胶囊内。随着气温下降，胶囊外部的油逐步补充至本体内部，导致胶囊逐步下沉，下沉过程中，可能将机械式油位计浮杆压弯，导致油位计失灵；储油柜胶囊下沉至底部时，将气体继电器和储油柜放油孔堵死（胶囊外还有油），阻断了储油柜与本体之间的油路。当室外气温进一步降低时，换流变压器本体内油体积进一步缩小，导致气体继电器内部因无油重瓦斯保护动作。

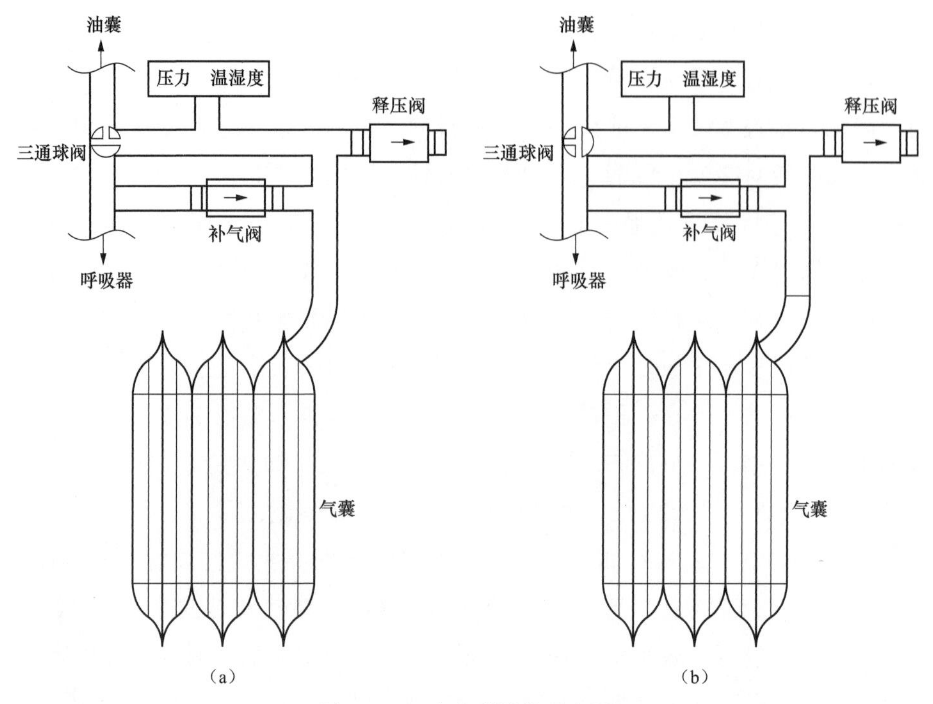


图 2-47 膨胀器结构示意图

(a) 开启状态；(b) 关闭状态

(2) 若换流变压器油位过低，冬季储油柜长期在低油位，胶囊长周期过度拉升；若换流变压器油位过高，夏季储油柜长期高油位，胶囊过度挤压弯折，长时间运行可能导致挤压弯折面开裂。停电检修时，应测量换流变压器真实油位，并按照油温—油位曲线调整换流变压器油位。

## 第五节 有 载 分 接 开 关

换流变压器均装有有载分接开关（on - load tap - changer，OLTC），它是换流变压器重要的组部件，可以实现直流电压较大幅度的分挡调节。有载分接开关的主要作用：①维持换流阀直流侧电压恒定，补偿交流系统电压变化；②将换流阀的触发角保持在最佳运行范围，避免设备过应力；③满足直流系统降压运行的调压需要。为补偿换流变压器交流网侧电压的变化以及使触发角运行在适当的范围内，以保证运行的安全性和经济性，要求有载分接开关的调压范围较大，特别是采用直流降压模式时，要求的调压范围往往高达 20%～30%；但调压挡距较小，通常为 1%～2%，以达到分接调节和换流器触发角控制联合工作时无调节死区和避免频繁往返动作的目的，由此带来的调压频率也要高得多。既考虑控制角，又考虑换相电感，则在换相过程中会有较大的短路电流变化（$di/dt$），导致触头在切换过程中恢复电压升高较多。与普通电力变压器相比，最恶劣条件下的恢复电压可达到交流变压器的 4～5 倍；正常情况下，换流变压器在额定负荷下运行，调整电压时触头恢复电压比普通电力变压器增加 10%～50%，从而导致换流变压器有载分接开关在切换过程中触头需要更大的切换容量。

外置式分接开关油箱的换流变压器外形如图 2-48 所示。

图 2-48　外置式分接开关油箱的换流变压器外形图

## 一、有载分接开关概述

目前，换流变压器主要采用油浸式有载分接开关或油浸真空式有载分接开关，为组合式，均是国外进口产品。油浸式有载分接开关的切换开关依靠油的绝缘性能来熄灭主触头电弧，动作过程中产生的电弧会造成绝缘油介质极化，为保证绝缘油的绝缘性能，分接开关在运行过程中需要不断地维护，并装有在线滤油机。真空开关切换时在真空泡中进行，无碳化油污、触头磨损轻微，延长了切换开关的使用寿命。真空灭弧室在开断时工作负荷很重，开关工作时会发热，在切换开关内产生少量气体。通常，油浸式有载分接开关通过电流小，真空式有载分接开关级电压偏低。

油浸式分接开关：由于触头直接浸泡在绝缘油中，故拉弧时导致绝缘油老化，同时造成触头的烧损以及铜和钨铜合金触头的磨损，导致触头的动作寿命在22万～50万次（根据开关型号、应用和负载而定）。

真空有载分接开关：由于主通触头和过渡触头均包裹在真空开关管中，在真空中产生的弧电压比在油中或$SF_6$中产生的要低得多，直接益处就是能量消耗和触头磨损减少。触头表面金属蒸汽的高重聚率将延长触头的使用寿命。真空开关的触头如在1000A的切换电流下，磨损只相当于油浸式开关的10%。

有载分接开关主要由切换开关、电位开关、极性开关、过渡电阻、电位电阻、电动操动机构及相关保护元件等组成。其中，切换开关和过渡电阻具有单独油室，与变压器本体油完全隔离，主要负责完成普通分接开关挡位调节，切换过程存在拉弧现象，其油室油质可通过在线滤油机过滤；电位开关与电位电阻相配合限制调压绕组的参考电位；极性开关安装于换流变压器本体油箱内，主要负责完成特殊分接开关档位调节，一般指调挡时的极性切换，其切换过程同样存在拉弧现象，动作放电所产生的异常气体将直接进入变压器本体油。

需要说明的是，分接开关最大允许级电压受到切换开关的电气强度与开断容量的限制。目前分接开关最大额定级电压5000V，对应有最大的额定通过电流2400、900A和600A三种规格。对于交流电压为$550/\sqrt{3}$kV的系统，选择级电压为$550/\sqrt{3}\times1.25\%\times1000=3969$V，小于最大值5000V，相应额定电流可以达到1000A左右；对于交流电压为$750/\sqrt{3}$kV的系统，现有的有载分接开关步长1.25%，无法满足其级电压的限制，因为其级电压$750/\sqrt{3}\times1.25\%\times1000=5413$V，大于最大值5000V。为了解决此问题，把分接开关的每级电压调整范围降低，则可以通过增加开关的级数来实现预期的调压范围。例如，把每级1.25%的调节范围调整为0.86%，那么级电压为3724V，小于最大值5000V，相应的额定电流可达到1200A。目前灵绍直流、祁连直流和昌吉换流站分接头调节步长为0.86%，古泉换流站分接头调节步长为0.65%。

极性选择器操作期间，因分接绕组暂时与主绕组分离，调压绕组瞬间会悬空，由于主绕组和调压绕组间、调压绕组和油箱间存在耦合电容，当极性转换触头离开瞬间，动静触头间会切断一数值很小的电容电流。由于该电流的存在，使分离的触头间产生火花，变压器油分解产生气泡。从图 2-49 可知，在极性开关由位置“+”切换为位置“-”的过程中，负载电流虽然不流经调压绕组，但是极性开关触头“+”或“-”与主绕组电容 $C_1$、调压绕组电容 $C_2$ 之间有电流流过，此时极性开关必须切断对地电容电流才能完成正常切换，导致极性开关触头间产生火花放电，其放电能量虽然较小，但仍会在变压器本体油室内产生少量乙炔气体。同样，在换流变压器有载分接开关极性开关由位置“-”切换为位置“+”的过程中，也会在本体油室内产生乙炔气体。

为避免分接绕组因火花放电不熄产生的短路或大量气体产生危及变压器绝缘的状况，可以采取两种措施：一是将极性开关真空化，在极性开关的动触头上并联一个真空触头，电弧在真空管内熄灭；二是根据调压绕组对地及网侧绕组的耦合电容，计算出极性转换开关的恢复电压，配置合适的束缚电阻及束缚电阻开关。

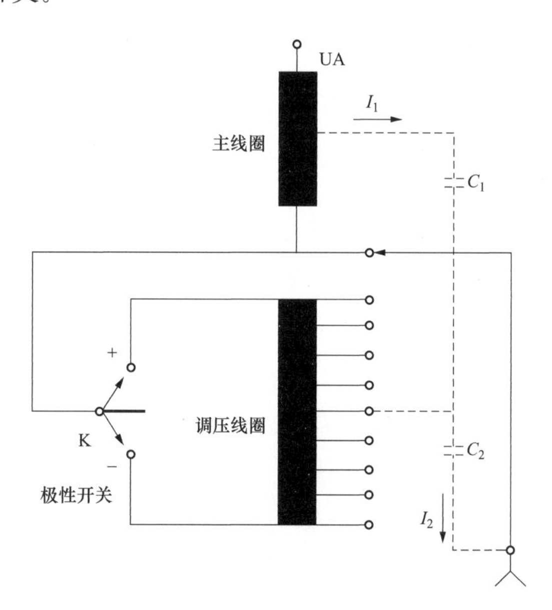


图 2-49　极性开关放电工作原理图

## 二、有载分接开关主要参数

（1）绝缘水平：分接开关所能承受的电压耐受水平。

（2）短路电流：分接开关短路电流应不小于所配套的换流变压器的过电

流限值。

（3）额定级电压：对应于每个额定通过电流值时，接到变压器各相邻分接挡位的最高允许电压。如果这个电压对应于一个额定通过电流，则称这个电压为“相关级电压”。

（4）最大级电压：分接开关设计的额定级电压的最高值。它一般和额定通过电流中的最小值相对应。

（5）最大额定通过电流：是指开关在进行触头温升试验及负荷切换时的额定通过电流。在相关级电压上，开关能将此电流从一个分接头转移到另一个分接头，并能连续地传送该电流。

（6）额定级容量：是开关在给定的各额定通过电流和对应的相关级电压的乘积。

（7）恢复电压：切换开关或选择开关的每个主通断触头组或过渡触头组，在开断电流被切断之后出现在断口上的工频电压。

（8）电气寿命：指分接开关触头以操作次数计算的使用寿命。

（9）机械寿命：指分接开关机械系统以操作次数计算的使用寿命。

## 三、有载分接开关的结构和组件

有载分接开关由电动操动机构、切换开关、选择开关、在线滤油机、储油柜（呼吸器）、监视部件以及有载调压开关与在线滤油装置、储油柜等的油管道连接组成。各部分的组成及功能如下。

（1）电动操动机构：包括电机、传动杆、齿轮、驱动轴等。电机驱动机构的驱动力经传动杆、一系列的齿轮传递到一根驱动轴上，提供切换开关的切换和选择开关档位选择所需的动能。

（2）切换开关：由动触头、静触头及过渡电阻组成。主触头和辅助触头构成静触头。主触头用于载流，辅助触头用于灭弧。载流的主触头由铜或铜银合金制成，而灭弧的触头则由铜或铜钨合金制成。切换开关上装有插入接点，此接点能使选择开关触头与切换开关相连接。

（3）选择开关：围绕中心轴周围布置有定触头，在选择开关中心轴上装有动触头，并由中心轴带动动触头，动触头经由集流环通过绝缘纸包扎的铜导体连接到切换开关上。另外还有极性开关，用来改变调压绕组电流方向。

（4）在线滤油机：由电机、泵、过滤器及油管、阀门组成。用于对分接开关油室里的油进行连续过滤，保证油具有较高的绝缘耐压水平，降低切换开关触头的机械磨损，提高切换开关的寿命。

（5）储油柜：调节切换开关单独油箱内的油因热胀冷缩而发生的体积变化，保证切换开关单独油箱内始终有油。

（6）监视部件：包括压力继电器、油流继电器、气体继电器、压力释放装置、储油柜油位监视等。用于对有载调压开关的监视和保护。

### 1. ABB 有载分接开关的结构

ABB 有载分接开关（切换开关）安装在换流变压器本体内一个单独的油箱中。电动操作机构安装于换流变压器本体，并且通过驱动杆和变向齿轮与有载分接开关相连。

换流变压器调压装置为有载调压装置。由于换流变压器容量大，采用两个或三个分接装置并联结构，同步调节方式。有载分接开关由操动机构和控制机构及分接开关、在线滤油装置、储油柜、呼吸器和监视部件组成。

分接开关由两个单独的部分，即置于分接开关油室之内的切换开关和装设于油室下面的分接选择器组成。分接开关整体悬挂于换流变压器油箱盖上。分接开关齿轮盒位置和挡位实际位置如图 2－50 所示。

（a）　　（b）

图 2－50　分接开关齿轮盒位置和挡位实际位置

（a）齿轮盒位置；（b）挡位实际位置

助触头构成静触头。主触头用于载流，辅助触头用于灭弧。载流的主触头由铜或铜银合金制成，而灭弧的触头则由铜或铜钨合金制成。触头的动作由四连杆机构控制，同时一套螺旋弹簧使四连杆机构具有自锁能力。切换开关上装有插入接点，此接点能使分接选择器触头与切换开关相连接。

分接选择器，围绕中心轴周围布置有若干个定触头，在分接选择器中心轴上装有动触头，并由中心轴带动动触头，动触头经由集流环通过绝缘纸包扎的铜导体连接到切换开关上。分接开关吊芯检查如图 2-51 所示。

图 2-51　分接开关吊芯检查图

2. MR 有载分接开关的结构

MR 有载分接开关由切换开关与装在下面的分接选择器组成，切换开关安装在自身的油室中，分接开关通过开关头安装在换流变压器油箱盖上，部分开关配置有转换选择器。电动操作机构安装于变压器本体，通过传动轴、伞齿轮与有载分接开关本体相连。根据换流变压器容量的大小，采用单个或两个分接装置并联结构，同步调节方式。

有载分接开关由操动机构和控制机构及分接开关、在线滤油装置、储油柜、呼吸器和监视部件组成。操作机构包括电机、传动轴、伞齿轮盒等。电机驱动机构的驱动力经垂直传动轴、伞齿轮盒、水平传动轴，最终到达开关头，继而提供切换开关的切换和分接选择器档位选择所需的动能。有载分接开关控制机构箱面板外观如图 2-52 所示。

（1）传动机构。传动机构、控制机构和指示装置机构均位于机箱的上半部分。这些机构的前面有防护护板，防止不小心触及。整个传动系统位于机箱上半部的上部控制屏板的背后。传动机构是低噪声单根皮带传动，一次分接操作都是转 16.5 圈（相当于手摇把转 33 圈）。传动元件是耐磨损皮带。

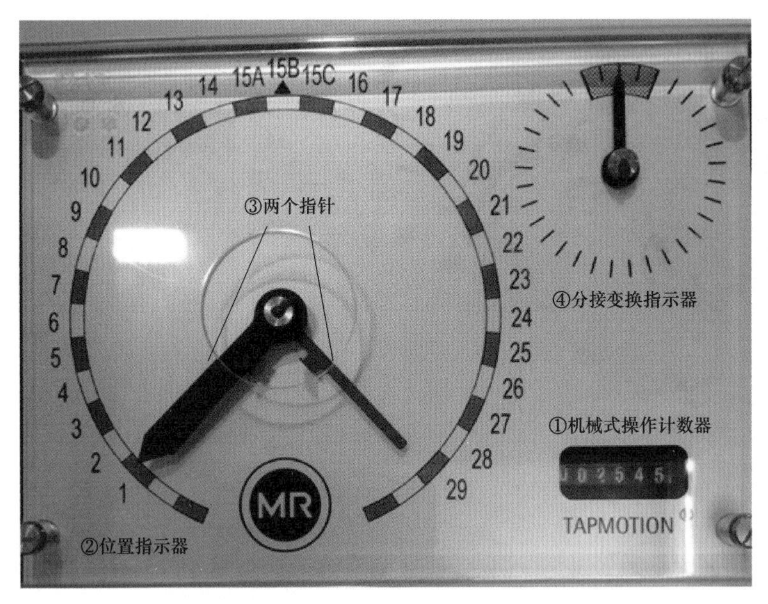


图 2－52　有载分接开关控制机构箱面板外观图

①—显示电动机构已进行的总操作次数；②—显示电动机构和有载分接开关（标准设计，最大 35 个分接位置）或无励磁分接开关的分接位置；③—表示已经到达过的电压范围（分接位置）；④—显示控制凸轮的当前位置（一次分接操作分 33 格）

（2）控制机构。控制机构中有凸轮盘，用于机械触发凸轮开关。模块化位置指示装置和辅助凸轮开关接点由控制机构驱动，指示装置机构由凸轮轴驱动。电气限位开关用于防止超越终端位置。机械和电气限位装置用于防止在调压范围以外发生分接变换操作。分接开关控制机构如图 2－53 所示。

图 2－53　分接开关控制机构图

（3）位置传送器装置。位置传送器装置包括：位置传送器、位置传送模块、插件的连接电缆。位置传送器安装在控制机构下方。为便于用户接线，位置传送模块安置在端子槽轨上。分接开关位置传送装置如图 2-54 所示。

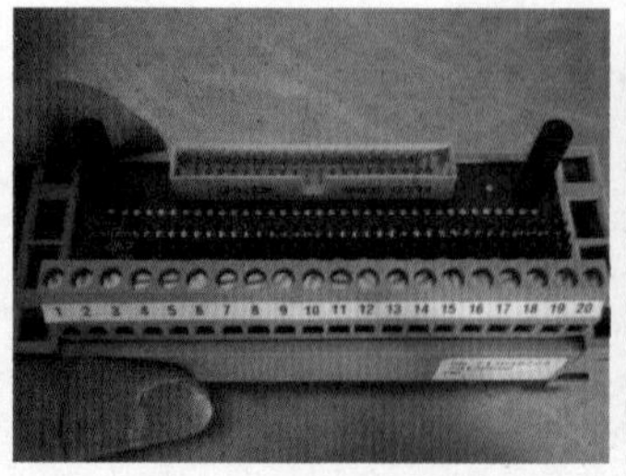

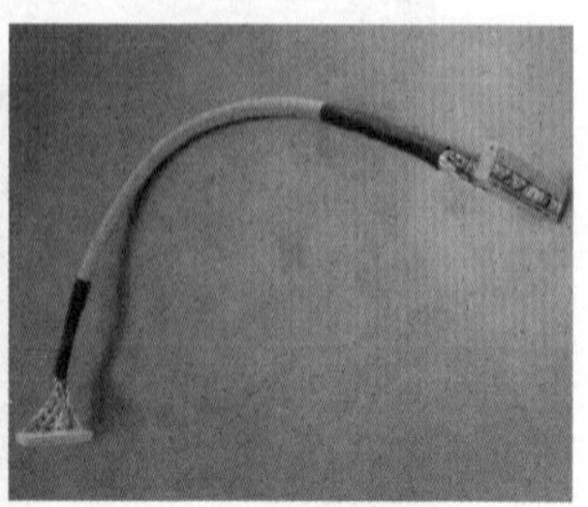

图 2-54　分接开关位置传送装置

（4）驱动电动机。有载分接开关电动机构采用的是三相电动机，电动机的工作电压范围很宽，也包括 50Hz 或 60Hz 频率。电动机安装在传动机构下方。

### 3. 在线滤油机

（1）在线滤油机的结构原理。在线滤油机主要用于有载分接开关绝缘油的循环过滤，与调压开关配套使用，能在变压器运行时有效去除调压开关油中的游离碳及金属微粒，并降低油中微量水分，确保油的绝缘强度，有效地提高有载分接开关的工作安全性和可靠性，从而减少维护工作量和停电检修次数。

在线滤油机由电动机、泵、过滤器及油管、阀门组成，用于对分接开关油室里的油进行连续过滤，保证油具有较高的绝缘耐压水平，降低切换开关触头的机械磨损，提高切换开关的寿命。监视部件包括压力继电器、油流继电器、气体继电器、压力释放装置、储油柜油位监视等，用于对有载调压开关的监视和保护。储油柜装于换流变压器油箱顶部，略高于分接开关油室顶部。储油柜用于储存一定数量的油，以保证分接开关油室里总是充满油。呼吸器与储油柜相连，用于保证吸入油枕里的空气既干燥又清洁。

在线滤油机有过滤和控制两部分，其结构主要有油泵、电动机、滤芯、连接油管、压力表、压差继电器、控制元器件等。该装置的进、出油管分别与分接开关油室的出油管和进油管相连接，工作时油回路充满油，无残留空气，处于闭路循环状态。

为了对换流变压器有载调压开关的油箱进行在线滤油，换流变压器装有在线滤油机。换流变压器用在线滤油机由过滤器底座、过滤器外壳、取样阀、泵、电动机和连接法兰等组成。排油阀安装在过滤器底座上，用于在更换滤芯时排掉外壳内的油。

在线滤油机运行方式为在线不间断滤油；当滤油回路发生油泄漏时，发储油柜“油位低”报警，自动跳开滤油装置电动机开关。

在线滤油机清除开关油中的碳颗粒，把含水量控制到最小，其油路系统示意图 2－55 所示。

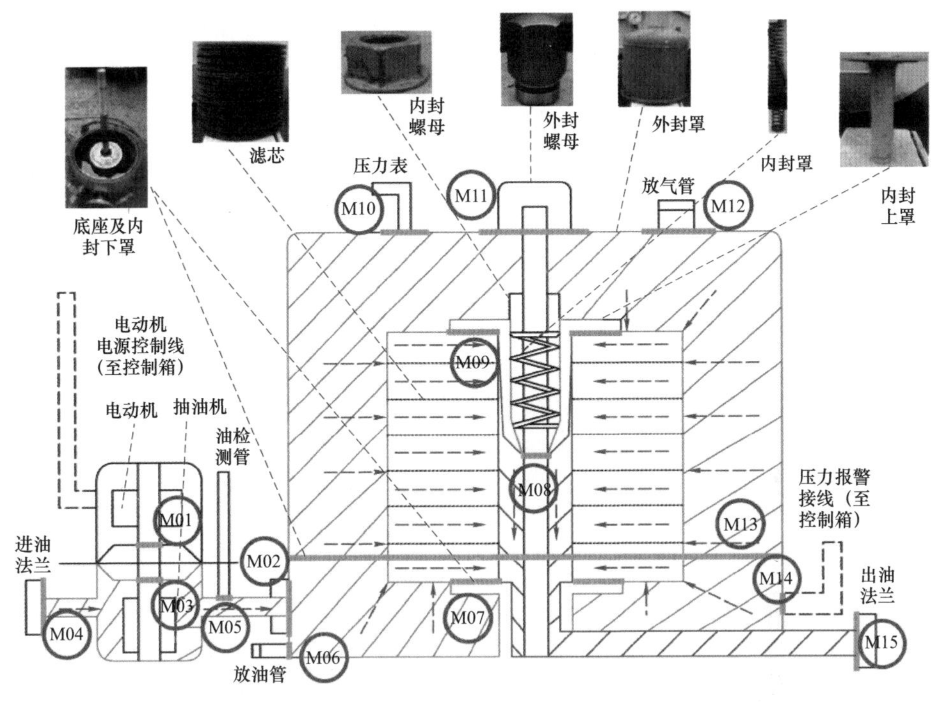


图 2－55　在线滤油机油路系统示意图

（2）在线滤油机的功能特点。在线滤油机使用过滤精度小于等于 1$\mu$m 的滤芯，除去油中颗粒杂质，降低微水含量。它能将切换过程中产生的游离碳等杂质及时过滤除净，彻底净化油质。滤芯的进油侧装有油压力表，可监视工作时油回路是否畅通或异常压力增高，若滤芯阻塞失效，其内部压力升高，压差继电器动作，提醒人员更换滤芯。

（3）在线滤油机的启动方式。在线滤油机有现场手动启动、自动启动两种启动方式。手动启动通过现场就地电动操作实现；自动启动是正常运行情况下的启动方式，即分接开关每次动作后马上自动启动净油装置，持续工作时间是指从第一次切换动作开始，至整定持续工作时间内最后一次切换的整定持续工作时间为止。一般整定时间为 30min，确保每次切换的过滤持续时间，及时彻底净化切换产生的游离碳等颗粒，防止沉积于箱底而无法过滤除净。

## 四、分接开关的换挡原理

有载分接开关由切换开关、选择开关、极性开关、电位开关、操作机构和快速机构等部分组成。分接开关动作，遵循“先选择，后切换”的原则。需要说明的是：当有载分接开关需要进行极性转换时，在极性开关动作前，先闭合连接一束缚电阻（电位电阻）的电位开关，以减小极性开关动作过程中由于调压绕组处于悬浮状态而引起的极性开关动静触头之间和选择开关动静触头之间的严重持续放电。电位开关与极性开关、选择开关之间通过机械联锁配合，在极性开关和选择开关闭合后再断开。接入 100kΩ 电位电阻的作用就是在极性开关动作过程中短时间吸收电能，防止油中产生能量放电。

以 MR M 型 10193W 带极性选择器的分接开关为例，说明有载分接开关切换顺序：

（1）分接开关指示面板位置在 1 挡，极性开关为“+”，下分接选择器触头层位置为 1，已经预先选择好位置 2，上分接选择器触头层为 2，电流方向如图 2－56 中的红色部分。

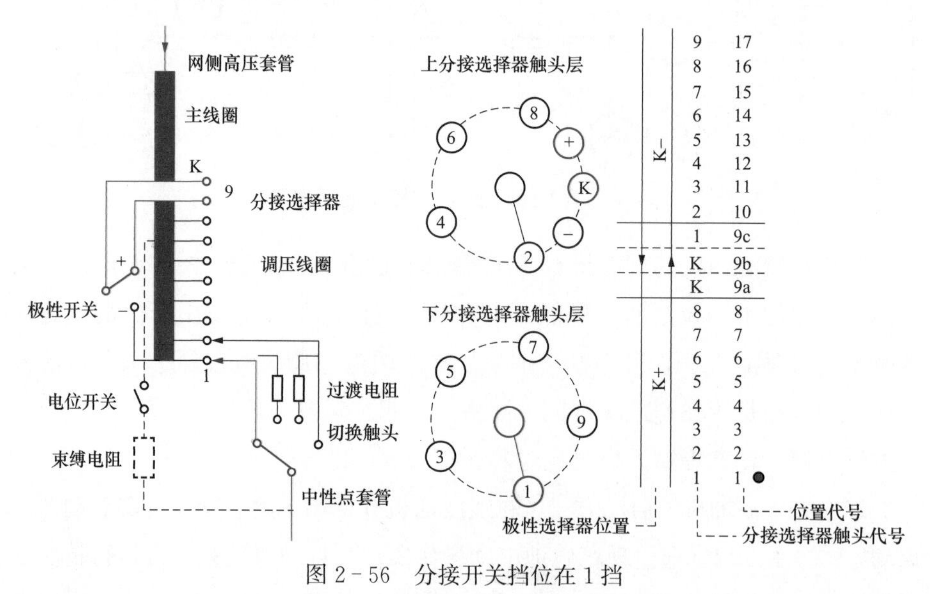


图 2－56　分接开关挡位在 1 挡

（2）分接开关切换位置 1 至位置 2。分接开关指示面板位置在 2 挡，极性开关为“+”，下分接选择器触头层位置为 1，上分接选择器触头层为 2，电流方向如图 2－57 中的红色部分。

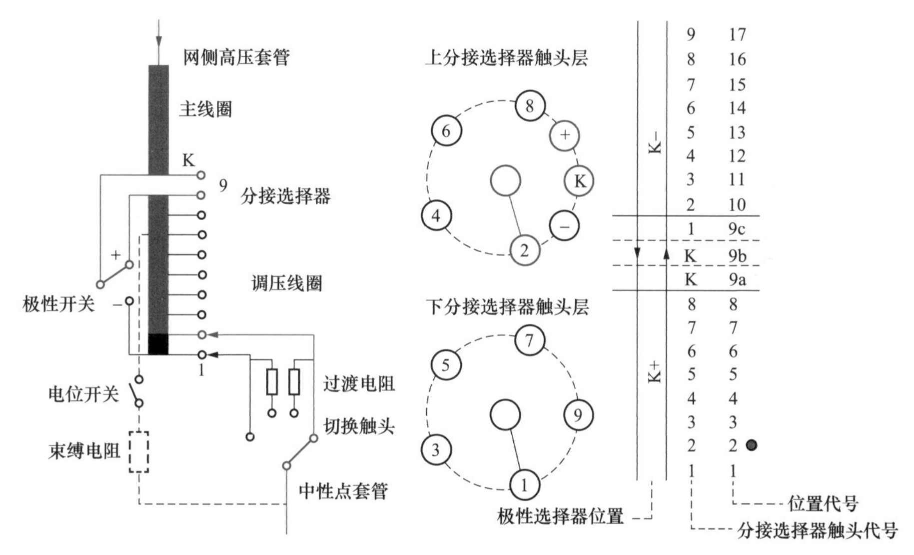


图 2－57　分接开关挡位在 1 挡至 2 挡

（3）分接开关切换位置 2 至位置 3，下分接选择器位置由 1 到 3。分接开关指示面板位置由 2 挡到 3 挡，极性开关为“+”，下分接选择器触头层位置由 1 到 3，上分接选择器触头层为 2，电流方向如图 2－58 中的红色部分。

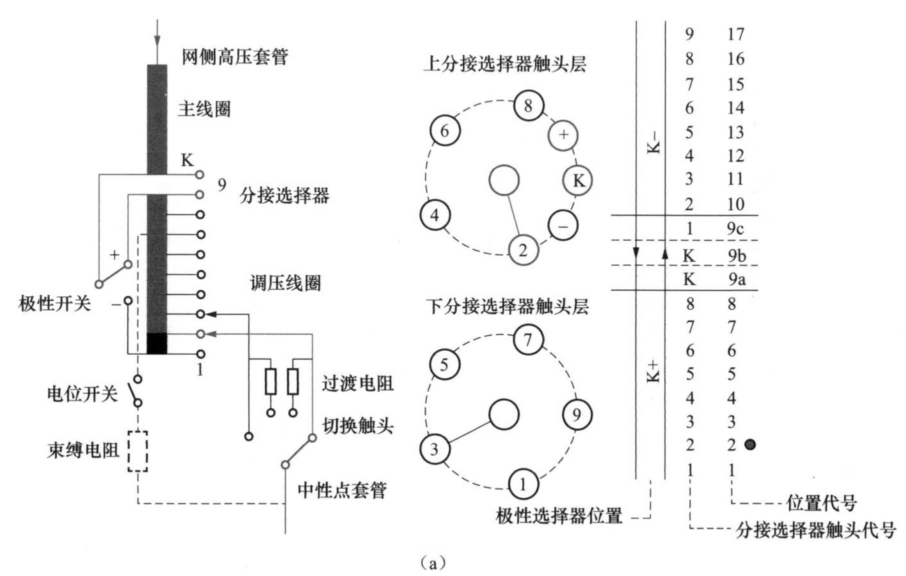


图 2－58　分接开关挡位由 2 挡至 3 挡（一）

(a) 下分接选择器位置由 1 挡至 3 挡

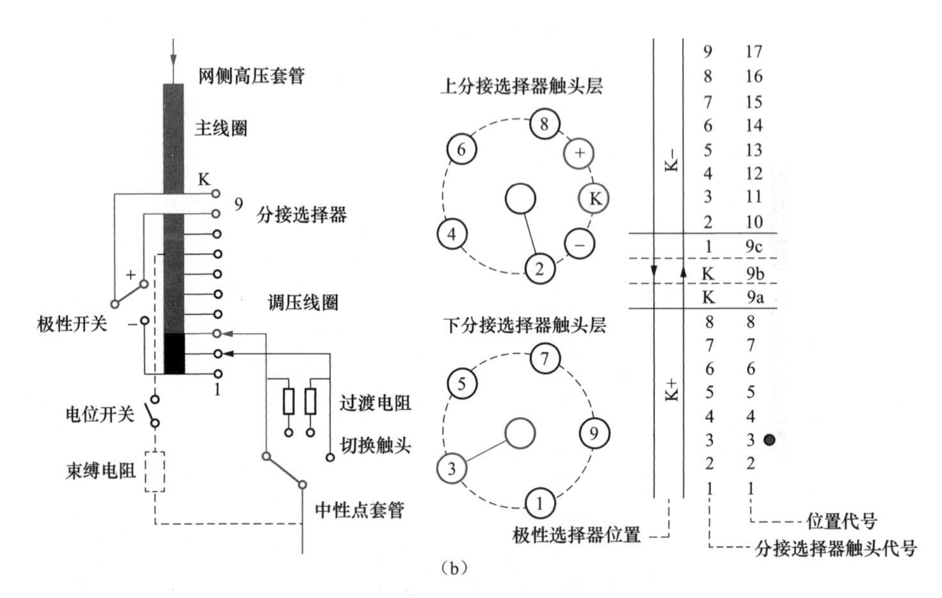


图 2-58 分接开关挡位由 2 挡至 3 挡（二）

(b) 切换开关动作

(4) 跳过其他挡位直接到位置 8，分接开关面板指示为 8，极性开关为“+”，上分接选择器触头层为 8，下分接选择器触头层为 7，电流方向如图 2-59 中的红色部分。

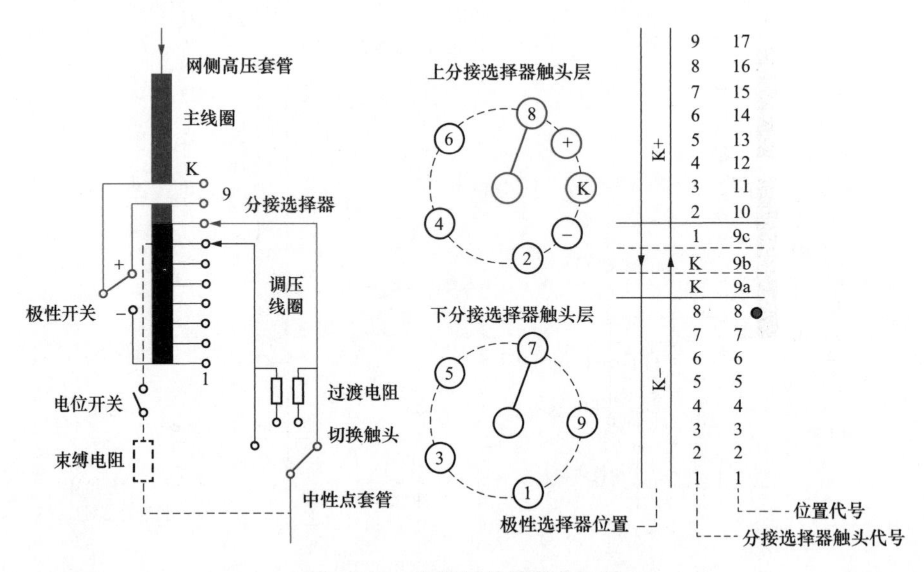


图 2-59 分接开关挡位在 8 挡

(5) 分接开关位置由位置 8 到位置 9a。分接开关面板指示由 8 到 9a，极性开关为“＋”，上分接选择器触头层为 8，下分接选择器触头层预选为 9（由 7 到 9），电流方向如图 2－60 中的红色部分。

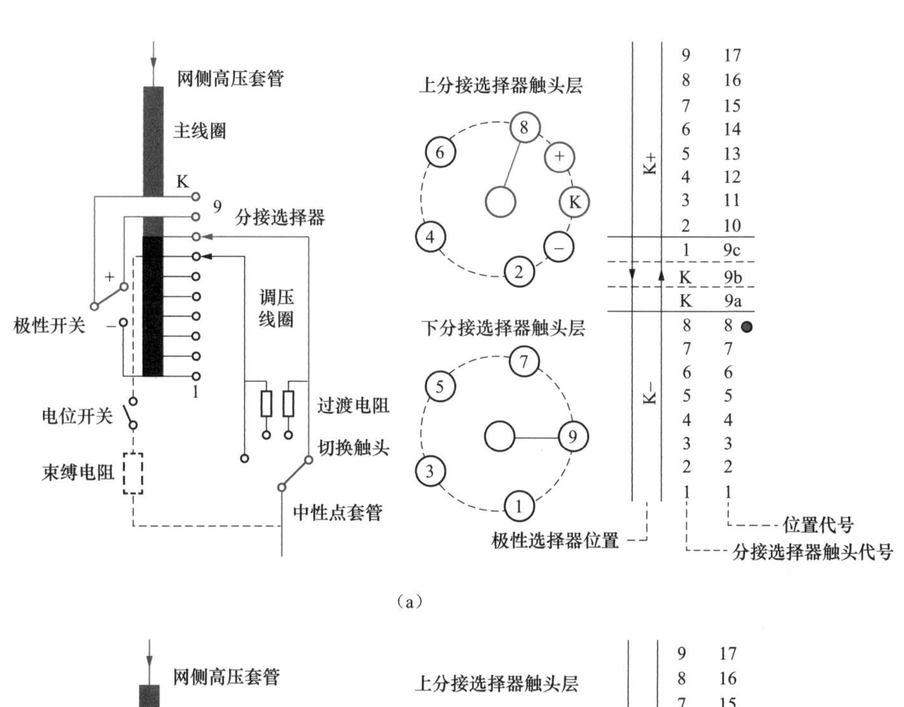


(a)

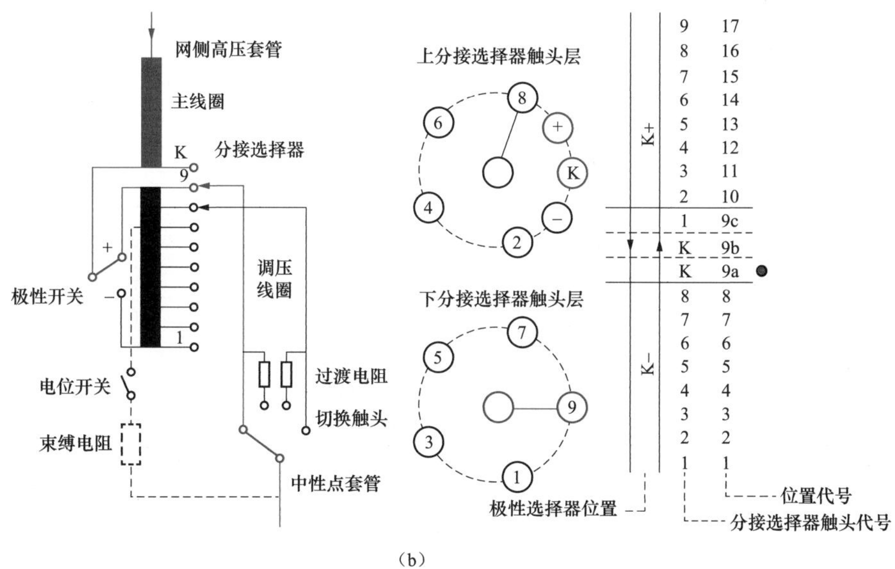


(b)

图 2－60　分接开关挡位由 8 挡至 9a 挡

(a) 下分接选择器位置由 7 到 9；(b) 切换开关动作，挡位由 8 挡到 9a 挡

（6）分接开关位置由位置9a到位置9b。分接开关面板指示由9a到9b，极性开关为“+”，上分接选择器触头层预选接触到“K”位置，下分接选择器触头层9，电流方向如图2-61中的红色部分。

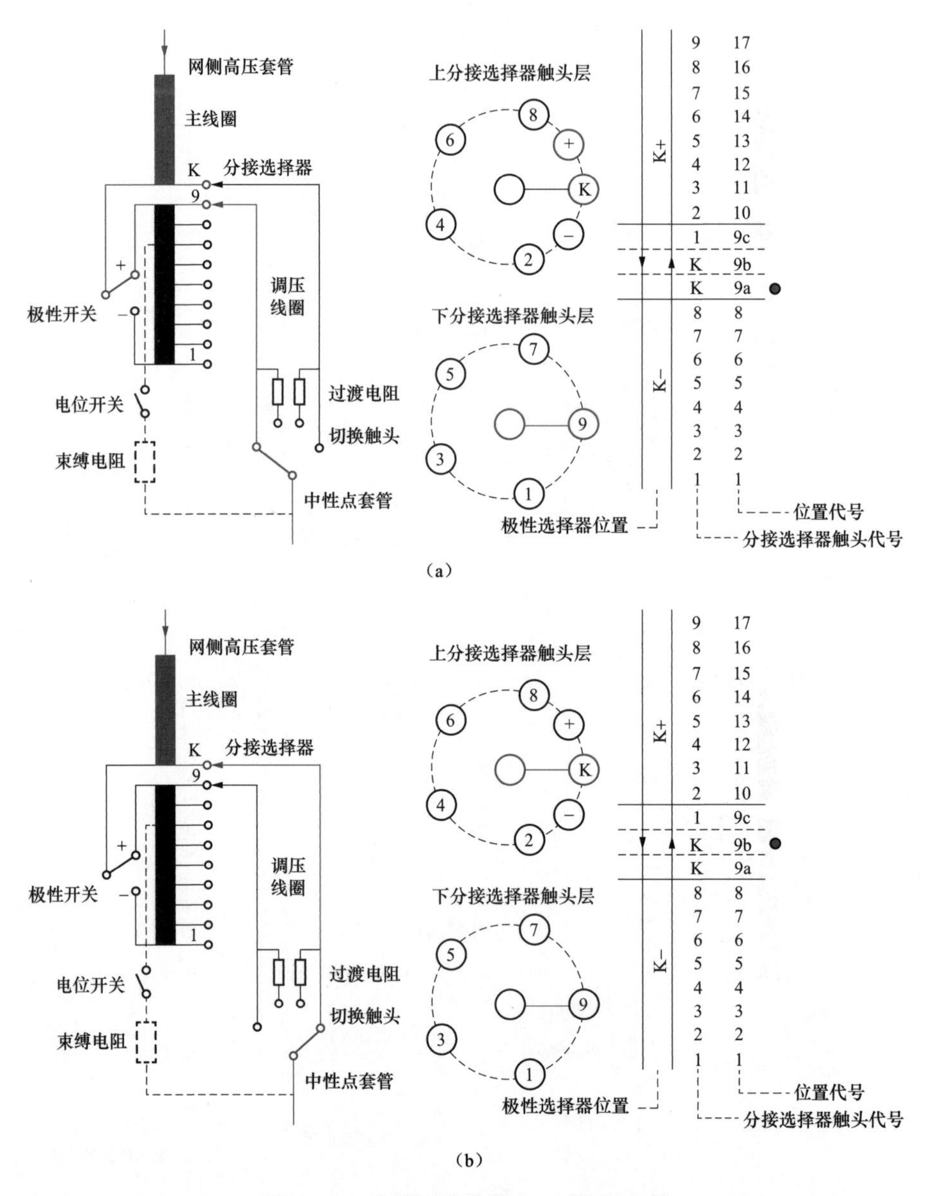


图2-61　分接开关挡位由9a挡至9b挡

（a）分接选择器预选接触到位置“K”；（b）切换开关动作，分接头挡位到9b挡

（7）分接开关位置由位置9b到位置9c。极性选择器准备打开选择。分接

开关面板指示 9b，极性开关为“＋”，上分接选择器触头层到“K”位置。电流方向如图 2－62（a）中的红色部分。

极性选择器接进潜在的电位开关。此时，电位开关动作闭合，将调压线圈钳制在等电位，保证主线圈和调压线圈处在相同电位中，防止极性开关动作过程中拉弧烧损（此过程中束缚电阻用于保护电位开关不受损）。分接开关面板指示 9b，极性开关为“＋”，上分接选择器触头层到“K”位置。电流方向如图 2－62（b）中的红色部分。

极性选择器打开换向切换选择到切换选择闭合。分接开关面板指示 9b，极性开关动作，极性选择器由“＋”切换至“－”，上分接选择器触头层到“K”位置，下分接选择器触头层由“9”向“1”切换。电流方向如图 2－62（c）中的红色部分。

极性选择器潜在的电位开关打开，下分接选择器触头层切换到 1。分接开关面板指示 9b，极性开关为“－”，上分接选择器触头层到“K”位置，下分接选择器触头层为 1。电流方向如图 2－62（d）中的红色部分。

切换开关动作。分接开关面板指示 9c，极性开关为“－”，上分接选择器触头层到“K”位置，下分接选择器触头层为 1。电流方向如图 2－62（e）中的红色部分。

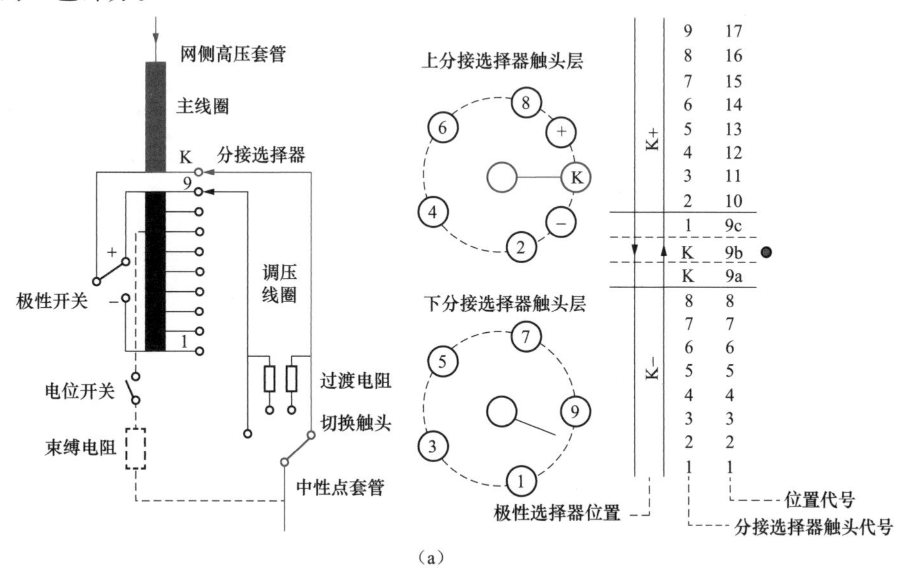


（a）

图 2－62　分接开关位置由位置 9b 到位置 9c（一）

（a）极性选择器准备打开选择

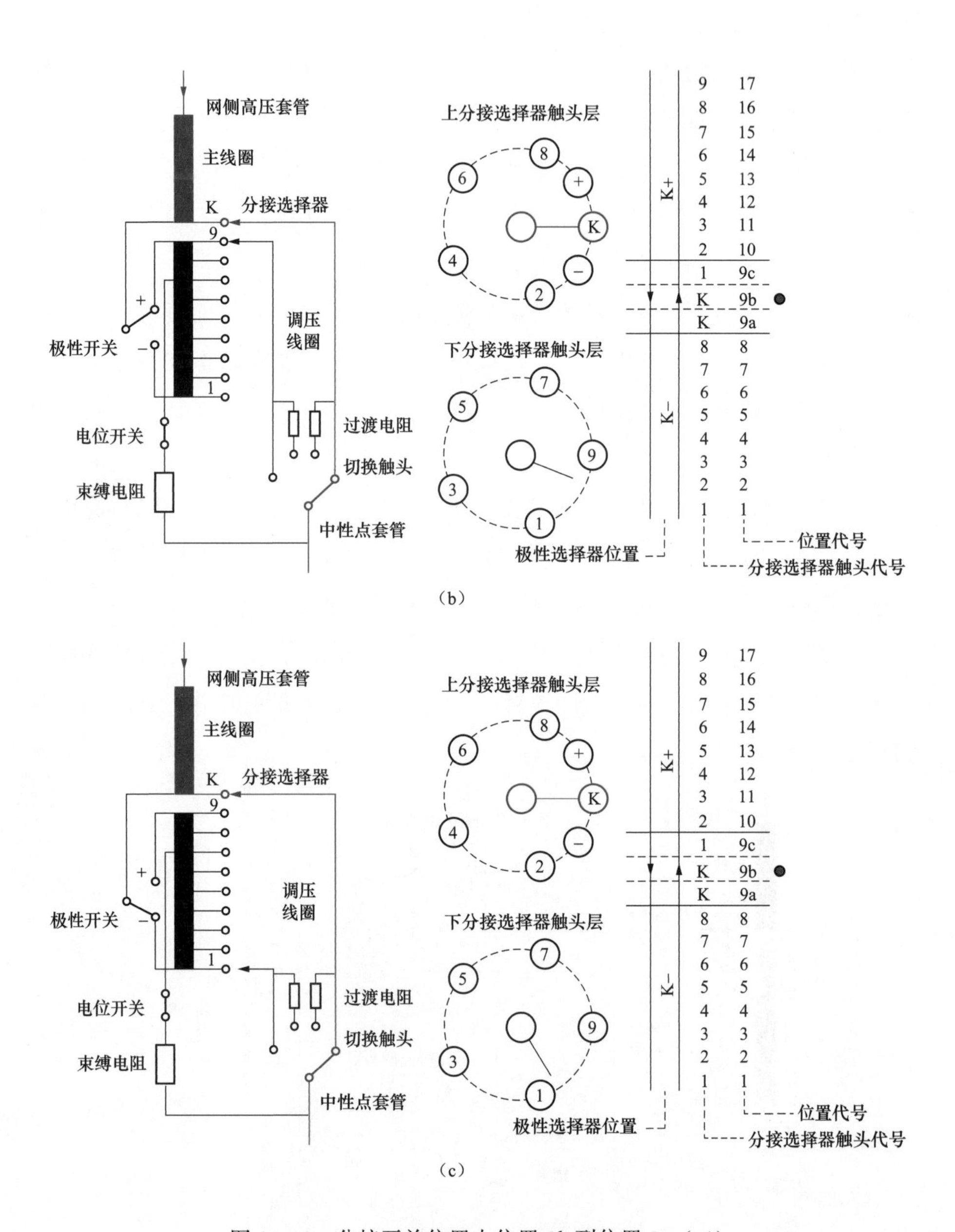


图 2-62 分接开关位置由位置 9b 到位置 9c（二）

(b) 极性选择器接进潜在的电位开关；(c) 极性开关动作

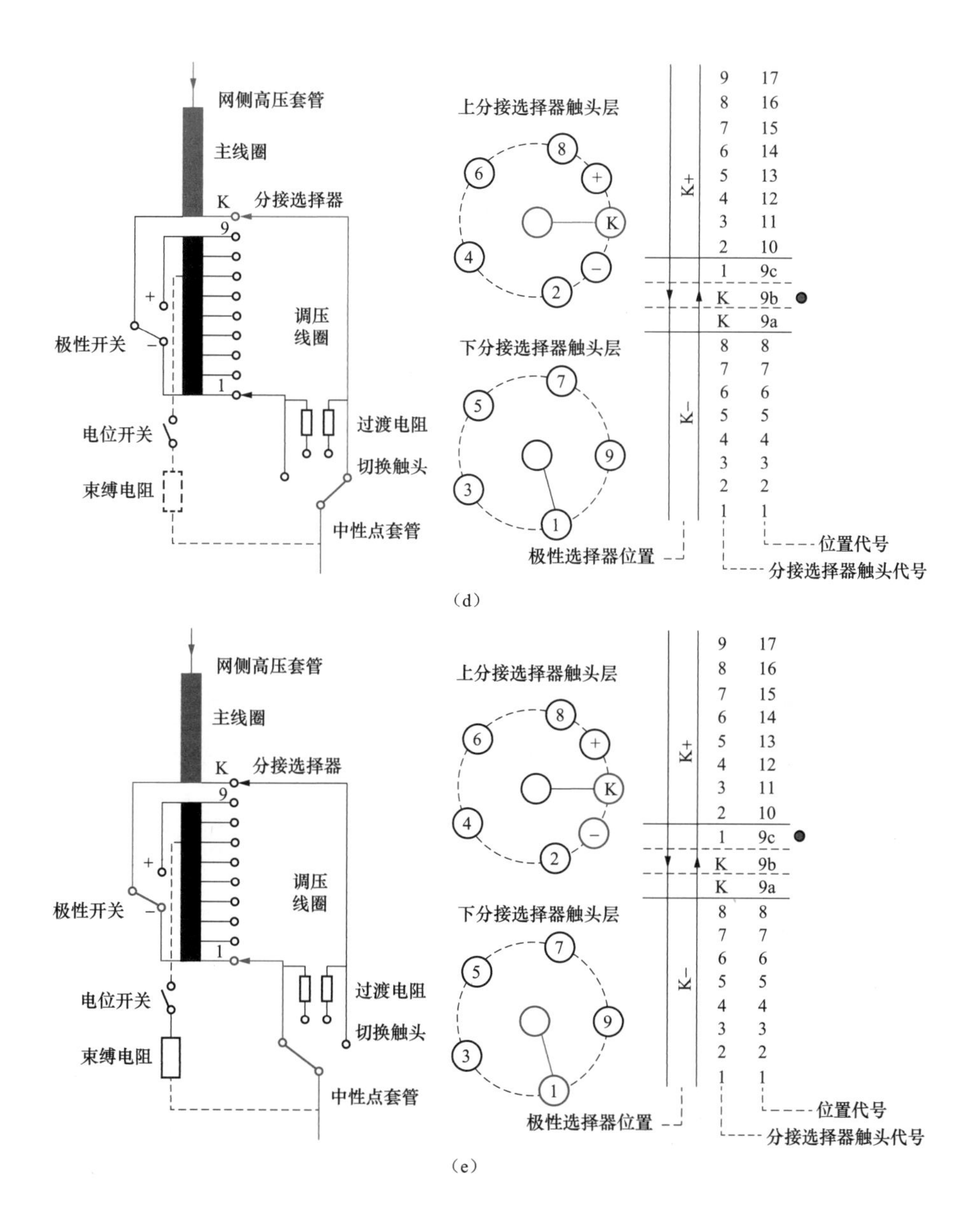


图 2-62　分接开关位置由位置 9b 到位置 9c（三）

(d) 电位开关打开；(e) 切换开关动作

(8) 分接开关位置由位置 9c 到位置 10。分接开关面板挡位指示由 9c 挡到 10 挡，极性开关为“—”，上分接选择器触头层预选接触到位置 2，下分接选择器触头层为 1。电流方向如图 2-63 中的红色部分。

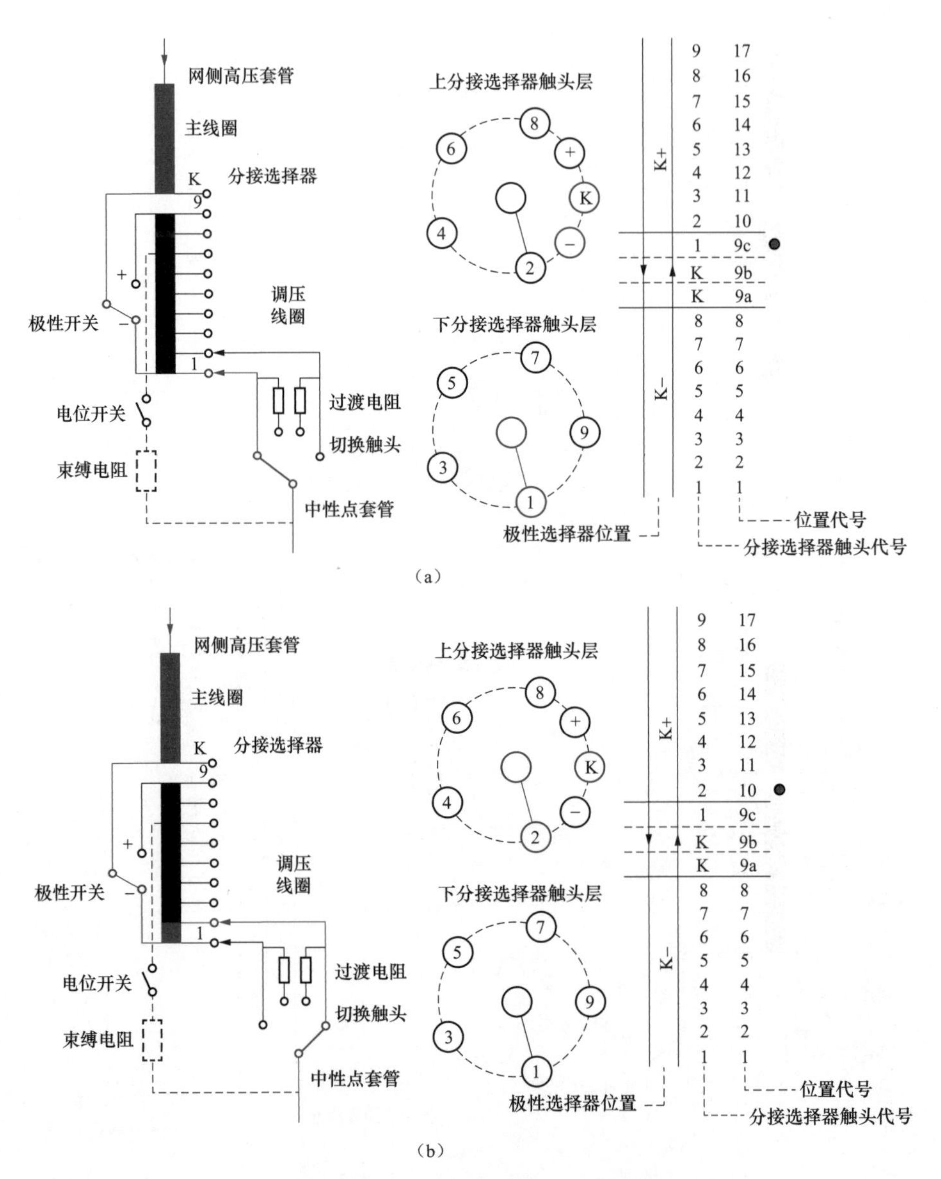


图 2-63　分接开关位置由位置 9c 到位置 10

(a) 上分接选择器切换到 2；(b) 切换开关动作

## 五、有载分接开关的技术标准归纳及运维经验

### 1. 在线滤油机运行规定

(1)《国家电网公司直流换流站运维管理规定　第 1 分册　换流变压器运

维细则》规定，在线滤油机工作方式为在线不间断滤油或联动滤油方式。

1）油浸式有载分接开关的切换开关完全泡在油中，依靠油的绝缘性能来熄灭主触头电弧，在线滤油装置运行方式为在线不间断滤油，一旦合上滤油机的电源开关，滤油机将持续工作。

2）真空有载分接开关的切换开关虽然泡在油中，但使用密闭真空泡熄弧。在线滤油装置运行方式有所不同，当分接开关动作后，在线滤油自动启动，过滤分接开关内的油、气，运行到设定时间时自动停止。

（2）《直流换流站设备检修、例行试验工艺和质量标准（一次设备）》规定，在线滤油机滤芯压力超过 2bar，或者运行 7 年时更换滤芯（ABB 技术）；如压力值超过 3.5bar 或者运行 6 年时应更换滤芯（MR 技术）。

（3）《国家电网公司直流换流站评价管理规定 第 1 分册 换流变压器精益化评价细则》中规定：

1）滤油装置应按厂家说明书说明设定启停模式（有载开关储油柜油位低报警应联动切除在线滤油装置或每次调压启动 30min，避免滤油装置漏油后排空切换油筒内绝缘油）。

2）要求油耐受电压不小于 30kV；如果装有在线滤油器，要求油耐受电压不小于 40kV。不符合要求时，需要对油进行过滤处理，或者换新油；IEC 60214－2:2004 和 GB/T 10230.2—2007 标准规定，定期取分接开关油样测量微水和击穿电压（每年至少一次），控制值为：微水不大于 30ppm、击穿电压不小于 40kV。

### 2. 过电流闭锁调挡功能

DL/T 572—2021《电力变压器运行规程》规定，为防止分接开关在严重过负载或系统短路时进行切换，宜在有载分接开关自动控制回路中加装电流闭锁装置，其整定值不超过变压器额定电流的 1.5 倍。

针对电流继电器 KC 发生故障或者换流变压器由于冲击振动引起继电器接点卡涩而无法变位导致换流变压器有载分接开关调挡功能闭锁的问题，建议换流变压器分接开关取消设备过流闭锁回路，如图 2－64 所示。

从图 2－64 可知，在有载分接开关机构箱中将过电流闭锁分接开关接点 X1：29 和 X1：30 短接，致使分接头升/降挡控制回路不会对电流继电器 KC 过于敏感，从而保障电流继电器故障或者闭锁接点异常变位均不会影响有载分接开关升/降挡操作。

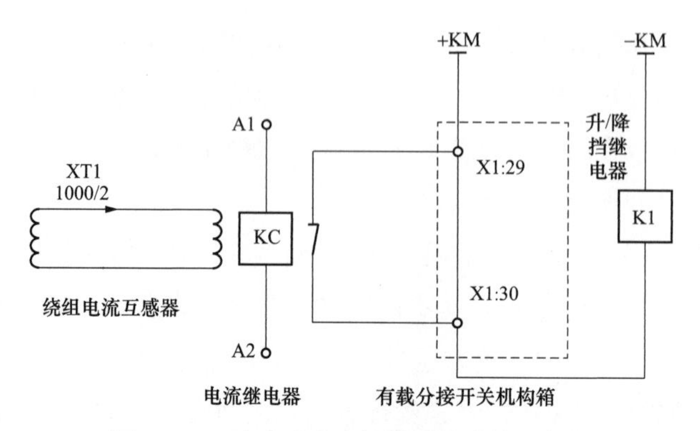


图 2-64　取消过电流闭锁调挡功能示意图

### 3. 分接开关绝缘油油温低于－25℃闭锁调挡

换流变压器采用MR真空型有载分接开关，具有绝缘强度高、熄弧时间短等优点。有载分接开关油室内配置温度传感器Pt100，其主要利用导体自身电阻随温度变化而变化的特性来测量有载分接开关油温。如图2-65所示，温度传感器Pt100通过测量电阻，利用电阻/温度对应关系来推算油室温度，再将温度值传送至温度控制器B7，该温度控制器不仅能显示有载分接开关油温，而且能够判断油温处于何种运行状态。

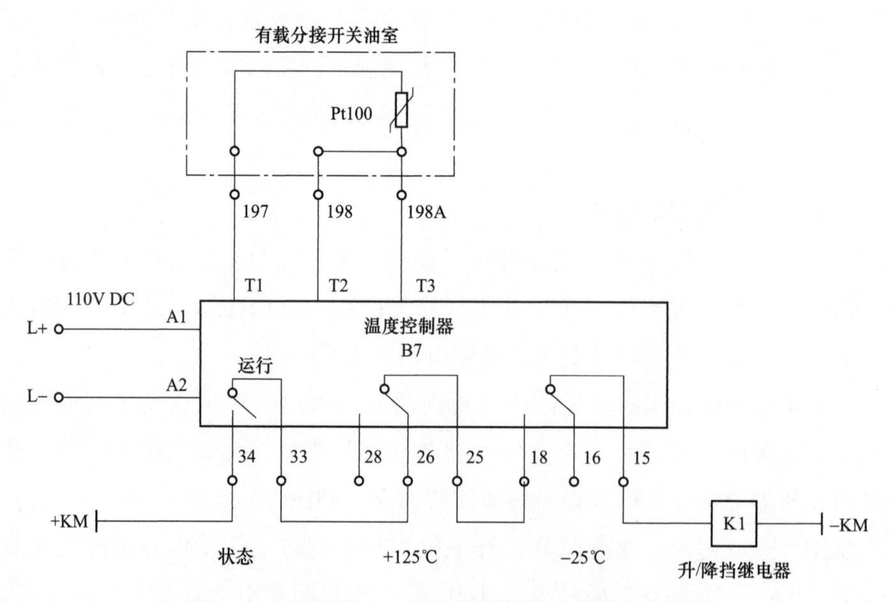


图 2-65　油温低于－25℃闭锁调挡功能原理示意图

从图2-65可知，正常情况下，当有载分接开关油温处于－25～＋125℃

之间时，温度控制器接点 B7：15 和 B7：18、B7：25 和 B7：26 均闭合，有载分接开关控制回路正常导通；当油温低于－25℃时，温度控制器接点 B7：15 和 B7：18 断开，切断有载分接开关控制回路；当油温高于＋125℃时，温度控制器接点 B7：25 和 B7：26 断开，同样切断有载分接开关控制回路，致使换流变压器有载分接开关调挡功能被闭锁。

#### 4. 挡位信号原理

目前，国内换流变压器分接开关挡位信号普遍采用 BCD 码上送分接头位置至后台。换流变压器中的分接头 BCD 码一般采用 6 位，前 2 位表示十位数，后 4 位表示个位数。如 BCD 码 000001 表示 1，BCD 码 111001 表示 39。因此，若换流变压器分接头数量不超过 39，则都可用 6 位 BCD 码表示。如中州换流站的低端换流变压器采用天威保变公司产品，高端换流变压器采用 SIEMENS 公司产品，分接头数量均为 31 个（从－5～25），分接头每调节一挡，电压就变化 1.25%；鲁西换流站换流变压器采用特变电工沈阳变压器集团公司产品，分接头数量为 19 个（从－7～11），分接头每调节一挡，电压就变化 1.25%。通常将 BCD 码表示的 2 位十进制数定义为换流变挡位，并在后台显示。当执行升挡命令时，该 BCD 码表示的十进制数增大；当执行降挡命令时，BCD 码表示的十进制数减小。计算机后台发出的升/降挡命令，实际上是调节换流变压器的分接头位置，从而调节换流变压器阀侧电压。因此，后台显示的挡位和分接头位置、阀侧电压调节有一个对应关系。由此可知，挡位（BCD）上调时阀侧电压升高，挡位（BCD）下调时阀侧电压降低。这种挡位的调节与阀侧电压升降的对应关系在国内换流站中较常见，运行人员习惯了升挡升压、降挡降压的逻辑；但实际上，后台的升挡命令是在下调分接头，降挡命令是在上调分接头。国内不同±800kV 换流站工程调试中，就多次出现高端换流变压器和低端换流变压器的分接头位置与后台挡位（BCD）对应关系不一致，出现同是升挡命令，调节低端换流变压器使阀侧电压升高，调节高端换流变压器使阀侧电压降低的问题。因此，在后续工程中应提前配合好分接头—挡位对应关系，将最大分接头位置定义为最小挡位，最小分接头位置定义为最大挡位，避免设备到现场后再进行就地挡位显示装置的修改等工作。

换流变压器挡位信号是通过有载分接开关凸轮开关转换为 6 位 BCD 码 BIT1、BIT2、BIT4、BIT8、BIT10 和 BIT20 而计算得出，如图 2－66 所示。

其中，BCD 模块通过二极管导通为对应挡位 BCD 码进行置位，导通时对应 BCD 码为 1，关断时对应 BCD 码为 0。

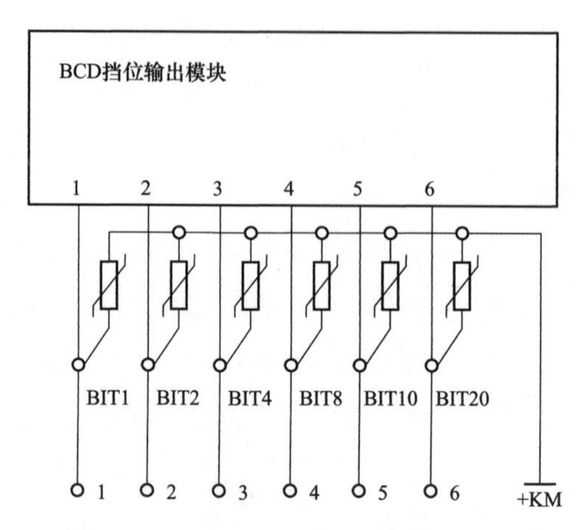


图 2-66　BCD 码档位输出原理示意图

### 5. 用专用表测试油流继电器挡板的动作压力

油流继电器挡板动作压力测试如图 2-67 所示。双接点测试时用表针尖对准挡板上第一个铆钉的中间位置，然后向右慢慢转动表直到挡板动作，查看表上显示的数据，重复几次查看数据是否一致。

图 2-67　油流继电器挡板动作压力测试

### 6. 分接开关检修维护策略

（1）MR 开关检修。根据 MR 公司意见，MR 有载分接开关运行 2 年后或动作次数达到 2 万次后需进行首次例行检修，不带 MR 滤油机的每 4 年后、带 MR 滤油机（复合滤油机）的每 6 年后或不带 MR 滤油机的动作 2 万次后、带 MR 滤油机（复合滤油机）的动作 4 万次后，取其先到者，需检修维护一次。不同型号之间维护要求略有差别，以设备说明书或者厂家书面函件为准。

（2）ABB 开关检修。根据 ABB 公司意见，ABB 有载分接开关每运行 7 年后或动作十万次后需检修维护一次。不同型号之间维护要求略有差别，以设备说明书或者厂家书面函件为准。

（3）电动机构的维护（主要针对滑挡）。电动机构的维护应该在换流变压器停电检修时进行，下面针对滑挡故障预防维护进行维护总结：

1）凸轮的检查：断开电动机构电机电源，打开盖板，检查凸轮是否存在变形，凸轮表面磨损程度，凸轮下方的紧固螺栓是否紧固，有无松动现象。

2）复位弹簧的检查：手动拨动复位弹簧是否弹性良好，若出现凸轮压片卡滞，不是内部损坏，是由于长时间轮滑油氧化、灰尘和水分等原因导致卡滞，可用带长喷嘴的机械润滑剂进行清洗和润滑（为防止润滑剂滴下，在下方应垫上足够的碎布条），反复多次用长一字刀进行机械转动凸轮压片，直至凸轮压片的动作良好。

3）时间继电器的校核：检查时间继电器线圈电阻是否合格，可单独在时间继电器两端接入外接电源（退出二次回路接线），校核时间继电器的完好性。

4）K1/K2/K3 交流继电器的检查：检查交流继电器的线圈电阻是否合格，动铁芯的动作是否灵活无卡滞。

5）检查转盘是否有油污，转动部位是否有污秽，检查维护完成后对有载调压开关进行 1—$N$ 挡位的往复操作一遍，观察机构有无其他问题。

7. 其他运行规定

（1）真空有载分接开关绝缘油检测的周期和项目应与变压器本体保持一致。

（2）油浸式真空有载分接开关轻瓦斯报警后应暂停调压操作，并对气体和绝缘油进行色谱分析，根据分析结果确定恢复调压操作或进行检修。

**【条款说明】** 真空有载分接开关，正常运行时电弧切换在真空泡中进行，不会产生气体。若分接开关绝缘油检测出现气体则表明真空泡可能存在破损。

# 第三章　换流变压器非电气量装置运行维护

非电量装置，顾名思义就是指由非电气量继电器采集的信息反映的故障动作或发信的保护，是指保护的判据不是电量（电流、电压、频率、阻抗等），而是非电量，如气体保护（通过油速整定）、温度保护（通过温度高低）、压力释放保护（压力）等。换流变压器一般配置气体继电器、油流继电器、压力释放阀、油温传感器、绕温传感器、压力继电器、油位指示器、储油柜胶囊泄漏报警仪（在第二章第四节中有详细介绍，本节不再赘述）和断流阀等非电量保护装置。

## 第一节　气体及油流继电器

气体继电器利用变压器内部故障使油分接产生气体或造成油流涌动时，气体继电器接点动作，发出告警信号（轻瓦斯）或自动切除变压器（重瓦斯）。轻瓦斯主要反映运行或轻微故障（如超载发热、铁芯局部发热、漏磁导致油箱发热等）时，油分解的气体上升进入气体继电器集气室，气压使油面缓慢下降，继电器随油面落下，轻瓦斯干簧接点导通发出信号，油面进一步下降将引起重瓦斯动作。重瓦斯主要反映变压器内部发生套管接地、匝间短路等严重故障时，快速产生大量气体，推动油流冲击挡板，挡板上的磁铁吸引重瓦斯干簧接点导通而跳闸。

油流继电器一般配置在换流变压器分接开关上，内部发生套管接地、匝间短路等严重故障时，快速产生大量气体，推动油流冲击挡板，挡板上的磁铁吸引重瓦斯干簧接点导通而跳闸，具体动作过程类似气体继电器的油流涌动。

## 一、气体继电器概述

气体继电器能够在变压器运行中以轻瓦斯报警和重瓦斯跳闸信号反映变压器内部故障。当气体继电器内有气体聚集时，应取气样并进行试验检测。换流变压器本体重瓦斯保护应投跳闸。长期稳定运行的换流变压器发生轻瓦斯报警时，应进行现场检查分析判断是否为误报警，若油色谱检测有异常变化，应立即停运设备。若连续出现 2 次及以上轻瓦斯报警，应立即停运设备进行检查处理。新投运或进行过油处理的换流变压器发生轻瓦斯报警时，应综合判断后采取有效措施。

换流变压器一般配置 1 台西门子技术路线气体继电器或 7 台及以上 ABB 技术路线气体继电器。正常运行状态中，轻瓦斯投入报警状态，重瓦斯投入跳闸状态。在特高压变压器状态不稳定期间，可考虑将换流变压器网侧套管升高座轻瓦斯、阀侧套管升高座轻瓦斯、分接开关轻瓦斯、本体轻瓦斯，变压器主体变压器和调压变压器轻瓦斯均暂投跳闸，保证人身和设备安全。

继电器产品型号的表示方法如下：

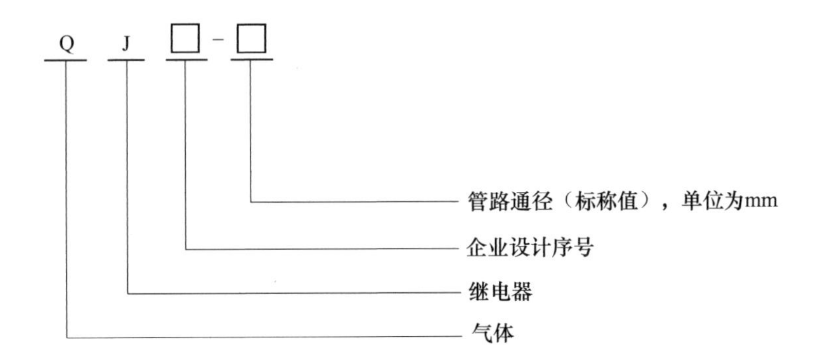


## 二、气体继电器的原理

气体继电器通常安装在换流变压器的油箱与储油柜之间的管道中。在正常工作状态下，它内部充满了绝缘油，双浮子气体继电器中的两个浮子借助浮力处于它们的最高位置。通常情况下，气体继电器会同集气盒一并配置，气体会通过铜导管进入导集气盒，可以隔一段时间从集气盒内取气样进行色谱分析，通过气体组成来判断变压器的运行状况：是否有故障，是否需要检修。气体继电器的工作原理在此使用双浮子气体继电器进行描述，结构如图 3-1 所示。

图 3－1　气体继电器结构图

（1）轻瓦斯气体累积。在绝缘油中存在未溶解的气体（负压进气、油色谱数据异常），气体在液体中上升，逐渐聚集在气体继电器内并挤压绝缘油面，随着液面的下降，上浮子也一同下降。通过浮子的运动，将启动一个开关触点（磁触点式干簧管），发出报警信号。

（2）绝缘油流失/油位下降。随着液面的下降，储油柜、管道以及气体继电器被排空。首先上浮子下沉，启动报警信号。当液体继续流失，下浮子下沉并启动一个开关触点，由此使换流变压器跳闸。

（3）绝缘油油流涌动。由于一个突发性/自发性事件而产生向储油柜方向运动的压力波流，压力波流冲击到安装在液流中的挡板，当波流的流速超过挡板的动作值时，挡板顺波流的方向运动（如图 3－2 所示）。通过这一运动，启动开关触点，变压器断路。当压力波流消退后，下开关系统回复原位。

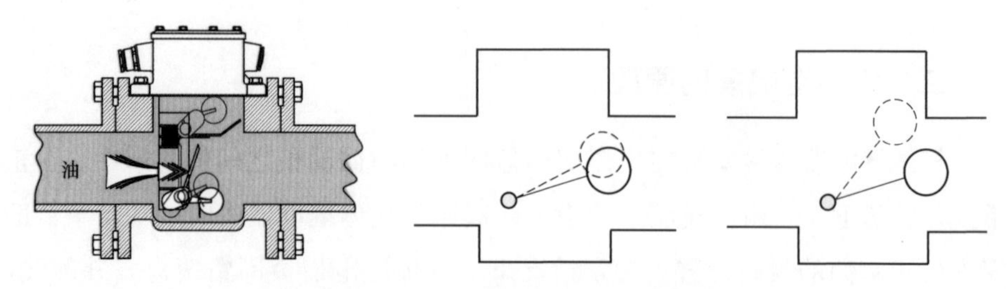


图 3－2　重瓦斯动作过程示意图

## 三、油流继电器的原理

油流继电器由机械和电气两部分构成，机械传动部分的关键部件包括固定支架、挡板、挡板传动螺钉、吸合磁铁和配重架。吸合磁铁为圆形纽扣状，镶嵌在支架两侧的钢片上。挡板、吸合磁铁与配重架通过转轴定位在支架上，转轴为挡板、吸合磁铁和配重架旋转的支点，挡板传动螺钉固定在配重架上并相继穿过吸合磁铁、配重架和挡板，三者位置相对固定。油流继电器结构如图 3-3 所示。

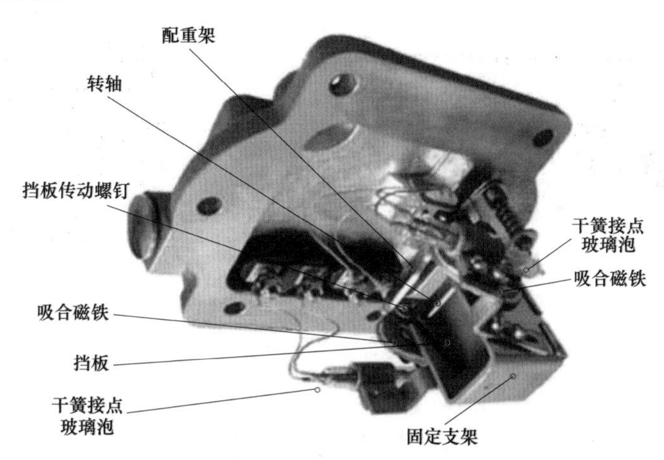


图 3-3　油流继电器结构图

机械传动部分动作时，挡板被油流推动，绕转轴旋转的同时，通过传动螺钉将转动力传递到配重架和吸合磁铁上，并带动配重架和吸合磁铁一起绕转轴旋转，如图 3-4 所示，磁铁与干簧管靠近时，吸合干簧管接点。无浮球，故不会因为油面下降浮球动作也发出轻瓦斯告警；无明显的集气室，通常气泡会随着油路排走，不会滞留腔室，形成大的气团。

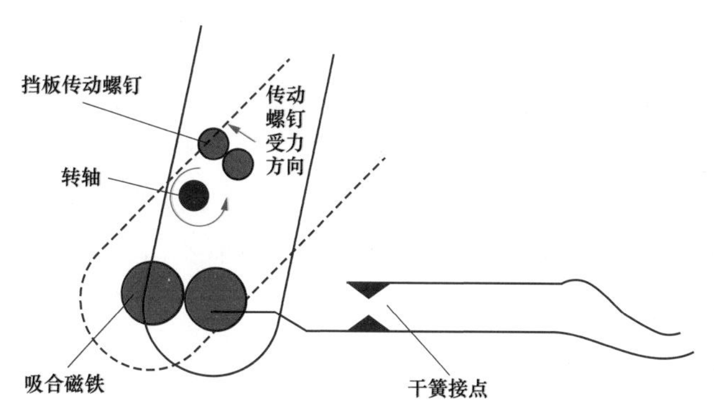


图 3-4　油流继电器原理图

油流继电器的电气部分只有干簧接点，分置在油流继电器固定支架的两侧，干簧接点为常开接点，油流继电器动作时，干簧接点闭合，通过控制保护发出跳闸命令。

气体继电器和油流继电器原理对比如图 3－5 所示。

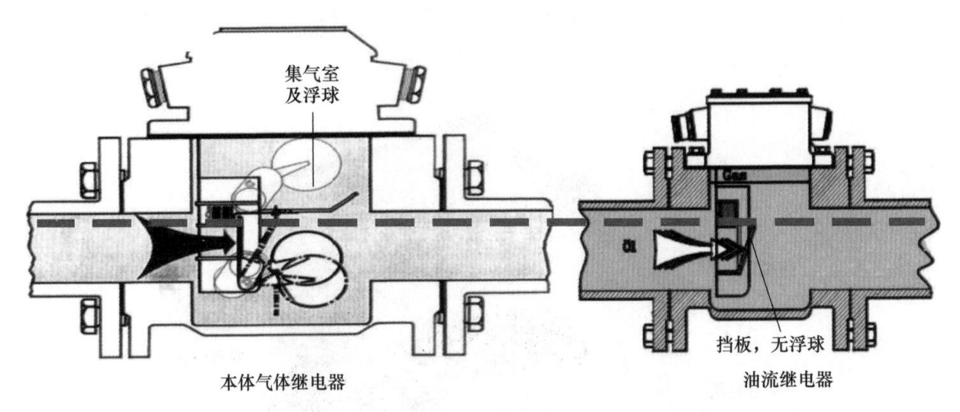


图 3－5 气体继电器和油流继电器原理对比图

## 四、气体及油流继电器的技术标准归纳及运维经验

### 1. 气体告警处理

（1）《国家电网有限公司关于印发〈十八项电网重大反事故措施（修订版）〉的通知》（国家电网设备〔2018〕979 号）中 9.2.3.6 规定，当变压器一天内连续发生两次轻瓦斯报警时，应立即申请停电检查；非强迫油循环结构且未装排油注氮装置的变压器（电抗器）本体轻瓦斯报警，应立即申请停电检修。

（2）《国家电网公司直流换流站运维管理规定　第 1 分册　换流变压器运维细则》中规定，长期稳定运行的换流变压器发生轻瓦斯报警时，应进行现场检查分析判断是否为误报警，若油色谱检测有异常变化，应立即停运设备。若连续出现 2 次及以上轻瓦斯报警，应立即停运设备进行检查处理。新投运或进行过油处理的换流变压器发生轻瓦斯报警时，应综合判断后采取有效措施。

**【条款说明】** 变压器多次发轻瓦斯报警，可能内部已存在故障，随时可能爆发。此时再对变压器取油、气进行分析，存在巨大的人身风险，应立即申请停电检查。

**【典型案例】** 2016 年 12 月 14 日上午 9 时，某 500kV 变电站高压电抗器

（非强油循环）轻瓦斯保护动作报警，检查高抗本体油位正常、无渗漏。排空气体后，10 时 44 分完成取油样送油化班检测，而后又有 4 次轻瓦斯报警，每次间隔 90min 左右。14 时 31 分，电抗器重瓦斯、第一套保护、第二套保护及本体压力释放阀动作，5031 断路器、5032 断路器跳闸，电抗器油箱爆裂起火。

### 2. 集气盒取气方法

瓦斯集气盒通过连接管与气体继电器上部相连，用于采集继电器内的气体。具体方法如下：

（1）开启下部的气塞，逐渐放掉盒内的变压器油；

（2）气体继电器气室内的故障气体在储油柜液位差的压力下充入取气盒，根据刻度读取所需气体体积；

（3）在取气盒的上部气塞处用取气用注射器采集气体。

### 3. 气体可燃性判别

《国家电网公司直流换流站运维管理规定　第 1 分册　换流变压器运维细则》中规定，当气体继电器内有气体聚集时，应取气样进行试验检测并严禁在取、放气口处以及换流变压器周围、充油充气设备周围进行气体点火检测。

当气体继电器发出轻瓦斯动作信息时，应立即检查气体继电器，及时取气样进行检验，以判明气体成分。瓦斯报警有两种情况，内部发生故障产生故障气体，或气体继电器密封不良、潜油泵负压进气等导致内部有空气进入。具体判断方式是通过瓦斯气体判断工具判别，如图 3－6 所示。瓦斯气体判断工具主要由 A、B 两个玻璃试管、隔油管、不锈钢连接器组成。从集气盒取气经过隔油装置实现油气分离（避免变压器油最终进入注射器）后，气体进入 A、B 试管并与试管内的溶液进行化学反应：①A 试管内装入亚甲基蓝溶液，B 试管内装入硝酸银溶液，试验时被试气体从取气口依次进入 A、B 两支试管进行化学反应；②为保证试验结果的准确性，实现油气分离，在 A 试管与集气盒排气口之间增加了一个隔油管，通过 A 试管和 B 试

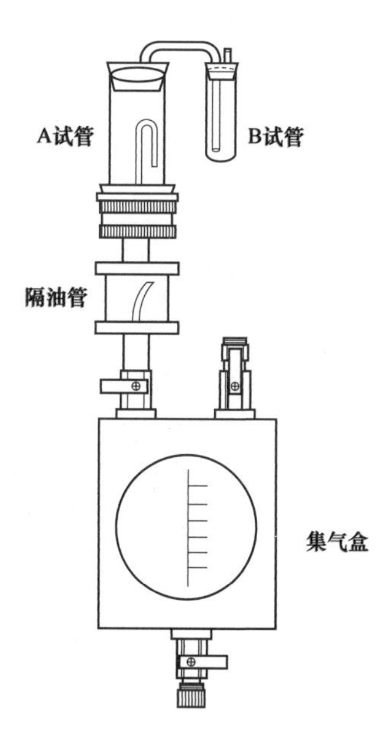

图 3－6　通过溶液实现气体判断的安装示意图

管内溶液的化学反应结果，可以判断气体是放电故障产生的$C_2H_2$、CO气体，还是负压区进气导致的瓦斯告警。

4. 气体继电器的校验

DL/T 540—2013《气体继电器检验规程》中规定，气体继电器的检验周期一般不超过5年。

DL/T 1798—2018《换流变压器交接及预防性试验规程》中规定，气体继电器的校验在交接时或者必要时，每三年检查一次气体继电器的整定值，应符合运行规程和设备技术文件要求。

5. 气体继电器和油流继电器的其他运行规定

（1）DL/T 572—2021《电力变压器运行规程》规定：

1）装有气体继电器的油浸式变压器，无升高坡度者，安装时应使顶盖沿气体继电器油流方向有1%～1.5%的升高坡度（制造厂家不要求的除外）。

**【条款说明】** 主要考虑气体在管路内流动，避免气体窝气。需要说明的是，有载分接开关的油流继电器集气为正常现象，不会引起油流继电器误动，具体分析如下：

换流变压器有载分接开关内部触头调挡的过程中，会出现电弧（或通过包裹触头的真空泡将热传导给周围的绝缘油），油受热产生气体，如图3-7所示。

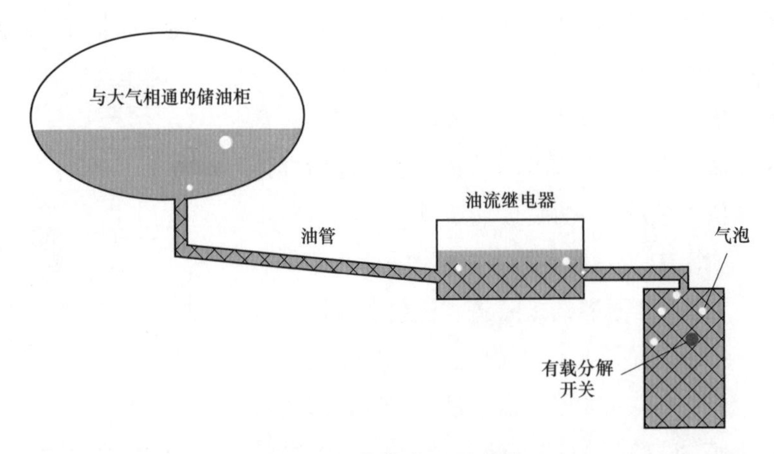


图3-7　气体产生示意图

在换流变压器投入运行前，将油流继电器通过放气而使其中的油充满。有载分接开关正常工作时产生的气体会通过油管进入油流继电器的空腔内，并逐渐积累后把气体排进储油柜，随着气体的逐渐累积，油流继电器的上部将全部充满气体，如图 3－8 所示。

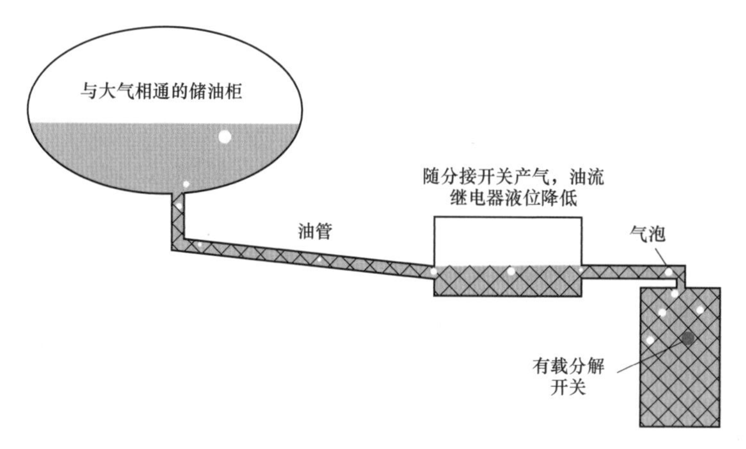


图 3－8　油流继电器液位下降示意图

2）变压器在运行中滤油、补油、换潜油泵或更换净油器的吸附器时，应将重瓦斯改接信号，此时其他保护仍应接跳闸。

3）在地震预报期间，应根据变压器的具体情况和气体继电器的抗震性能，确定重瓦斯保护的运行方式。地震引起重瓦斯动作停运的变压器，在投运前应对变压器及瓦斯保护进行检查试验，确认无异常后方可投入。

(2)《国家电网有限公司关于印发〈十八项电网重大反事故措施（修订版）〉的通知》(国家电网设备〔2018〕979 号）中规定：

1）油灭弧有载分接开关应选用油流速动继电器，不应采用具有气体报警（轻瓦斯）功能的气体继电器；真空灭弧有载分接开关应选用具有油流速动、气体报警（轻瓦斯）功能的气体继电器。新安装的真空灭弧有载分接开关，宜选用具有集气盒的气体继电器。

**【条款说明】** 油灭弧有载分接开关在切换过程中产生瓦斯气体属正常现象，若采用气体继电器，则会经常轻瓦斯报警，所以该类型有载分接开关不需要轻瓦斯报警功能，仅具备油流速动重瓦斯跳闸即可。真空灭弧有载分接开关正常切换过程中无油熄弧现象，因此无瓦斯气体，一旦出现气体说明真空泡已损坏，动作切换时产生电弧，采用气体继电器轻瓦斯报警可以反映这类缺陷。

2）220kV 及以上变压器本体应采用双浮球并带挡板结构的气体继电器。

**【条款说明】** 根据运行经验，变电站变压器发生严重漏油，运检人员若不能及时到达现场（尤其是无人值班变电站），采用双浮子继电器的变压器能及时跳闸将变压器退出运行，防止变压器发生烧损事故。

3）运行期间，换流变压器的重瓦斯保护以及换流变压器有载分接开关油流保护应投跳闸。

4）当换流变压器在线监测装置报警、轻瓦斯报警或出现异常工况时，应立即进行油色谱分析并缩短油色谱分析周期，跟踪监测变化趋势，查明原因及时处理。

(3)《国家电网公司直流换流站运维管理规定　第1分册　换流变压器运维细则》规定，换流变压器有载分接开关应采用油流继电器或压力继电器，不应采用带浮球的气体继电器；换流变压器有载分接开关仅配置油流继电器或压力继电器一种的，应投跳闸；同时配置油流继电器和压力继电器的，油流继电器投跳闸，压力继电器投报警。

## 第二节　测　温　装　置

换流变压器配置的测温装置包括油面温度计和绕组温度计。远传信号装置是测温元件、温度变送器及远方显示器所组成测温系统的总称。指针温度计是由温包、毛细管和表计等组成的广泛用于换流变压器的油面温度和绕组温度测量，以及冷却器的投切控制和非电量保护的压力式温度计。

这里需要指出的是，油孔（即温包基座或称为油槽）位于换流变压器油箱顶部，具有导热功能，但和变压器油系统之间隔离。在使用过程中，首先在油孔中将感温油加满后，将温包插入，要保证温包探头的95%浸泡在油中，确保油孔有良好的传热功能，保证测量温度的准确性。

JB/T 6302—2016《变压器用油面温控器》中规定测温装置的示值误差包括指针温度计示值误差和远方显示示值误差，上述两种示值误差的最大允许误差与准确度等级之间的关系应符合表3-1的规定。

**表3-1　测温装置两种示值误差的关系**

| 类型 | 测量范围（℃） | 准确度等级 | 最大允许误差（℃） |
|---|---|---|---|
| 油面测温装置 | −20～140 | 1.5 | ±2.4 |
| 绕组测温装置 | 0～160 | 1.5 | ±2.4 |

油面温控器和绕组温控器的产品型号及含义如下：

（1）油面温控器的产品型号及含义：

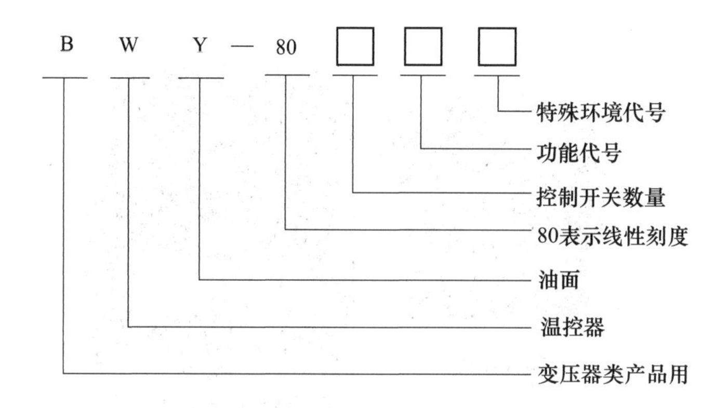


（2）绕组温控器的产品型号及含义：

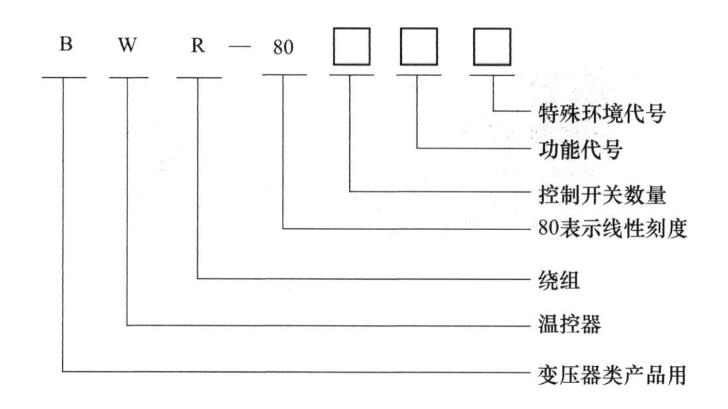


**注** 特殊环境代号：TH—适用于湿热带地区；TA—适用于干热带地区；T—适用于干湿热合带地区。功能代号：A—输出 Pt100 铂电阻信号；I—电流输出信号；U—电压输出信号。

## 一、测温装置概述

温度表是根据变压器温度变化控制换流变压器冷却器的工作状态；当换流变压器温度较高时，温度表发出报警或跳闸信号。测温装置由弹性元件、毛细管、温包和微动开关组成。当温包受热时，温包内感温介质受热膨胀所产生的体积增量，通过毛细管传递到弹性元件上，使弹性元件产生一个位移，这个位移经机构放大后指示出被测温度。测温装置外观如图 3－9 所示。

压力式温控系统负责就地指针式温度计温度指示，同时也用于冷却器控制（风扇启动、油泵启动），提供油温高报警、油温高跳闸信号；电阻式温控系统负责把测得的温度信号传输到远方后台。

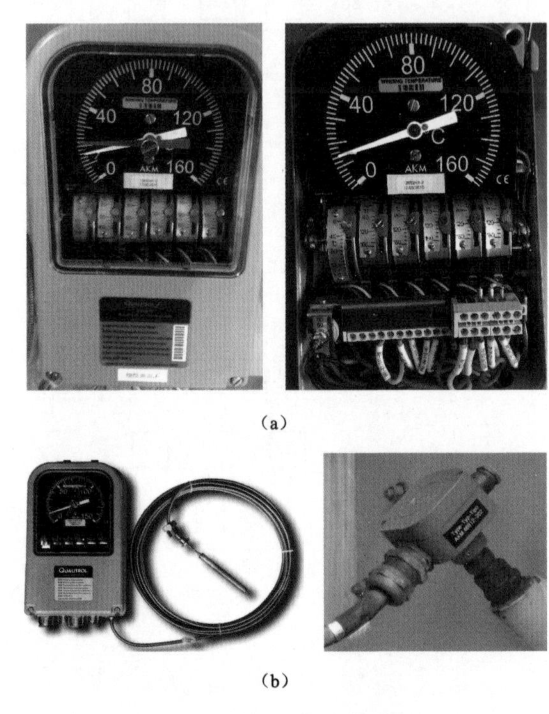


（a）

（b）

图 3－9　测温装置外观图

（a）温度计外观图；（b）温包和测温探头

### 1. 油面温度计

将温包放置在和变压器油温相同的温度计座内，温包内充有感温液体，当换流变压器油温变化时，感温液体的体积也随之变化，这一体积变化通过毛细管传递到指示仪表。在指示仪表内有弹性元件，将体积变化转换成机械位移，通过机械放大后，带动仪表指示，标示换流变压器的油温，并驱动控制开关动作，输出开关控制信号，可用于控制冷却器的启停及温度报警、跳闸等。通过嵌装在仪表内的温度变送器，还可以传输油面温度测量数值。

### 2. 绕组温度计

绕组温度计由机械表和测量装置两部分组成，包括电流补偿回路，测温元件、感温包等部分。绕组温度 $T_1$ 为换流变压器顶层油温 $T_2$ 与绕组

对油的温升 $\Delta T$ 之和，即 $T_1 = T_2 + \Delta T$。绕组对油的温升决定于绕组电流，电流互感器的二次电流值正比于绕组电流，绕组温控器的工作原理就是通过电流互感器取出与负荷正比的电流，经变流器调整以后，输入到绕组温控器弹性元件的电热元件，电热元件产生的热量使弹性元件产生一个附加位移，从而产生一个比油温高一个温差的指示值。绕组温度计就是利用这种间接的方法得到绕组温度的平均指示值，工作原理如图 3-10 所示。

电流变送器是一种电流变换装置，它的作用是为绕组温度计提供工作电流，从变压器的套管 TA 输出的电流经电流变送器变换后，向温度计内部的电热元件提供一个可调电流，从而模拟变压器绕组最热部位温度。

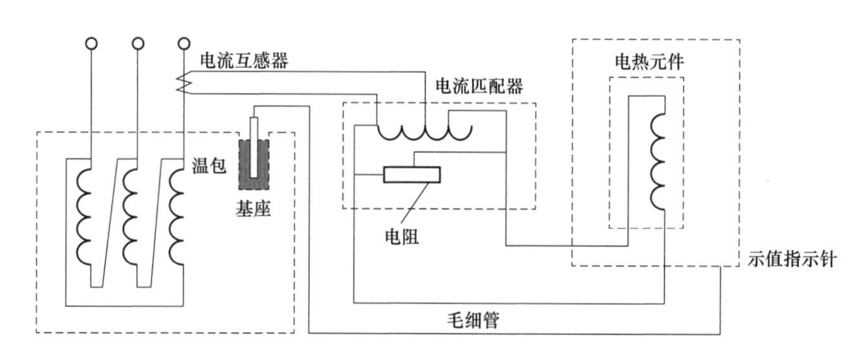


图 3-10　绕组温度计工作原理图

3. 电阻温度计

电阻温度计，也称铂电阻（或铜电阻）测温计，主要用于测控远方测量顶层油温，其主要由温包（内含铂电阻或铜电阻）和远方测量仪表两部分组成。其原理是温包内的铂电阻随温度变化有不同的电阻值，远方测量仪表按此不同电阻值，根据国际温标曲线给出不同电阻下对应的温度值，以此来监控变压器的顶层油温。

其中，Pt100 测温元件和电流加热补偿回路均安装于感温包中，机械表的感温包已插于其中。Pt100 指的是当环境温度为 0℃时，铂电阻值为 100Ω。Pt100 随温度的变化其电阻也发生变化，通过变送器将 Pt100 测量的温度转换成 4～20mA 的测量信号送给监控系统或者冷却器控制系统。电阻式温控系统原理如图 3-11 所示。

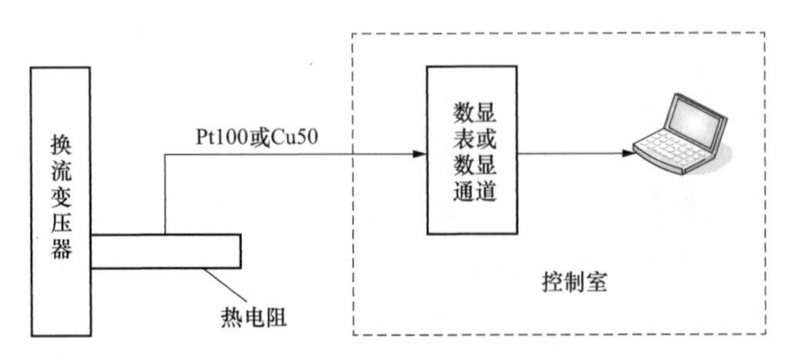


图 3-11　电阻式温控系统原理图

## 二、测温装置的技术标准归纳及运维经验

### 1. 测温装置的校验

DL/T 1798—2018《换流变压器交接及预防性试验规程》中规定：测温装置检查每 3 年检查 1 次，要求外观良好，运行中温度数据合理，相间比对无异常；每 6 年校验一次，可与标准温度计比对，或按照制造厂推荐方法进行，结果应符合设备技术文件要求，同时测量跳闸二次回路的绝缘电阻，一般不小于 1MΩ。

DL/T 1400—2015《油浸式变压器测温装置现场校准规范》中指出：应结合油浸式变压器（电抗器、换流变压器）的状态检修对测温装置进行现场校准，校准周期一般不超过 6 年。

### 2. 测温装置的运行规定

DL/T 572—2021《电力变压器运行规程》规定：测温时，温度计管座内应充有变压器油；变压器投入运行后，现场温度指示器指示的温度、控制室温度显示装置、监控系统指示的温度三者基本保持一致，误差一般不超过±5℃；变压器在各种超额定电流方式下运行，若顶层油温超过 105℃，应立即降低负载。

《国家电网公司直流换流站运维管理规定　第 1 分册　换流变压器运维细则》规定：换流变压器油温及绕组温度应投报警；现场温度指示器指示的温度、监控系统指示的温度两者误差不超过±5℃；换流变压器顶层油温报警定值应按制造厂家规定执行。

《国家电网公司直流换流站验收管理规定　第 1 分册　换流变压器验收细则》规定：

（1）信号接点容量在交流电压 220V 时，不低于 50VA，直流有感性负载时，不低于 15W；温度计的引线应用支架固定；信号温度计的安装位置应便于观察。

（2）应装有远距离测温用的测温元件，对于强油（OD/OF）循环的换流变压器应装有两个远距离测温元件，且应放于油箱长轴的两端；至少配置一台现场温度机械指示表。

（3）应装有供玻璃温度计用的测温座；本体玻璃温度计测温座至少 1 个；强油循环集中冷却，进出油总管玻璃温度计测温座各 1 个；所有设置在油箱顶盖的测温座应伸入油内不小于 110mm。

（4）温度计引出线固定；压力式传感器应配保护套管（金属波纹管等方式），从引线固定良好，绕线盘半径不小于 50mm，保护套管应无明显压痕或变形。

（5）供温度计用的测温座应充满变压器油，传感器或温度计安装基座，密封严密，采用固定焊接方式，禁止采用螺纹可拆卸结构。备用测温座应充满油用密封螺母密封。

（6）换流变压器启动验收标准卡 A15 中，设备外观验收有如下规定：

1）强油循环长轴不同侧之间的顶层油温表，最大温差不超过 5℃；

2）强油循环长轴不同侧之间的绕组温度表，最大温差不超过 5℃；

3）现场温度指示和监控系统显示温度应保持一致，最大误差不超过 5℃；

4）单相换流变压器，不同相别在相同冷却方式情况下温度差不超过 5℃。

**3. 其他运维经验**

（1）绕组温度电流互感器应设于负荷电流标幺值最高的一侧套管，即采用电流互感器的实际值接近额定值的套管电流互感器。例如降压变压器设在高压侧，而升压变压器设在电源侧。

（2）绕组温度测量装置在运行过程中故障率较高，其 TA 电流补偿回路出现断线现象，会影响换流变压器绕组温度的正确测量。TA 电流回路断线，严重威胁换流变压器套管 TA 的安全运行，进而威胁换流变压器的安全运行。为了防止绕组温度补偿 TA 回路开路，可以在 TA 回路上加装压敏二极管。

（3）换流变压器的油箱盖上设有安装在上层油温测量装置的基座，两个感温元件的基座应设在油箱盖长轴方向的对称位置上。

# 第三节 压力释放阀

压力释放装置按其结构分为防爆膜和压力释放阀两种，其功能都是泄压。防爆膜是一次性的，不能重复使用。压力释放阀动作比较迅速，密封性较好，动作压力可以调整，整定值能较好地控制，动作后可以自行恢复，可以重复使用。

## 一、压力释放阀的结构

压力释放阀的主要结构型式为外（内）弹簧式，分为带或不带定向喷射装置两种，主要由阀体及电气、机械信号装置组成。为压力释放阀提供压缩动力的，是内外重叠在一起的两个不同的弹簧，压力释放阀动作压力为弹簧压缩状态下提供的压力。

压力释放阀上应供给指示释放的接点，当接点闭合将传送释放信号，用于报警。压力释放阀应装设导向管，避免压力释放动作时产生的油气污染器身。运行中的压力释放阀动作后，应立即检查呼吸系统、油路系统、断流阀、储油柜胶囊、监控系统是否正常，并将压力释放阀的机械、电气信号手动复位。压力释放阀的结构原理如图 3－12 所示。

（1）动作指示杆：该部件为压力释放报警的机械指示，铝制材料。正常时与顶部平齐，故障发生后指针伸出，需检查后手动按回复归。为了防止由于压力突增迅速弹出机械指示，而导致机械指示脱离，内部加有圆形卡扣。

（2）外壳：外壳为冷轧钢材，并在表面镀锌，耐腐蚀及抗压性极强。

（3）法兰盘：法兰盘为铝压铸外壳，聚酯树脂浸渍，并在外层镀铬，最后表面涂上浅灰色热固性涂料。

（4）电信号电缆：压力释放阀提供两个报警开关，一对动开，一对动合。压力释放阀动作后，接点可以可靠闭合，正常报警。

（5）报警开关/手动测试按钮：报警开关在压力释放阀动作后，可以可靠动作，闭合报警接点。报警复归后，需现场手动拨动此处的复归/测试按钮，将报警复归，测试复归按钮还可做调试，或例行检查时使用。

（6）放气塞：排气孔平时用螺栓拧死，内部集有少量气体时，可松开该螺栓，将此处多余气体排出。

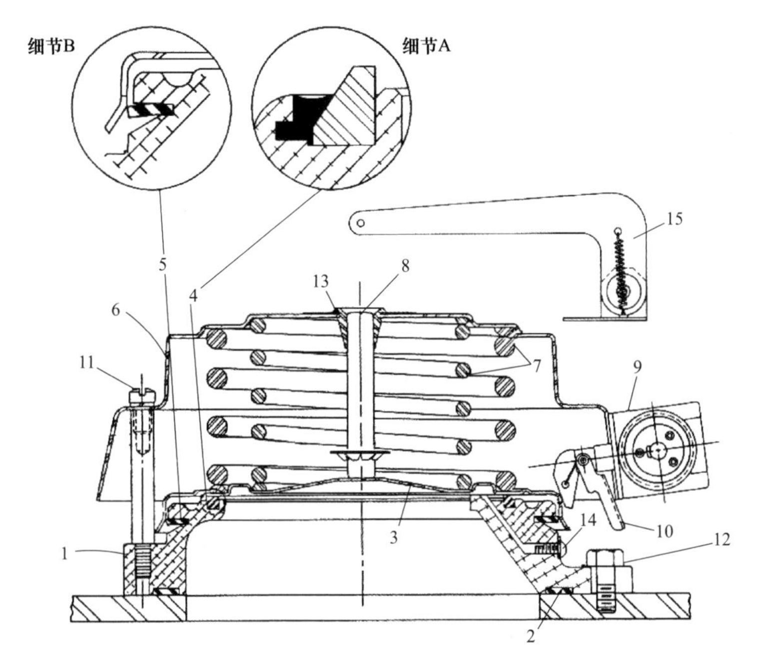


图 3-12　压力释放阀的结构原理图

1—安装法兰；2—密封垫；3—膜盘；4—密封垫；5—密封垫；6—外罩；7—弹簧；8—动作指示杆；9—报警开关；10—手推复位杆；11—螺栓；12—螺栓；13—衬套；14—放气塞；15—扬旗杆

压力释放阀的产品型号表示如图 3-13 所示，其他应符合 JB/T 3837—2016《变压器产品型号编制方法》的要求。

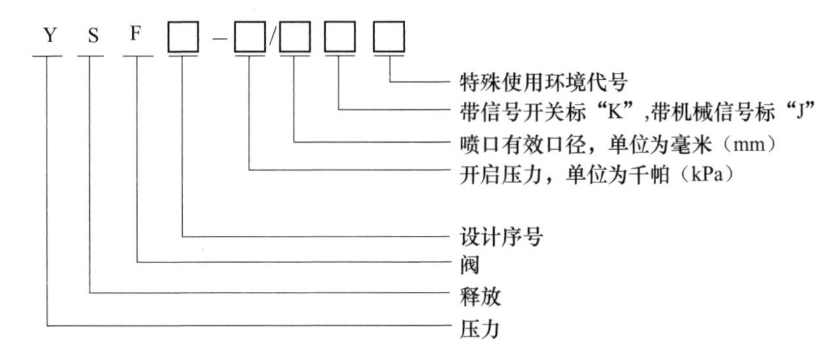


图 3-13　压力释放阀产品型号示意图

## 二、压力释放阀的动作原理

压力释放阀的动作参数包括开启压力、关闭压力、开启时间、密封压力等。开启压力是指释放阀的膜盘跳起、变压器油连续排出时，膜盘所受到的进口压力；关闭压力是指膜盘重新接触阀座或开启高度为零时，膜盘所受到的进口压力；开启时间是指阀盘离开阀座、达到最大开启高度所需要的时间；密封压力是指高于关闭压力、低于开启压力且能保证压力释放阀可靠密封的最大压力。

从上述几个基本动作参数可知，当换流变压器在运行中出现故障时，油箱中压力迅速增加，当油箱压力达到开启压力，压力释放阀在短时间内迅速动作，用时不超过 2ms，保护油箱不致变形或者爆裂。

压力释放阀的动作过程：当油箱内部发生故障产生大量气体时，绝缘油对膜盘上的压力大于弹簧压力，当达到开启压力时绝缘油排出，调压开关内部的压力迅速降低到正常值。压力释放阀的复归过程：当油箱内部压力降低到正常值时，弹簧压力大于调压开关内部压力。膜盘受弹簧压力回到原来的位置。膜盘通过密封垫进行密封，压力释放阀复归。在膜盘向上移动时，动作指示杆（见图 3－12）8 受膜盘 3 的推动也向上移动，并由销的导向套保持在向上位置，不随膜盘恢复到原下落位置，带颜色的扬旗杆 15 向上突起，给运行人员明显指示，表明压力释放阀已经动作。

## 三、压力释放阀动作的原因

（1）本体（分接开关）气体继电器至储油柜间阀门关闭，导致换流变压器本体油受热后压力增大无法释放。

（2）本体（分接开关）呼吸器及其管道堵塞导致储油柜胶囊无呼吸或者不顺畅。

（3）压力释放阀整定值偏小或弹簧老化疲劳等造成压紧力减小或压力释放阀本身性能不过关，误动作（分接开关正常切换、功率温度上升等）。

（4）本体油位计过长、本体油位计故障、本体胶囊未舒展开或油位计浮杆被储油柜胶囊夹住，形成假油位，实际油位过高，达到压力释放阀的开启压力。

（5）检修结束后（对储油柜的绝缘油进行更换），如果检修工艺不当，则可能使气体进入本体或者排气不彻底，在高温大负荷运行时，油温升高导致绝缘油和气体膨胀，导致油箱内部压力升高。

（6）本体储油柜金属膨胀器运动滑道卡涩，储油柜中金属膨胀节不能继续滑动扩容，压力增加。

（7）换流变压器内部发生内部绕组故障或近区短路（大穿越电流）引起绕组脉动，变压器绝缘油急剧膨胀，导致油箱内部压力增大，导致压力释放阀开启。

## 四、压力释放装置的技术标准归纳及运维经验

### 1. 压力释放阀的校验

DL/T 1798—2018《换流变压器交接及预防性试验规程》中规定：交接时或必要时，如怀疑压力释放阀有故障时，对压力释放装置进行校验，动作值与铭牌值相差应在±10%范围内，或按制造厂技术要求，具体校验过程同样可以参考 JB/T 7065—2015《变压器用压力释放阀》。

### 2. 其他运行规定

（1）DL/T 574—2021《电力变压器分接开关运行维修导则》规定的开启压力一般不小于 130kPa。

（2）DL/T 572—2021《电力变压器运行规程》规定：压力释放阀接点应动作于信号。

（3）《国家电网公司直流换流站运维管理规定　第 1 分册　换流变压器运维细则》规定：运行中的压力释放阀动作后，应立即检查呼吸系统、油路系统、储油柜胶囊、监控系统是否正常，并将压力释放阀的机械、电气信号手动复位。

# 第四节　压力继电器

压力继电器是指：运行中的变压器发生故障，油箱内的变压器油在单位时间内的压力升高速率达到整定限值时，继电器迅速动作，使控制回路及时发出信号，可使变压器退出运行状态的一种继电器，又称压力突变继电器。压力继电器分为本体压力继电器和分接开关压力继电器。本体压力继电器通过蝶阀安装在变压器油箱侧壁上，与储油柜的油面距离为 1～3m，装有强油循环的变压器，继电器不应装在靠近出油管的区域，以免在启动和停止潜油泵时，继电器出现误动作。本节主要介绍分接开关压力继电器。

## 一、压力继电器的原理

分接开关压力继电器的感应元件因压力的上升而膨胀，对气压的上升反应灵敏。当气压上升到预设值时，就会激活内装弹簧系统而使开关动作。弹簧和激活装置均在出厂前调教准确，不允许在现场另行调试。动作压力预设值为50、100、150kPa和200kPa，换流变压器分接开关一般设置为150kPa，耐压300kPa，反应时间上升速率在20～50MPa范围内时，反应时间少于15ms。

使用阀门控制杆（见图3－14）可以对继电器进行测试，从压力表上读取数据，并检查继电器的动作点（最大偏差为±10%），而不需要把继电器从有载开关上卸下。扳动控制杆到测试位置可以使其与有载开关相互隔离开，这样在测试继电器时不会有任何泄漏的风险。通过泵或增压球往阀门的测试口（测试口连接校验装置）加气压，可以轻松地测试继电器。操纵杆也可以在工作位置被锁死。整个安装过程中的绝缘电阻同样也可以被测试。

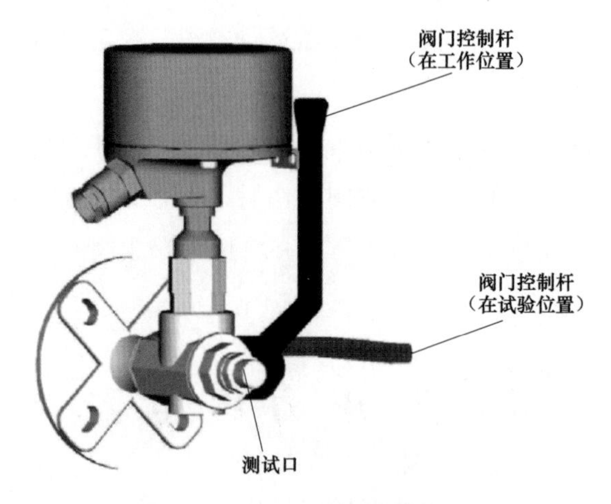


图3－14　压力继电器的测试图

## 二、压力继电器的结构

压力继电器安装在换流变压器分接开关油箱箱盖上，由阀门手柄、快速接头、接线盒、顶盖及连接法兰组成，如图3－15所示。

图3－15中，连接法兰与分接开关油箱连接，用于检测分接开关内油室

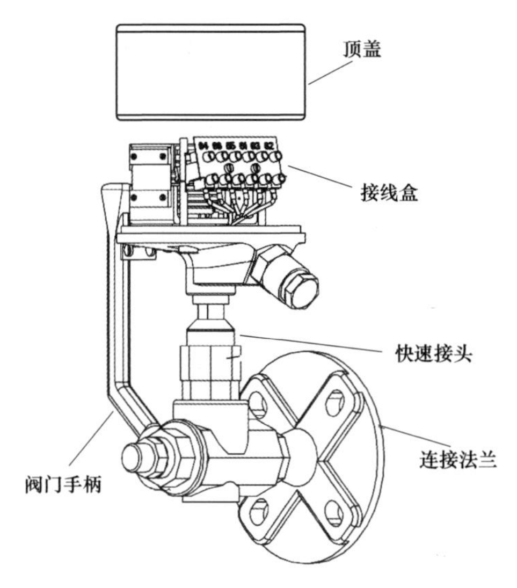


图 3－15　分接开关压力继电器的组成结构示意图

压力；安装在继电器上的阀门手柄有工作位置和试验位置，图中为工作位置，手柄在垂直位置，即压力继电器与油室连通，试验位置将阀门手柄转动 90°（见图 3－16），油室与压力继电器不连通；接线盒内提供三对 150kPa 的常开跳闸接点，用于换流变压器非电量保护三取二逻辑。图 3－16 中，阀门位于试验位置，测试接口螺纹标注为 R 1/8″。

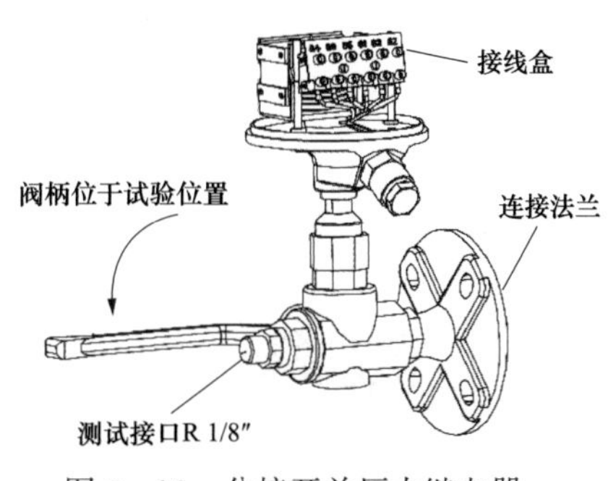


图 3－16　分接开关压力继电器阀门手柄位于试验位置

换流变压器正常运行时，压力继电器下部与变压器分接开关油箱连通，其内有一个检测波纹管。继电器内部有一个密封的硅油管路系统，包含两个控制波纹管，其中一个控制波纹管的管路中有一个控制小孔。当变压器油压发生变化时，检测波纹管变形，这一作用传递到控制波纹管，如果油压是缓慢变化的，则两个控制波纹管同样变化，突发压力继电器不动作；当变压器内部发生故障时，油室内的压力突然上升，检测波纹管受压变形，一个控制波纹管发生变形，另一个控制波纹管因控制小孔的作用不发生变形。传动连杆移动，使电气开关发出信号并切断电源，导致变压器退出运行。

## 三、压力继电器的技术标准归纳及运维经验

### 1. 压力继电器的校验

DL/T 1503—2016《变压器用速动油压继电器检验规程》中规定，继电器安装前，变压器大修时，变压器误动、拒动、检修后等必要时要对压力继电器进行校验。

《国家电网公司直流换流站检测管理规定》中要求，压力继电器动作情况检查及其二次回路试验1年1次，且要符合运行规程和设备技术文件要求。

### 2. 其他运行规定

《国家电网公司防止直流换流站单双极强迫停运二十一项反事故措施》中明确提到换流变压器有载分接开关仅配置油流或速动压力继电器一种的，应投跳闸。

DL/T 572—2021《电力变压器运行规程》中规定，本体突变压力继电器宜投信号。

便携式压力继电器校验工具的示意如图3－17所示，主要由打气筒（或者是气泵）、细软管、三通阀、精密压力表4部分组成，三通阀的3个连接螺纹口分别连接精密压力表、打气筒、压力继电器。其中三通阀和打气筒与压力继电器通过合适螺纹头的细软管连接。打气筒给压力继电器加压的过程中可以在高精度的压力表上读出压力值，从而可以看出压力继电器能否正确动作。

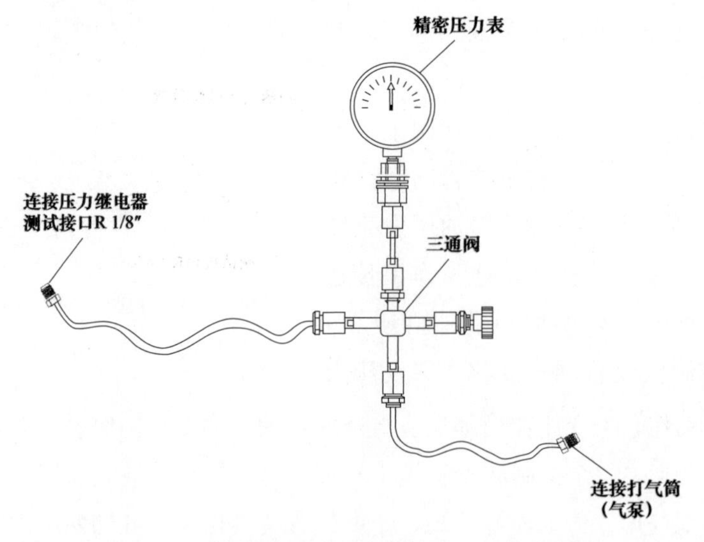


图3－17　便携式压力继电器校验工具的示意图

# 第五节　油　位　计

油浸式变压器的油位必须保持在一定的高度范围，防止缺油造成变压器绝缘油受潮或放电。为了监视变压器油位变化，油浸式变压器在储油柜上都应安装油位计，并应分别标明最高油位、最低油位和油温为20℃时的油面位置。

油位的指示器具有最低油位和最高油位报警接点。换流变压器应配置两套不同原理的油位检测装置，一套基于压力原理的油位计，信号送控制室，并具有油位高报警及显示实时油位功能和模拟量接口，另外一套基于浮球原理的油位计，油位显示装置安装在变压器箱体下侧，靠近巡检通道且方便巡检人员观察记录。就地显示装置应选用带精确指示的显示装置，并提供油温与油位的对应曲线，便于判断油位是否正常。

## 一、油位计的结构

油位指示器用于显示储油柜内的油位，通常安装在储油柜端部的法兰上。油位指示器的指针指示范围从 0 至 1，将可指示的储油柜容积分为 10 等份。随着油位的变化，浮子的升降带动浮杆，从而驱动连动轴。连动轴的运动使得磁铁相互作用，这个作用力使得指针也跟着一起转动。两块磁铁分别安装在储油柜外壳端部的内外两侧。油位计外观如图 3－18 所示。

(a)

(b)

图 3－18　油位计外观图

(a) 本体油位计；(b) 分接开关油位计

油位指示器的产品型号及含义如下：

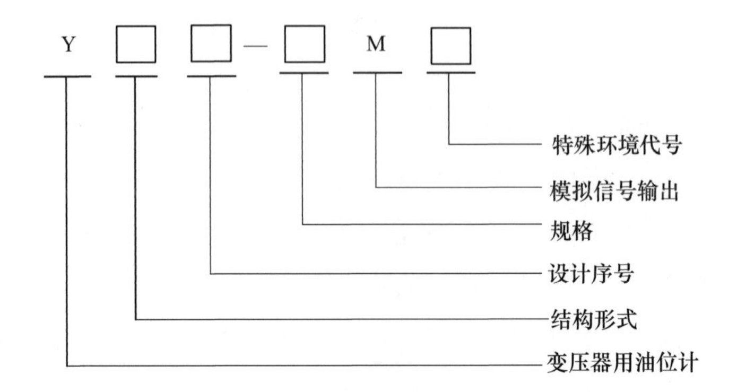


**注** 特殊环境代号：TH—适用于湿热带地区，TA—适用于干热带地区。

结构形式：C—磁翻板式；G—侧装管式；W—顶装管式；ZF—采用浮球传动的指针式；ZS—采用伸缩杆传动的指针式。

## 二、油位计的分类

油位计的生产厂家很多，有 Messko、COMEM 等。变压器油位计按照结构原理分为磁翻板式油位计、浮球传动指针式油位计、管式油位计（分为侧装和顶装）、伸缩杆传动式指针油位计、压力式油位计。换流变压器采用胶囊密封式储油柜，一般采用浮球传动指针式油位计和压力式油位计。

### 1. 浮球传动指针式油位计

浮球传动指针式油位计主要由指针和表盘构成的显示部分，磁铁（或凸轮）和开关构成的报警部分，换向及变速的齿轮组、摆杆和传动部分组成，指示原理如图 3 - 19 所示。当变压器储油柜的油面升高或下降时，油位计浮球随之上下浮动，从而带动传动部分转动。通过传动机构上的磁钢的磁力作用，带动相邻的另一磁钢转动，使指示部分的指针在度盘上指示出油位。当油位上升到最高点 MAX 或降到最低点 MIN 时，报警机构的接点就会闭合，将接点引入控制回路中，就可以对储油柜的油位进行远距离检测，极限油位报警也便于现场直接读数与

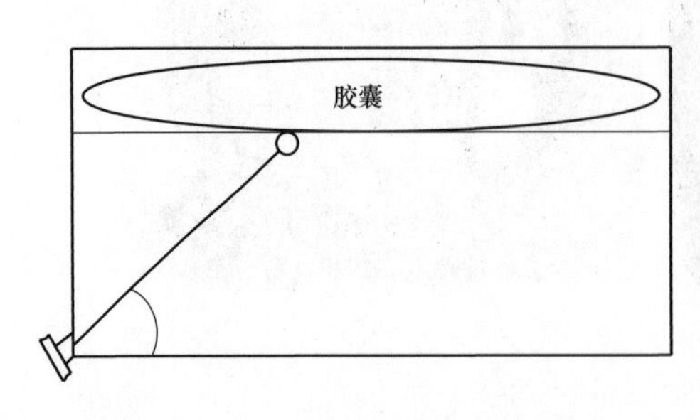


图 3 - 19　浮球式油位计指示原理图

观察。

2. 压力式油位计

压力式油位计的指示仪表和传感器用软管连接，油位由一个浮子的位置检测，浮子带动一个用螺栓安装在储油柜法兰安装件上的连杆。两部分的连接用柔软的金属波纹管密封，将浮子连杆的转动传到指示仪表的液压系统。液压系统由两对波纹管和连接管组成。一对波纹管连接到法兰安装件上的连接件，通过连接管将连接件的运动传送指示仪表中的第二对波纹管。系统设计成油位指示器可以补偿环境温度的变化，还可以补偿储油柜和指示仪表的高度差。

## 三、油位计的技术标准归纳及运维经验

1. 储油柜油位的调整方式

现场利用连通器原理对换流变压器实际油位进行测量，判断注入的油量是否满足换流变压器油温—油位关系曲线，并确认其在曲线的区间范围内。现场根据油位计指示器显示窗上的温度设置值＋20℃进行计算调整液位值，然后加注和排放一定数量的液体进行调整。

调整的液体数量工程计算如下：

$$\Delta V = G/P \times r \times \Delta T$$

式中　$\Delta V$——根据变压器内的油温，高于还是低于油位指示器上所标值而要增加和排放的油量，$dm^3$；

$G$——额定数据中所示的变压器内的油质量，kg；

$P$——温度为20℃时变压器内液体的密度，对于油为0.88，$kg/dm^3$；

$r$——变压器的膨胀系数，油为$0.78 \times 10^3$；

$\Delta T$——变压器内油温与油位指示器所设固定温度的差额，K。

例如，换流变压器内油质量$G$＝40000kg，换流变压器内油温为25℃，储油柜油位计上的标记＋20℃，温度差额为5K，由公式计算得：$\Delta V$＝180kg。

2. 无高油位报警

油位表由储油柜本体表头（安装于储油柜底部）及就地显示表（安装于换流变压器箱壁）两部分组成，油位表表杆随着储油柜内油位的升降而发生转动，带动表头指针转动显示油位。油位计没有最高油位报警是因为油位计浮杆过长，留给胶囊的上部呼吸空间裕度太小，导致油位计无法达到最大报

警刻度所致。浮球式油位计指示原理如图 3－20 所示。

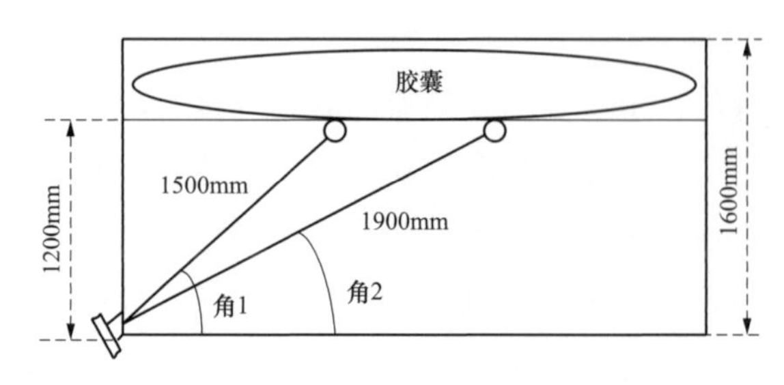


图 3－20　浮球式油位计指示原理示意图

3. 其他运行规定

（1）DL/T 572—2021《电力变压器运行规程》规定：

①变压器油位因温度上升有可能高出油位指示极限，经查明不是假油位所致时，则应放油，使油位降至与当时油温对应的高度，以免溢油。

②当发现变压器油面较当时的油温所应有的油位显著降低时，应查明原因。补油时，应遵守 DL/T 572—2021《电力变压器运行规程》5.3 条的规定，禁止从变压器下部补油。

（2）《国家电网公司十八项电网重大反事故措施（2012 修订版）》中 8.2.1.2 规定："换流变压器应配置带气囊的储油柜，储油柜容积应不小于本体油量的 8%～10%。换流变压器应配置两套基于不同原理的储油柜油位监测装置。"但是，《国家电网有限公司关于印发〈十八项电网重大反事故措施（修订版）〉的通知》（国家电网设备〔2018〕979 号）中 8.2.1.2 删除了"配置两套不同原理油位监测装置"的要求，9.3.3.1 中规定："运行中变压器的冷却器油回路或通向储油柜各阀门由关闭位置旋转至开启位置时，以及当油位计的油面异常升高、降低或呼吸系统有异常现象，需要打开放油、补油或放气阀门时，均应先将变压器重瓦斯保护停用。"

# 第六节　断　流　阀

## 一、断流阀概述

断流阀也叫控流阀，有些教材也称之为逆止阀。断流阀是一种常用于储油柜和气体继电器之间的阀体，运行时处于打开状态，变压器检修或注油时，可将手柄锁定，瞬间有大量油流时，由于产生压差，断流阀将自动关闭，并发出信号传到控制系统，使储油柜与变压器本体隔离，防止燃油扩散到其他设备造成进一步灾害。断流阀多用于充氮灭火的变压器，但网内部分换流变压器同样也有安装。

断流阀的阀门一旦关闭只能手动复归。该装置含有“手动打开”“运行”“关闭”三个挡位，正常运行时把手柄打至“运行”位置，并锁死螺钉。断流阀外观如图 3－21 所示。

图 3－21　断流阀外观图

需要说明的是，目前仅有部分换流站的换流变压器配备了断流阀。控流阀的抗震性能未见相关标准，而且正常情况下储油柜与换流变压器本体的油流是双向流通的，发生外部短路故障或空载合闸时，油流将涌向储油柜，外部故障切除后，储油柜的油将快速涌向换流变压器油箱本体，该流速未见相关研究报道，同时外部短路或者空载合闸涌流产生的电动力，也有可能引起断流阀在震动作用下误动。因此，运行中使用断流阀发生误动作的风险较大，而且控流阀一旦动作，切断油箱与储油柜之间的油流，油箱热胀冷缩的空间大幅下降，极易引起压力释放阀动作喷油。

## 二、断流阀技术标准归纳及运维经验

（1）《国网运检部关于开展 HSP 套管、换流变压器油流继电器、储油柜逆止阀专项隐患排查治理工作的通知》（运检一〔2015〕87 号）中规定：

1）针对直流换流站换流变压器和油抗，国家电网公司《十八项电网重大反事故措施（修订版）》中 9.7.5 条“变压器本体储油柜与气体继电器间应增设断流阀”暂缓执行。

2）直流换流站换流变压器和油抗本体储油柜下方未安装逆止阀的，暂停安装。

3）直流换流站换流变压器和油抗已安装逆止阀的，各单位要组织换流变压器和平抗厂家对安装储油柜逆止阀的安全性进行评估；存在漏油风险的可取消，改用软连接。

（2）《国家电网有限公司关于印发〈十八项电网重大反事故措施（修订版）〉的通知》（国家电网设备〔2018〕979 号）规定，装有排油注氮装置的变压器本体储油柜与气体继电器间应增设断流阀，以防因储油柜中的油下泄而致使火灾扩大。

# 第四章　换流变压器控制

换流变压器分接开关控制目标是将触发角、熄弧角和直流电压保持在给定的参考值上。整流侧换流变压器分接开关控制将维持换流变压器阀侧电压 $U_{di0}$ 恒定或者触发角恒定，逆变侧分接开关控制将维持整流侧线路平抗出口直流电压，在逆变侧定电流控制时，分接开关控制将维持逆变侧熄弧角恒定。

## 第一节　分接开关控制功能

### 一、分接开关升挡功能

分接开关触发升挡逻辑的条件有三个，分别为：

（1）在手动控制模式下，收到单相换流变压器分接开关单独升挡命令；

（2）在手动控制模式下，收到同一阀组六相换流变压器分接开关同时升挡命令；

（3）在自动控制模式下，收到阀组内、阀组间或极间同步指令或分接开关自动升挡命令。

除此之外，需同时满足以下条件，升挡命令才会出口：

（1）分接开关控制功能未闭锁；

（2）系统运行正常；

（3）分接开关控制功能未锁定；

（4）无降低分接开关挡位命令；

（5）分接开关挡位未超出范围；

（6）允许分接开关升挡。

### 二、分接开关降挡功能

触发降挡逻辑的条件有三个，分别为：

（1）在手动控制模式下，收到单相换流变压器分接开关单独降挡命令；

（2）在手动控制模式下，收到同一阀组六相换流变压器分接开关同时降挡命令；

（3）在自动控制模式下，收到阀组内、阀组间或极间同步指令或分接开关自动降挡命令。

除此之外，需同时满足以下条件，降挡命令才会出口：

（1）分接开关控制功能未闭锁；

（2）系统运行正常；

（3）分接开关控制功能未锁定；

（4）无升高分接开关挡位命令；

（5）分接开关挡位未超出范围；

（6）允许分接开关降挡。

### 三、分接开关急停功能

分接开关急停功能，是用于换流变压器分接开关发生故障滑挡时，在后台界面上手动操作强制分接开关停止动作的功能，该功能在分接头手动控制模式和自动控制模式下均有效。

分接开关急停指令分为两种，分别为：

（1）单相分接头急停命令；

（2）同一阀组六相分接头同时急停命令。

## 第二节　分接开关控制逻辑

### 一、手动控制模式

在分接头手动控制模式下，主要控制方式有单相换流变压器分接头调节和同一阀组六相换流变压器分接头同时调节两种。一般情况下，换流变压器分接开关控制模式在自动状态，根据系统电压、触发角等条件进行自动调节。手动控制模式仅在自动状态不可用，或者需要进行异常处置时，采取的临时措施。

### 二、自动控制模式

在分接头自动控制模式下，主要控制方案包括空载控制、角度控制、电压控制、分接头自动同步四种功能。

1. 空载控制

空载控制即为换流变压器在充电状态下的控制功能。早期的直流工程，换流变压器在热备用及以下状态时，分接开关位于最低挡位。当换流变压器转为充电状态，控制系统会使换流变压器挡位自动提升至直流启动功率水平（0.1p.u.）下的分接开关位置（每个工程根据设计挡位有所不同），以满足直流系统启动功率水平下的阀侧电压需求。具体控制方式根据换流变压器阀侧空载电压来进行，控制系统根据实际的换流变压器分接开关位置和换流变压器交流侧电压计算换流变压器阀侧空载电压，将计算得到的换流变压器阀侧空载电压与设定的参考值进行比较，得到电压误差，当电压误差超过动作死区上限时，发出降抽头的命令；当电压误差超过动作死区下限时，发出升抽头的命令。

针对特高压直流工程，为减少分接开关动作次数，提升直流系统运行的可靠性，在换流变压器处于热备用及以下状态时，分接开关挡位保持在直流启动功率水平（0.1p.u.）下的分接开关位置，在直流启动的操作过程中，分接开关不再动作。同时，特高压直流每极包含两个阀组，若一阀组运行，另一阀组停运，停运阀组换流变压器由热备用转为充电后，分接开关会自动调整与运行阀组保持一致，为阀组的在线投入做好准备。

除此之外，直流系统进行空载加压试验（OLT）时，换流变压器也处于空载运行状态，此时分接开关控制根据 OLT 设定的直流电压进行调整。

2. 角度控制

角度控制用于整流侧正常运行工况下换流变压器分接开关的控制，保证整流侧触发角运行在 15°±2.5°范围内。换流变压器分接开关控制逻辑将实测的换流器触发角和设定的参考值进行比较，得到角度差。当角度差超过动作死区上限时，发出降分接开关的命令；当角度差超过动作死区下限时，发出升分接开关的命令。

3. 电压控制

电压控制用于逆变侧正常运行工况下换流变压器分接头的控制，以此保证整流侧电压在设定值附近（常规直流 500kV 或 660kV，特高压直流 800kV 或 1100kV）。逆变侧计算线路电压降，根据整流侧的电压设定值计算出逆变侧的理论电压，并与实测值相比，当实测电压大于理论电压与死区值之和时，降低分接开关挡位，当实测值小于理论电压与死区值之差时，提升分接开关挡位。

对于常规直流，电压控制按极配置；对于特高压直流，电压控制按阀组配置。

4. 自动同步功能

换流变压器分接开关自动同步功能包括阀组内、阀组间和极间分接开关自动同步功能。其中，阀组间分接开关自动同步功能仅在特高压直流工程配置。

（1）阀组内自动同步功能保证同一阀组内的 6 台换流变压器分接开关挡位一致，避免出现挡位差导致保护误动。将每一相换流变压器分接开关挡位与计算得出的阀组分接开关平均挡位相比较，若高于该阀组分接开关平均挡位，则自动降低该分接开关挡位直至相等；若低于该阀组分接开关平均挡位，则自动提升该分接开关挡位直至相等。如果同步调整不成功将发出报警并禁止任何进一步的自动控制，即延时 10s 后闭锁再同步功能。

（2）阀组间分接开关自动同步功能分为两种情况：

1）同一极内一阀组运行，另一阀组未运行但处于准备就绪信号（RFO）状态，控制系统会自动调整 RFO 阀组的分接开关挡位，使其与运行阀组挡位保持一致。

2）两个阀组都在运行，此状态下整流侧与逆变侧需满足不同的前提条件，在整流侧，触发角 $\alpha$ 满足：$12.5° < \alpha < 17.5°$；在逆变侧，当 394kV－线路压降＜直流电压 $U_{DL}$＜406kV－线路压降，同时均需满足同一阀组内的分接开关挡位一致。在此前提条件下，若同一极内的两个阀组分接开关挡位差大于 1 挡，则高的降低挡位，低的升高挡位，使两阀组挡位保持一致，若相差等于 1 挡则不进行调节。

对于逆变侧，为保证直流侧的直流电压在设定范围内，满足上述前提条件，即使挡位相差 1 挡时，若计算出的理论电压与实测电压相比超过死区值，也要进行挡位调节，对于低 1 挡的阀组，若实测电压小于理论电压与死区值之差时，升高分接开关挡位；对于高 1 挡的阀组，若实测电压大于理论电压与死区值之和时，降低分接开关挡位。

（3）极间分接开关同步功能有三个前提条件：

1）在整流侧，当触发角大于（15°＋0.4°）时降低分接头挡位，当触发角小于（15°－0.4°）时升高分接头挡位；在逆变侧，当直流电压大于（800＋1）kV 时降低分接头挡位，当直流电压小于（800－1）kV 时升高分接头挡位。

2）两极分接开关挡位相差为 2 时，同一阀组的分接开关挡位一致。

3）同时满足分接头自动控制模式、极间通信正常、双极非降压运行、双极均在双极控制模式和双阀组运行模式。

当具备以上条件时，挡位低的极进行升挡调节，挡位高的极进行降挡调节。

## 三、$U_{di0}$ 限幅控制

$U_{di0}$ 限幅控制是为了防止设备承受过高的稳态电压应力，也称电压应力保护。当 $U_{di0}$ 过高时，通过限制分接开关升挡、控制分接开关降挡降低阀侧电压，或者跳开换流变压器进线断路器，保护遭到交流电压威胁的所有换流器设备免于承受极度的绝缘应力，避免阀避雷器承受过应力以及避免换流变压器过励磁。

该功能主要出口两种控制结果，如表 4－1 所示。

**表 4－1　　　　$U_{di0}$ 限幅策略**

| 判据 | 结　果 |
| --- | --- |
| $U_{di0G}$（下限值）$\leqslant U_{di0} \leqslant U_{di0L}$（上限值） | 当 $U_{di0}$ 大于 $U_{di0G}$ 但小于 $U_{di0L}$ 时，$U_{di0}$ 限幅闭锁任何将增大换流变压器阀侧电压的抽头动作指令 |
| $U_{di0} > U_{di0L}$ | 当 $U_{di0}$ 大于 $U_{di0L}$ 时，$U_{di0}$ 限幅发出降低换流变压器阀侧电压的抽头动作指令 |

$U_{di0}$ 为稳态时通过最高挡位计算出的换流变压器阀侧理想空载直流电压，能充分反映换流变压器阀侧设备的实际过压情况，保护能够有效覆盖所有设备，避免保护拒动。当 REF1（一段定值）$< U_{di0} <$ REF2（二段定值）时，控制系统发出禁止升分接头命令；当 $U_{di0} >$ REF2 时，发出请求降分接头命令。当 $U_{di0} >$ REF3（三段定值）时，控制系统会直接出口闭锁阀组，保护换流阀设备，该跳闸功能优先级最高，无论分接开关控制模式为手动还是自动，均会出口动作。在分接开关挡位出现跳变导致 $U_{di0}$ 计算错误时，为了避免保护误动，控制系统会屏蔽电压应力保护的跳闸功能。

## 四、动态电压控制

直流输电系统正常运行时，其系统控制方式为整流侧控制系统电流，逆变侧控制系统电压。双极平衡运行时，逆变侧对计算出的电压目标值与实测值进行比较，超过死区值时，对相应阀组的分接开关挡位进行调节，达到调节直流电压的目的。逆变侧采用定熄弧角控制，所以整个系统电压主要靠逆变侧的分接开关调节。

由前文可知，逆变侧控制系统电压的最终目的是维持整流侧直流电压在800kV，具体逻辑如下：

$$\frac{U_{逆变侧}}{2}>\frac{U_{REE逆变侧}}{2}+U_{dead} \tag{4-1}$$

$$\frac{U_{逆变侧}}{2}<\frac{U_{REE逆变侧}}{2}-U_{dead} \tag{4-2}$$

$U_{dead}$为电压调节死区值，死区值的设定，是为了避免逆变侧分接开关频繁动作而设置的缓冲区间。每一极有两个阀组，控制系统为两个阀组分配相等的电压目标值，即$\frac{U_{REE逆变侧}}{2}$，而每个阀组的测量电压为直流电压的一半，即$\frac{U_{逆变侧}}{2}$。因此，当满足式（4－1）时，逆变侧相应阀组降低分接开关挡位，当满足式（4－2）时，提升分接开关挡位。

一般特高压直流工程中，死区值设定在3kV左右，对于每极电压，死区即为6kV，也就是说，当整流侧电压在794～806kV之间时，逆变侧分接开关是不进行调节的，只有超出了此区间才进行调节。

由于目前特高压直流工程所使用的分接开关一次设备存在运行稳定性不足的隐患，因此需要通过减少分接开关的动作次数来提升直流系统的运行稳定性。而减少分接开关动作次数的技术手段，就是增大死区。死区值的增大，意味着整流侧的直流电压无法维持在800kV左右，在实际的直流工程运行工况中，投入动态电压调节功能后，整流侧直流电压会降至720kV左右，这在一定程度上也降低了直流功率的输送上限。

## 第三节　MR分接开关电气控制回路

MR有载分接开关设计有自检回路，通过挡位变换的不同阶段分别对回路中关键的继电器进行检测，一旦继电器损坏或接点接触不良，电机保护回路将接通并使电机跳闸，根据不同的跳闸位置可判断不同的故障类别。

需要特别说明的是，MR有载分接开关一次分接变换操作相当于指示器指针转一圈。指示器分33格，一格相当于手摇把转一圈。本节所有控制回路分析图示中，控制回路图整个载流支路以红色表示，所有凸轮开关的动作点都用黄色颜色标出，Q1 为脱扣线圈、K1（K2）为升（降）挡继电器、S32 为就地/远方转换开关、K20 为逐级接触器、K37 为位置继电器。具体分析如下。

## 一、分接开关控制过程

### 1. 电机正反转原理

图 4－1 中，K1 和 K2 是电机控制接触器，K1 接通时正转，K2 接通时，a 相和 c 相互换，电机反转；S8A、S8B 是手柄保护开关；Qk 为电源开关，带脱扣器和辅助开关。

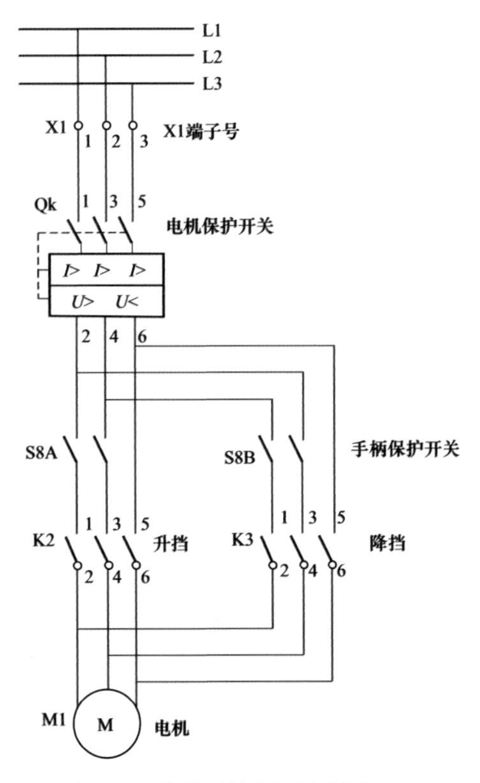


图 4－1　分接开关电机回路图（一）

### 2. 分接头升挡控制回路

（1）分接开关操作开始时，分接开关控制方式在远方或就地。分接变换操作由控制脉冲经 S3 启动或外部接点 S3（1、2）闭合。接触器 K1 励磁并闭合其常开接点 K1（73、74），从而实现控制回路的自保持，如图 4－2 所示。

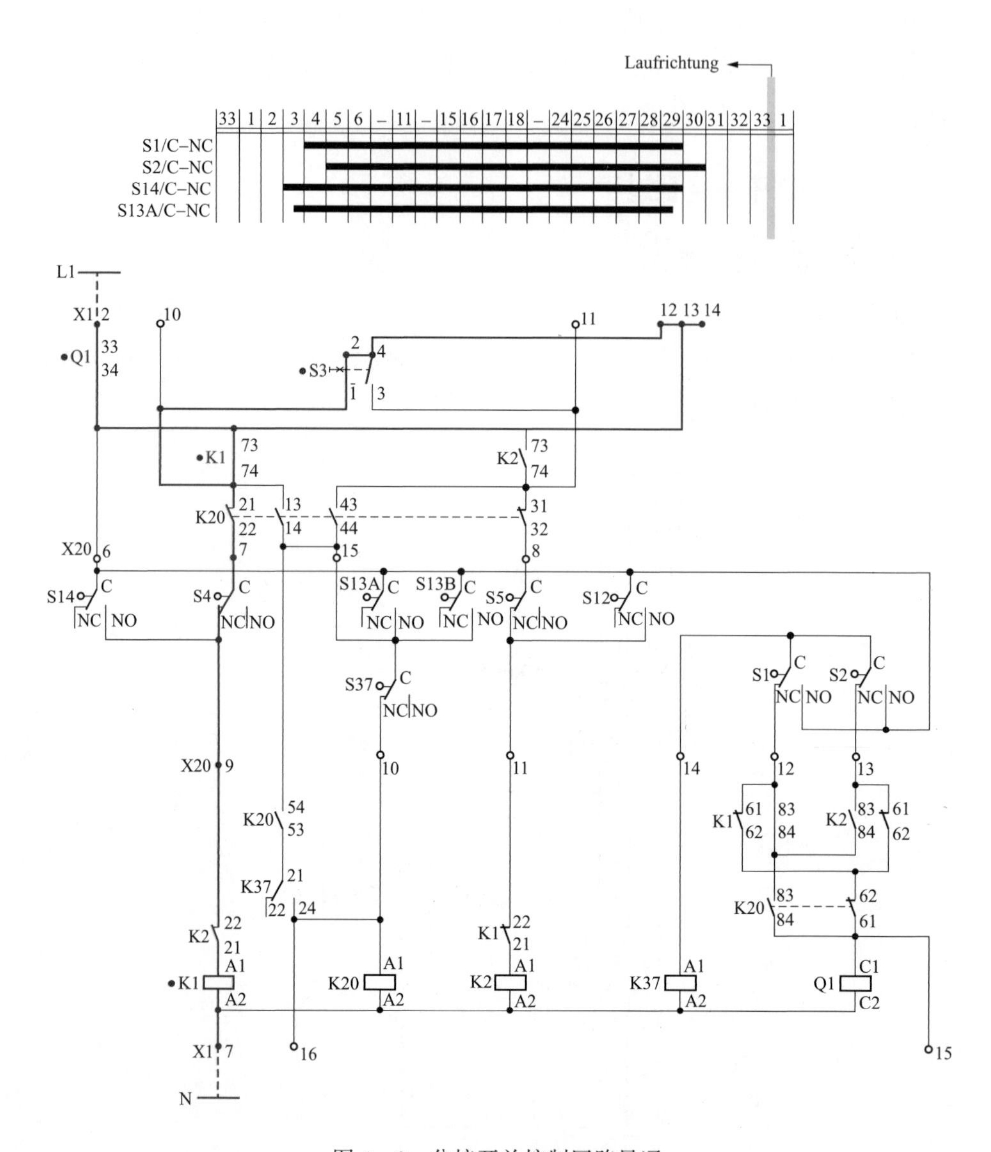

图 4-2　分接开关控制回路导通

（2）如图 4-3 所示，第 3 格之后，凸轮开关 S2 动作，S2 的接点 S2（C、NO）闭合，驱动继电器 K37 自动通过中间位置。由于 K20 的接点 K20（83、84）还没有闭合，而 K1 的接点 K1（61、62）已经断开，因此电动机的保护开关不会脱扣。此时，相应的电机接触器 K1 动作，逐级接触器 K20 不动作。

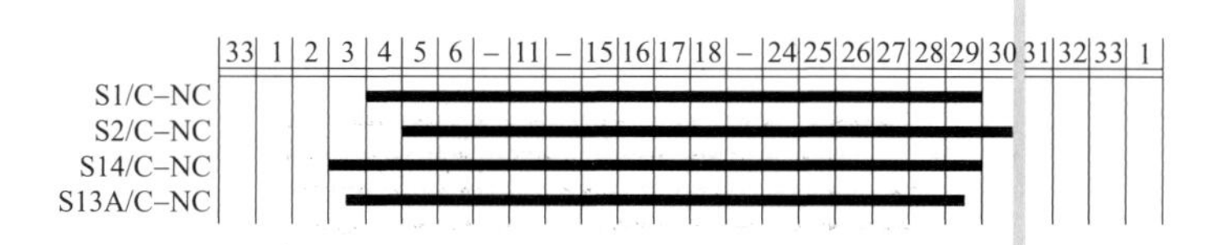


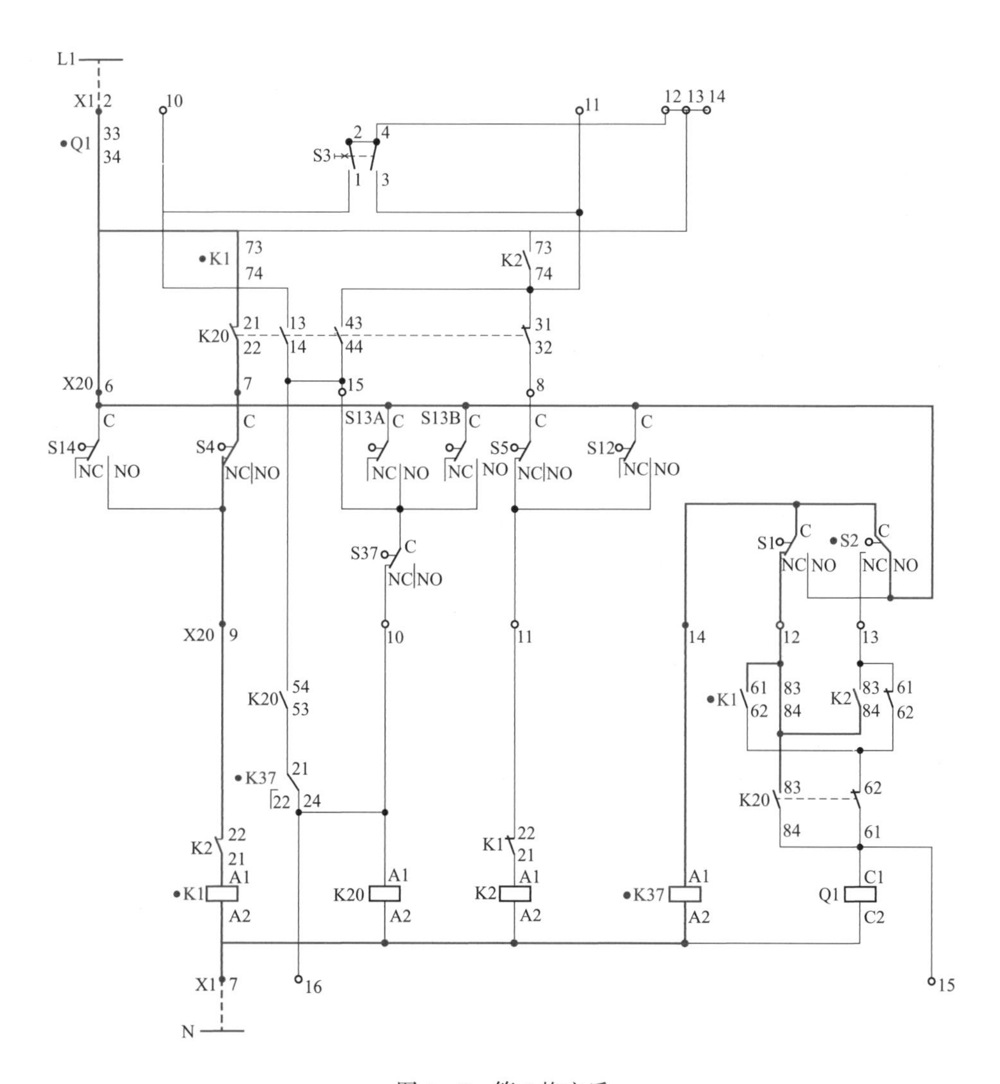


图 4-3 第 3 格之后

(3) 如图 4-4 所示，第 4 格之后，凸轮开关 S14 动作，S14 的接点 S14 (C、NO) 闭合，K1 得电励磁，与 K1 的自保持回路接点并联。

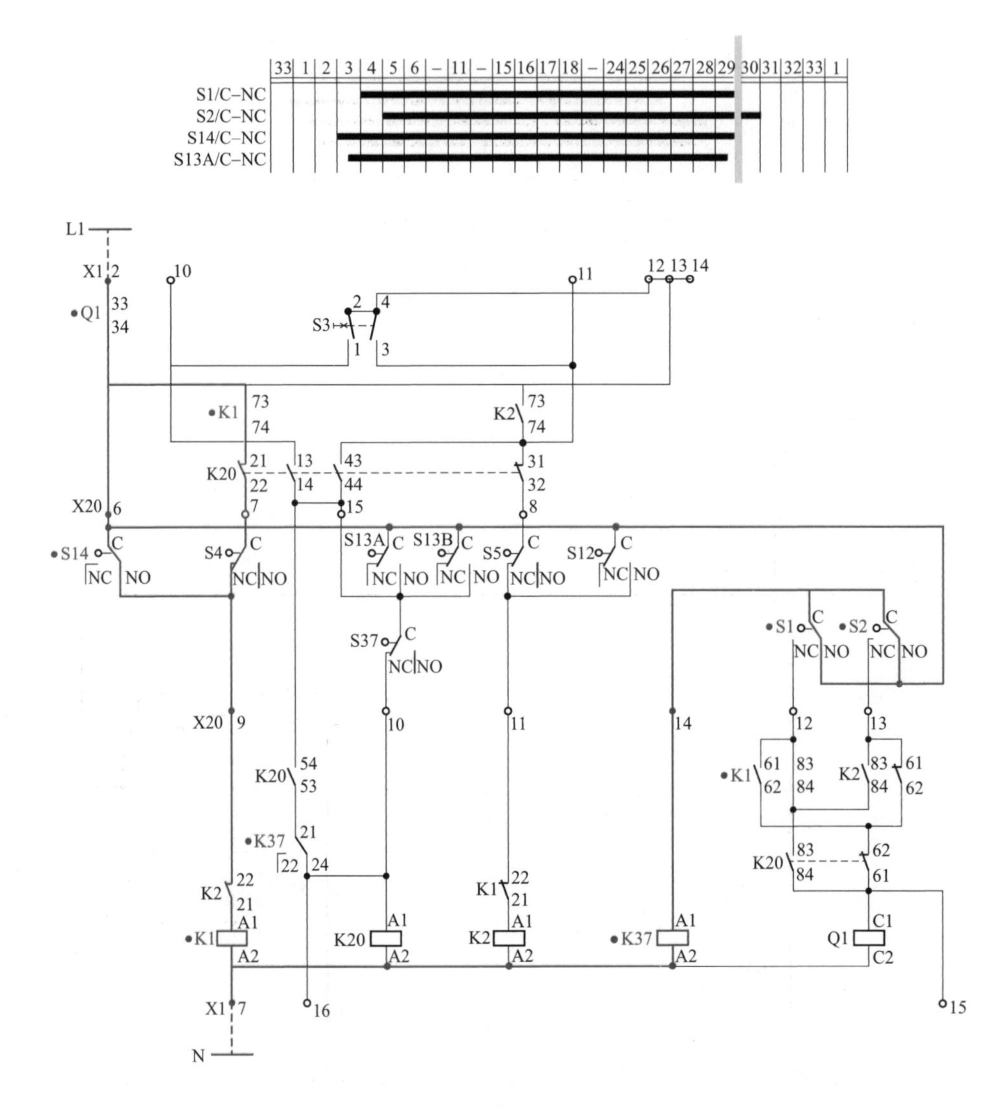

图 4-4　第 4 格之后

（4）启动逐级操作。如图 4-5 所示，第 4、5 格之后，逐级接点 S13A 启动逐级接触器 K20 动作。接点 K20（13、14 ）闭合，接点 K20（21、22）断开 K1（73、74）的自保持回路。接触器 K1 仅由机械控制保持通电。逐级操作得以保持是由于 K20 的接点 K20（21、22 ）断开，切断了使 K1 保持励磁的电流支路的其中一路，现在 K1 只通过 S14 的接点 S14（C、NO）保持励磁。另外，K20 的接点 K20（83、84 ）闭合，由于 S2 的 S2（C、NC）已经断开的，所以 Q1 不会脱扣。

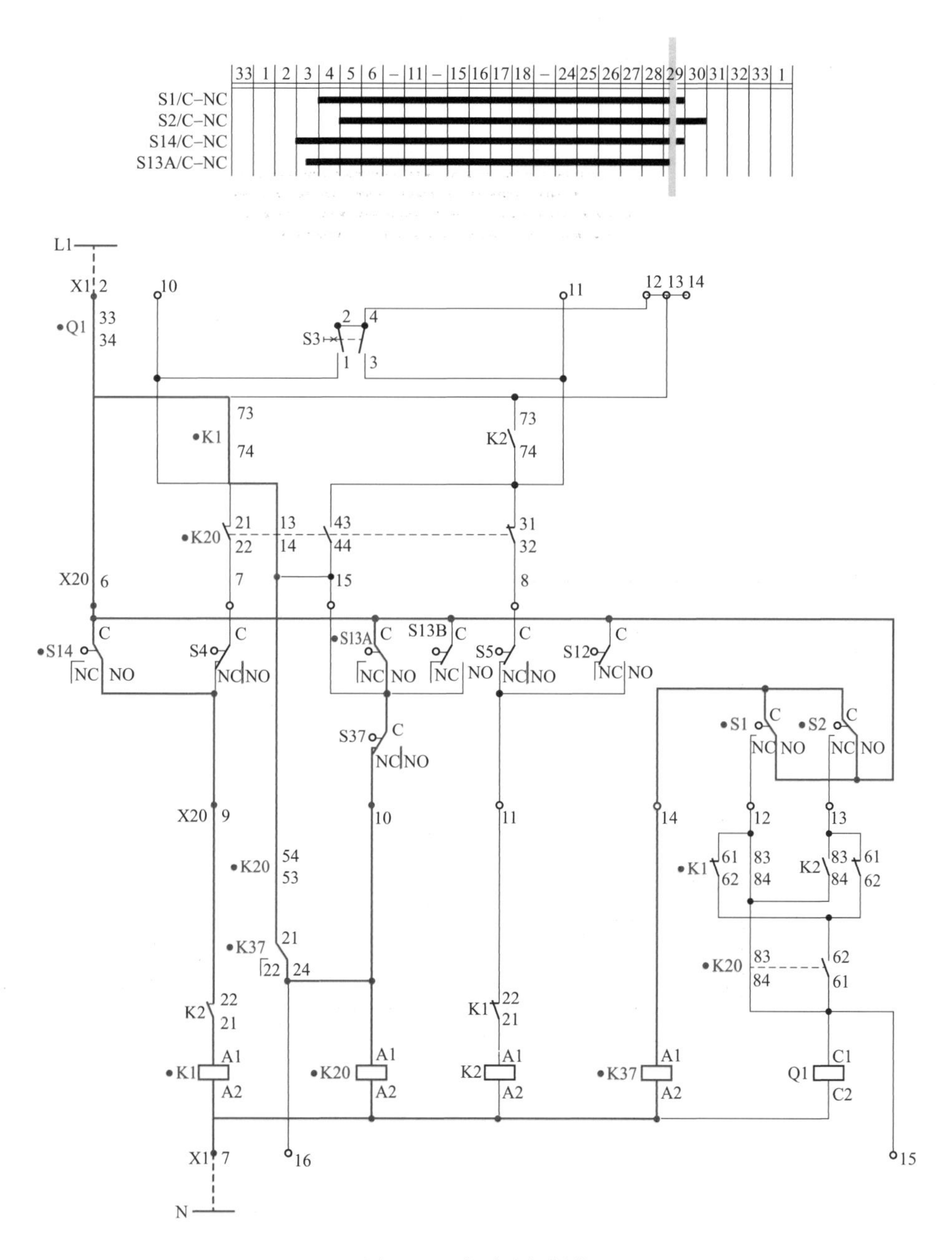


图 4－5 启动逐级操作

（5）K37 开断（自动通过位置的凸轮开关）。如图 4－6 所示，自动通过位置的凸轮开关 S37 在 25 格和 27 格之间开断。K20 通过并联回路的接点 K37（21、24）保持通电。

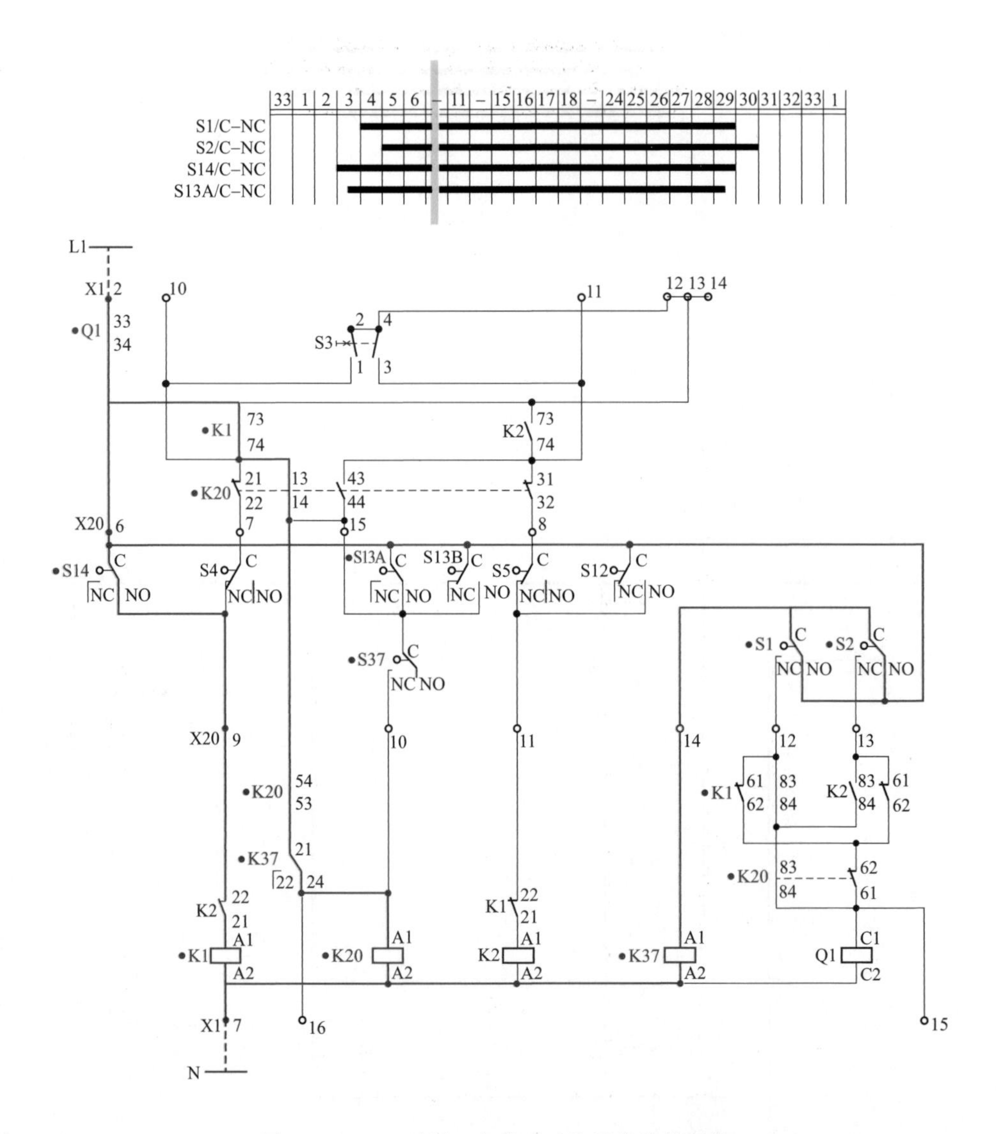

图 4－6　K37 开断（自动通过位置的凸轮开关）

（6）如图 4－7 所示，在第 29 格和第 30 格之间，接触器 K20 线圈启动。释放凸轮开关 S2，S2（C、NC 闭合）。

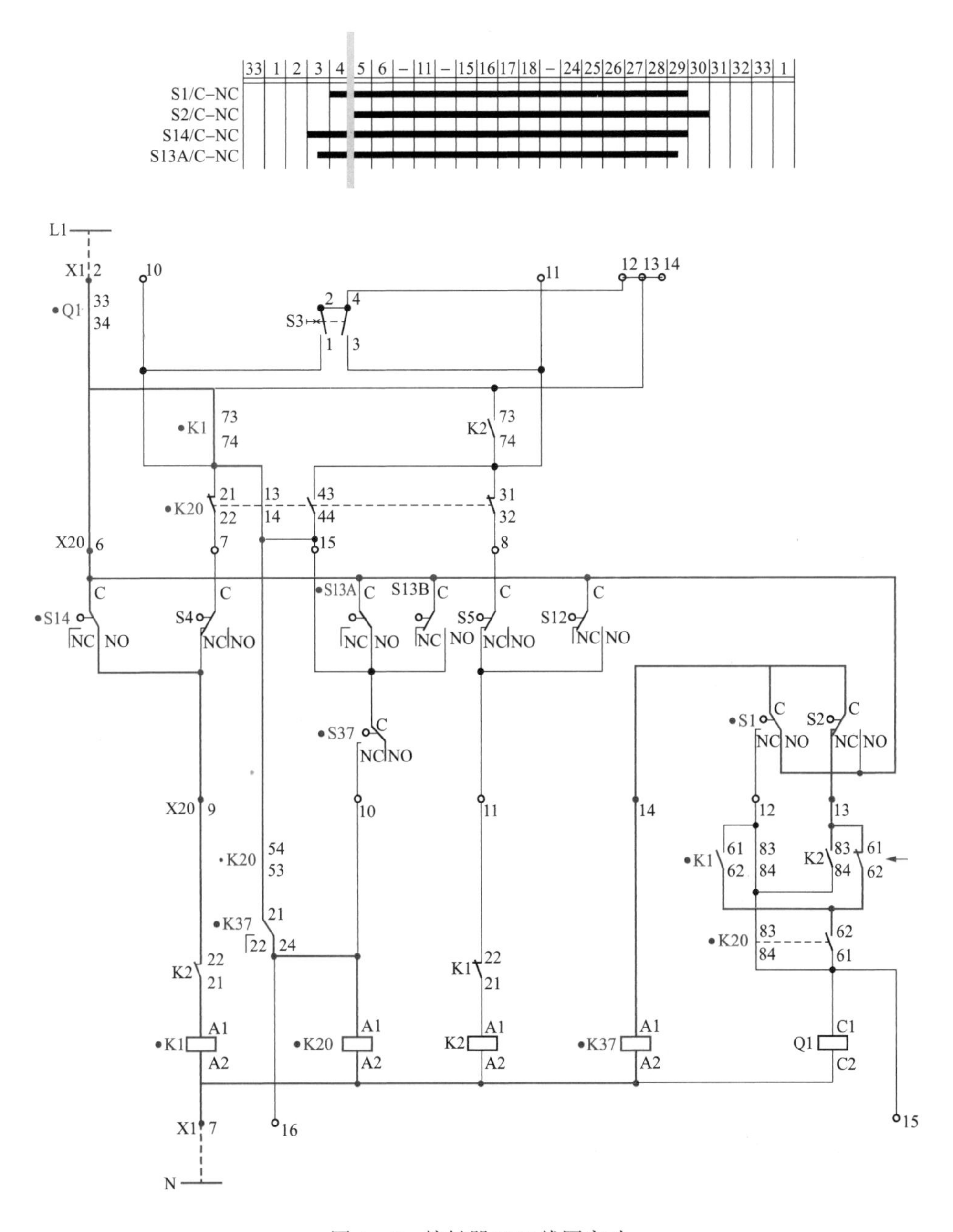


图 4-7 接触器 K20 线圈启动

（7）如图 4-8 所示，第 30 格之后，凸轮开关 S1 动作，S1（C、NO）断开，S1（C、NC）闭合。S1 释放自动通过位置继电器 K37，K37 失电。接点

K37（21、24）断开，释放逐级接触器 K20。K1 再次由接点 K1（73、74）保持通电。

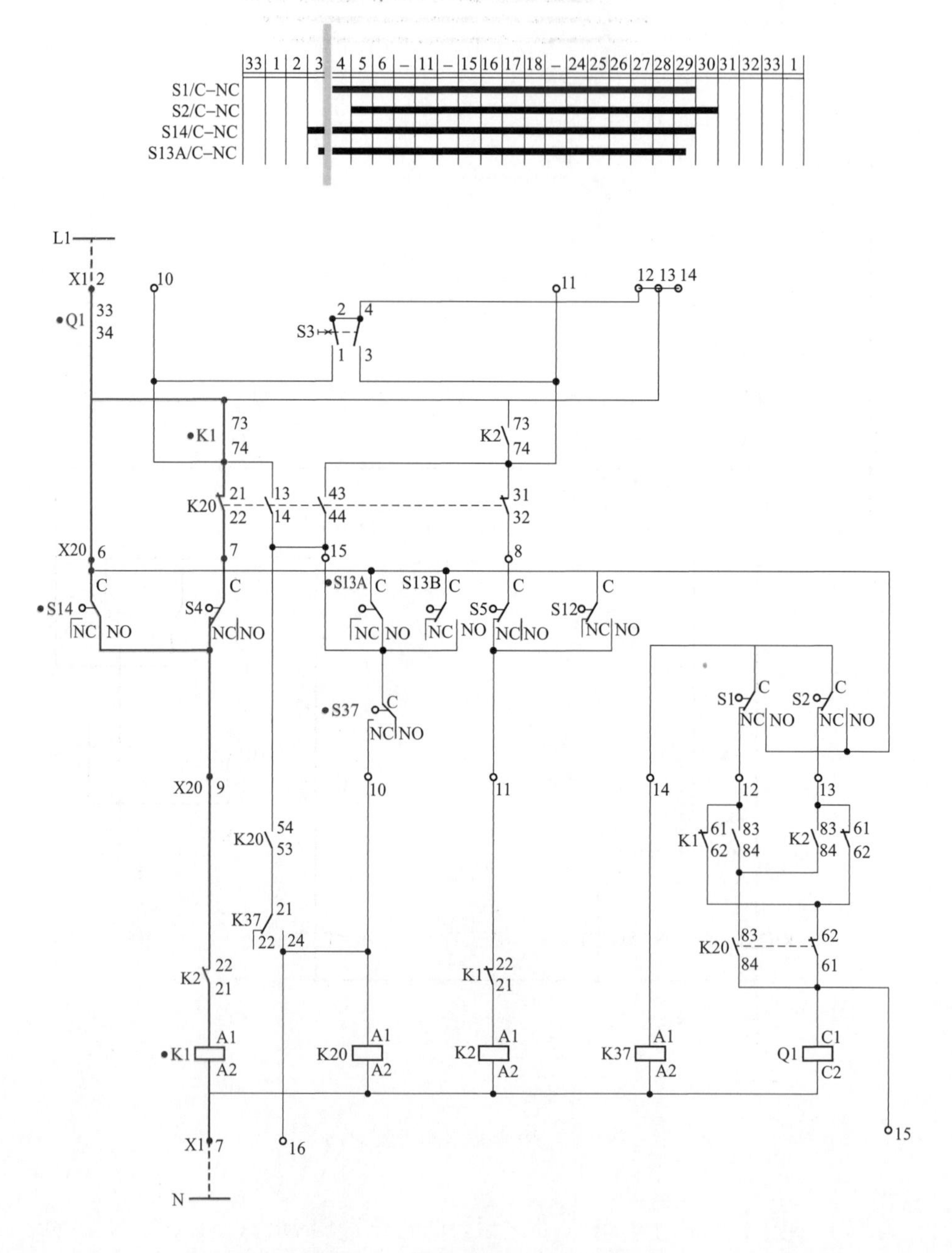


图 4-8　第 30 格之后，S1 动作

(8) 如图 4-9 所示，第 30.5 格之后，逐级接点 S13A 被释放，S13（C、NO）断开。

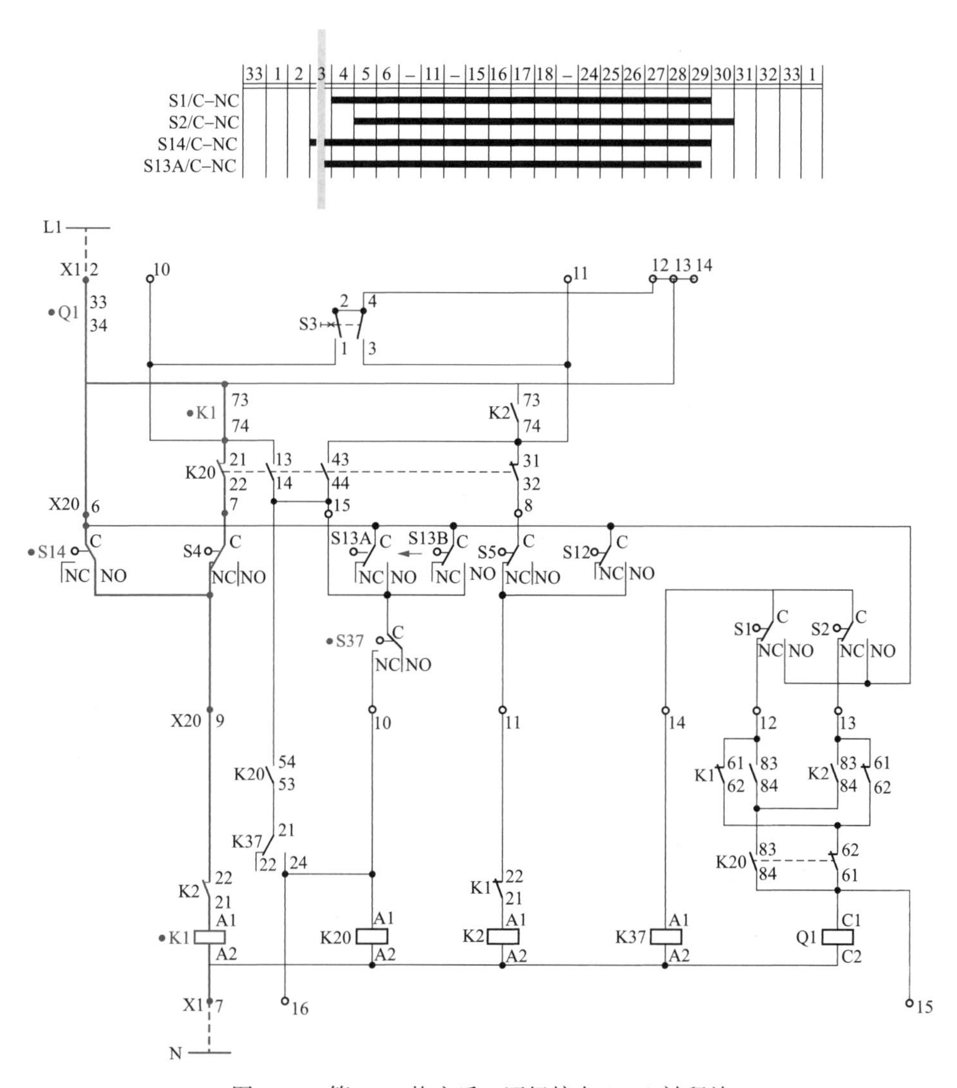

图 4-9 第 30.5 格之后，逐级接点 S13A 被释放

(9) 如图 4-10 所示，第 31 格之后，凸轮开关 S14 被释放。S14（C、NO）断开，由于电机接触器 K1 保持通电，新的分接变换操作开始。第 31 格之后，K1 和 K20 被凸轮开关 S14 释放。在电动机构继续走约 2 格之后，操作结束。操作完成之后，如果电控制脉冲仍然存在，K20 即保持通电。控制脉冲消失，并施加新的控制脉冲之后，新的操作才能开始。

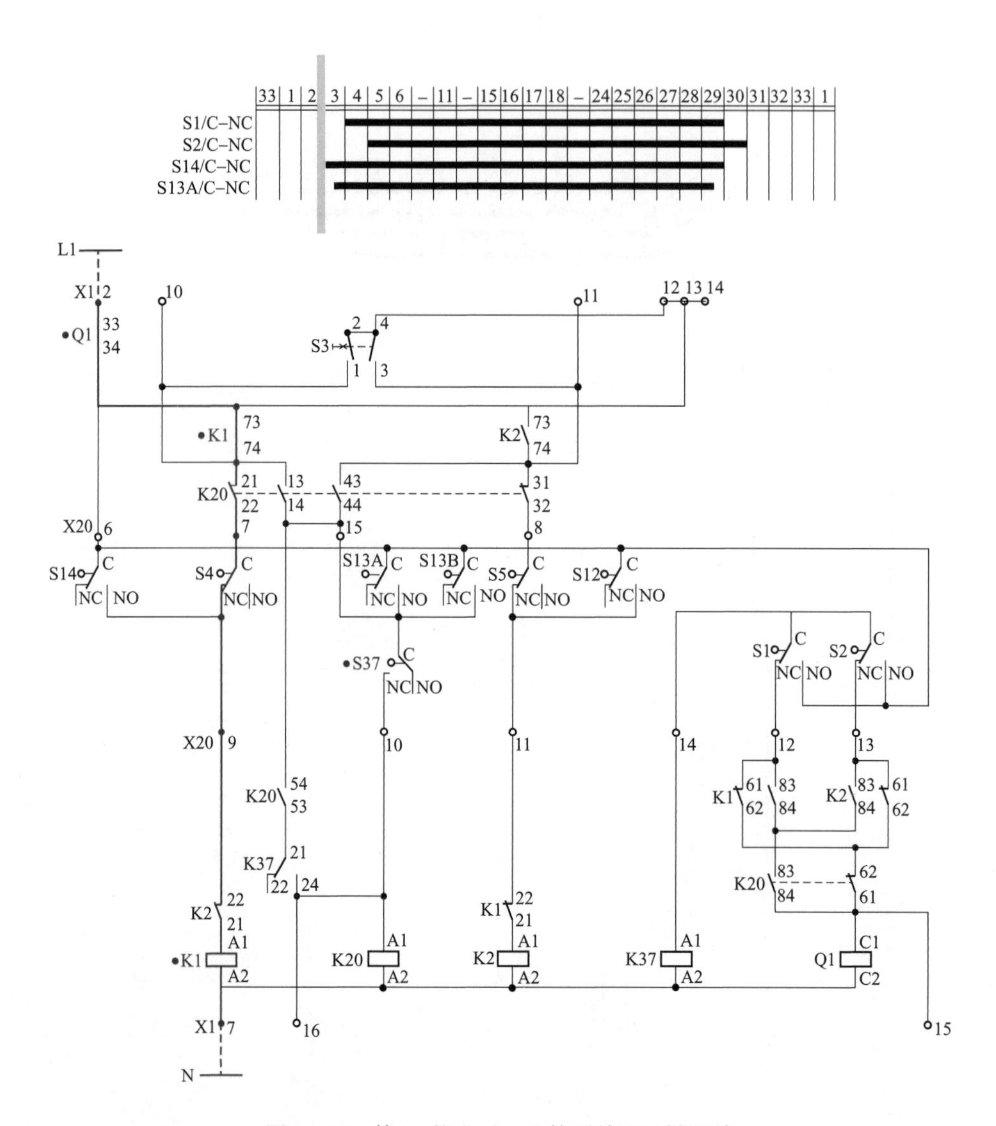


图 4-10 第 31 格之后，凸轮开关 S14 被释放

## 二、相关保护回路

### 1. 相序保护

当发生错相时（不是顺序 L1，L2，L3；而是 L1，L3，L2）电动机将会在指针动作第三格后停止。Q1 跳闸停在错位，等相序正确后，Q1 合闸后指针随原方向继续转动一直到完成切换。

第一步：接触器 K1 被励磁，电动机开始启动，如图 4－11 所示。分接变换操作由控制脉冲经 S3 启动，S3 的接点 S3（1、2）闭合。接触器 K1 励磁并闭合 K1 的 K1（73、74）（保持励磁）。

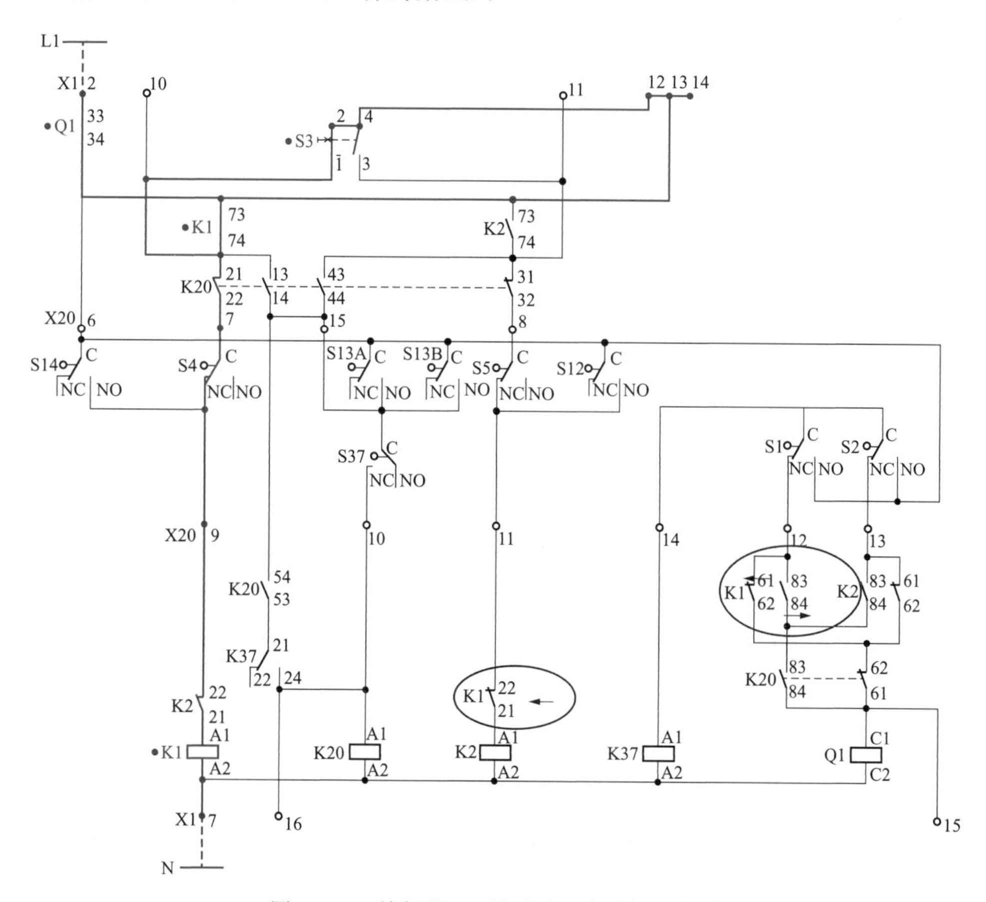

图 4－11 接触器 K1 被励磁，电动机开启动

第二步：如图 4－12 所示，虽然启动了 K1（1—*N*）方向，但是由于电动机的电源相序是反的，所以电动机反转，ED 机构向（*N*—1）方向动作，到第三格后启动了 S1 凸轮开关，通过 S2 的 S2（C、NC）接点，K2 的接点 K2（61、62）和 K20 的接点 K20（61、62）接通了 Q1 跳闸线圈，使 Q1 跳闸，电动机停止工作，反之启动 K2（*N*—1）方向是一样的原理。

2. 控制脉冲回路中的联锁

如果在分接开关变换操作期间，发生电压中断，而在电压恢复的同时又收到反方向的外部控制脉冲（分别来自 X：10 或 X：11），则 K1 和 K2 两个

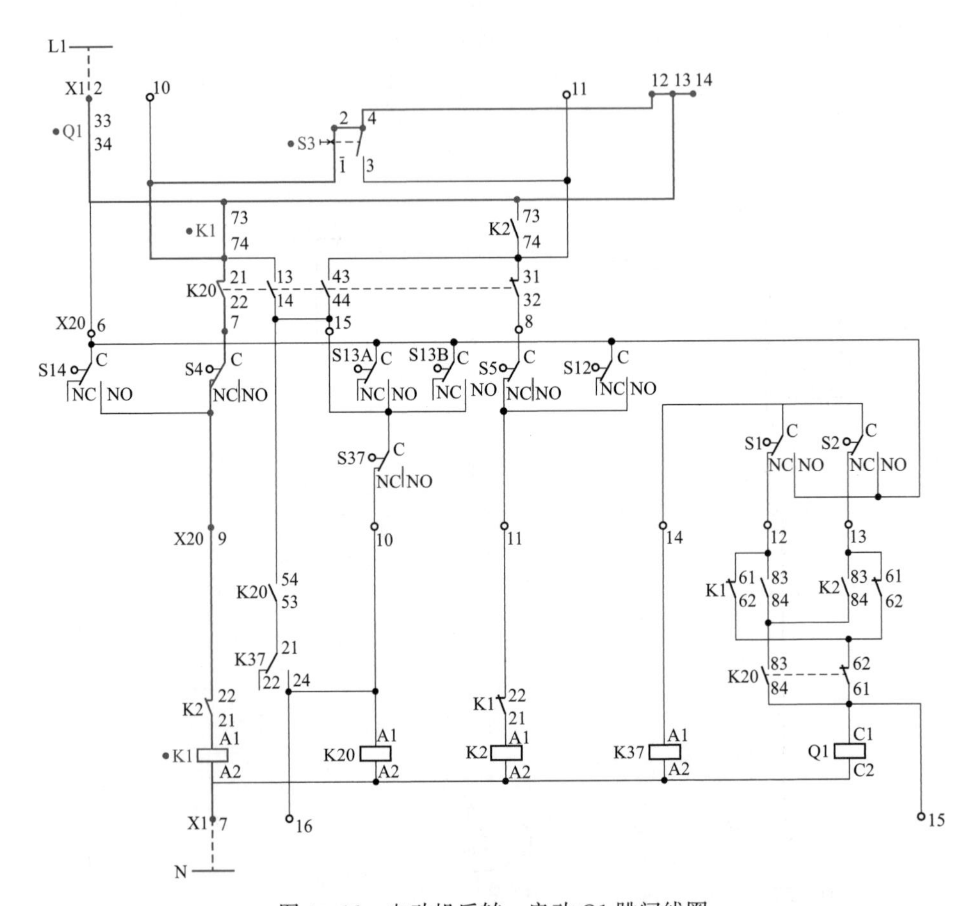

图 4－12　电动机反转，启动 Q1 跳闸线圈

继电器将同时被励磁。这时由于不能判断哪个接触器先吸合，因而可能发生反方向的操作。为了防止这种情况的发生，在控制脉冲回路中加入了通过凸轮接点 S13A 接点 S13A（C、CN）和 S13B 接点 S13B（C、CN）。

3. 防止误操作（同时发生升和降的控制脉冲）的保护

使用一个控制开关代替两个按钮；电动机接触器具有电气上的相互联锁[分别通过 K1 的接点（21、22）或 K2 的接点（21、22）来实现]。

4. 在手摇把已经插上时防止电动机的启动（Q1 没有分闸的情况下）

当插入摇手柄后，启动了 S8A 和 S8B 的接点（C、NC），这样就切断了电动机的两相电源，使电动机无法启动。另外由于控制回路是有电源的，当摇手柄向降方向（1－17）转动到第三格时启动 S2 动作，接通 Q1 保护脱扣线圈跳闸。反之启动 S1 使 Q1 保护脱扣线圈跳闸。

#### 5. 防止终端位置越位的电气保护

S4 的接点（C、NC）和 S5 的接点（C、NC）是超前限位开关，在各自终端位置上断开，如果达到了一个终端位置（1 或 *N*），这两个开关能阻止发生同一方向的新脉冲。例如，如果在从 *N* 到 1 位置方向的分接变换操作到达位置 1 后，不可能在朝向 1 的位置方向（同一方向）继续操作。但是能向 *N* 位置方向操作，这一点在相反情况下，如果在从位置 1 到 *N* 位置方向操作以后，同样适用。

如果达到终端位置后，避开超前限位开关 S4 或 S5 的功能而在相同方向开始新的操作（例如通过手摇把），限位开关 S6（S6A 和 S6B）将被启动，接点 S6A 和 S6B 将切断电动机回路。这时电动机操作只能借助手摇把。

终端机械限位是多加一道保护，以防止超出调压范围的分接变换操作。

## 第四节　ABB 分接开关电气控制回路

### 一、 ABB 分接开关控制回路

ABB 有载分接开关从 1 挡滑行向最高挡称为升挡（或“－”挡），反之，称为降挡（或“＋”挡）。升挡为降压操作，降挡为升压操作。有载调压开关不允许同时连续进行调挡任务，调挡必须逐级进行，否则导致电压过调节或欠调节。

有载调压开关不允许同时接受升降两个方向的调挡任务，因为这种情况将有可能造成电动机回路的相间短路，调挡回路中设计有升降挡的互排斥接点。手动操作时也会断开电动机电动回路。有载调压开关电动机电源空气开关配有脱扣线圈，就地急停、远方急停、超时急停都接到该脱扣线圈使电动机电源空气开关脱扣，从而切断电动机电动回路。

以下就根据分接开关电机回路图，说明各个二次元件的名称、位置和作用，再分析各个功能（运转、互锁、保护）的实现。

#### 1. 分接开关电机回路

图 4－13 中，K1 为进步保持接触器，K2 为升挡接触器，K3 为降挡接触器，K6 为时间继电器，M1 为电机，Q1 为电机保护开关。

#### 2. 分接开关升降挡控制回路

降挡接触器 K3 或升挡接触器 K2 的线圈（A1～A2）受电励磁后将驱动

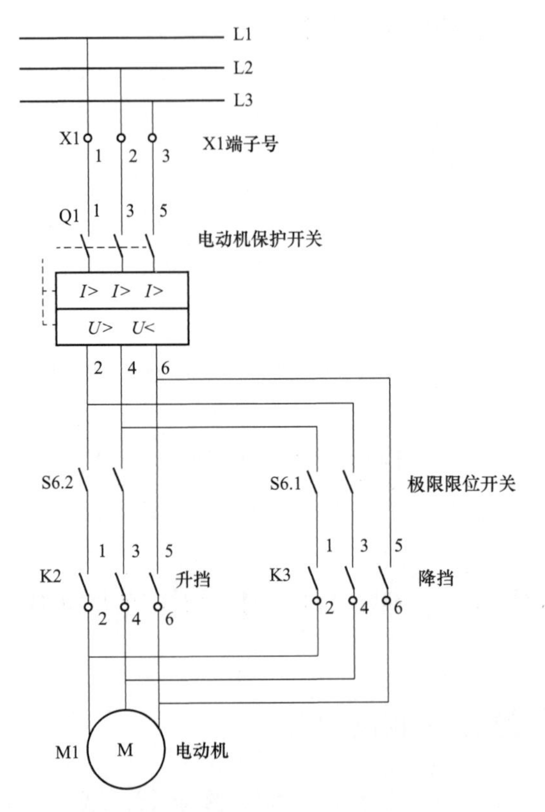


图 4-13　分接开关电动机回路图（二）

电动机回路的 K3、K2 相应接点改变电动机电源的相序使电动机正转或反转，从而实现升降挡的功能。升降挡的启动有就地手动和远方控制两种方式。启动电源经控制电源空气开关后，由把手 S1 进行远方就地选择，然后切至相应的启动回路。就地启动时，由控制把手 S2 将电源切至降挡或升挡回路；远方启动时，由监控系统的测控装置提供的遥控接点将电源切至降挡或升挡回路。

图 4-14 中，S1 为控制选择开关，S2 为控制开关，S3/S4 为凸轮操作触点降/升开关，S5 为手动保护互锁开关，S6、S7 为极限限位开关，S8 为急停按钮开关，S14 为挡位传送器（电位计），S15 为连续动作触点开关，S20 为多位置开关板，S41/U4 为 BCD 编码板，S41 为多位置开关板（BBM），U4 为二极管单元，U1 为测量放大器，X 为端子排。

步进升操作如图 4-14 所示，控制选择开关 S1 在就地位置，S1（2、3）接点导通，升降控制开关 S2 在升操作位置，S2（1、4）接点导通，进步保持接触器 K1 的接点 K1（31、32）在闭合位置，保持触点 S12（7、8）在闭合位置，极限限位开关 S6.2（3、4）在闭合位置，手动保护互锁开关 S5（11、12），降挡接触器 K3 的常闭接点 K3（11、22）在闭合位置，升挡接触器 K2 励磁，从而开始升挡操作。

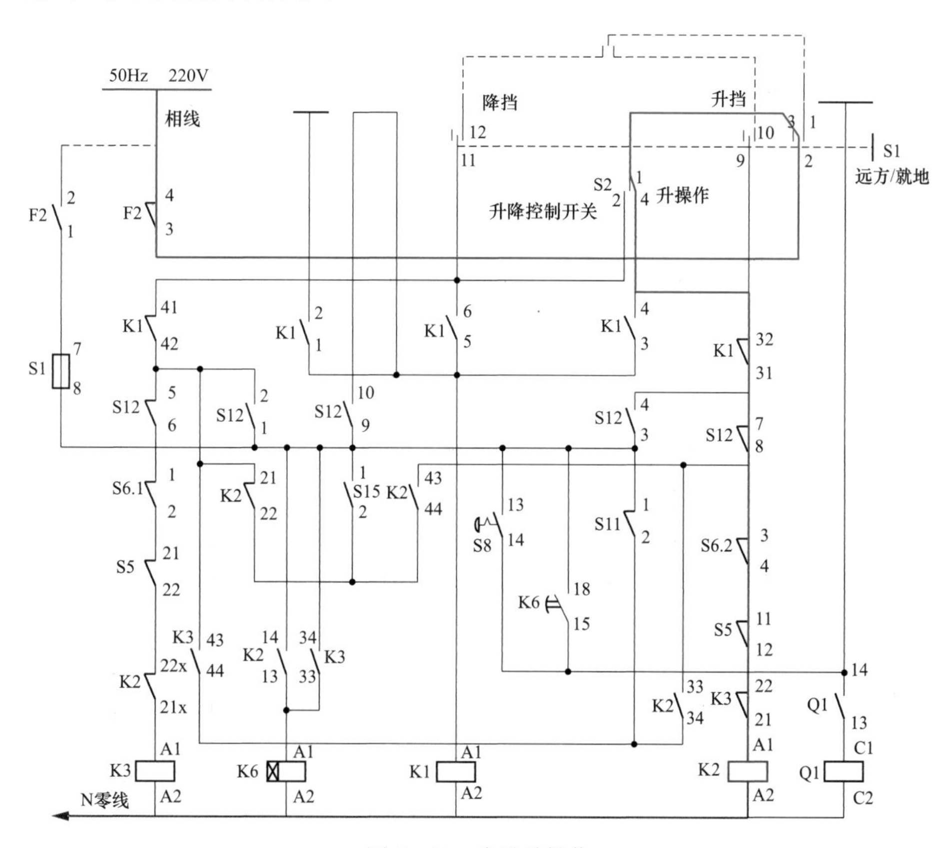


图 4-14 步进升操作

## 二、相关保护回路

### 1. 滑挡保护回路

“滑挡”会导致有载分接开关的电动机构不断地把母线电压往上抬或者往下降，不但不能起到正常调压作用，反而更加加剧电压趋向异常，甚至是电压发生“雪崩”，电压过高或过低对电力系统和电力设备的安全运行造成威胁。

滑挡保护回路如图 4-15 所示。在升降挡操作过程中，升、降挡接触器吸合，升挡接触器接点 K2（13、14）闭合或降挡接触器接点 K3（33、34）闭合，时间继电器 K6 励磁，连续操作三个挡位或者时间达到计时后，时间继电器K6（15、18）延时闭合，启动跳闸线圈Q1，从而断开控制回路，以保证换流变压器零序电压、电流在可控范围内。若挡位变化不满足要求，则对K6时间继电器进行微调。

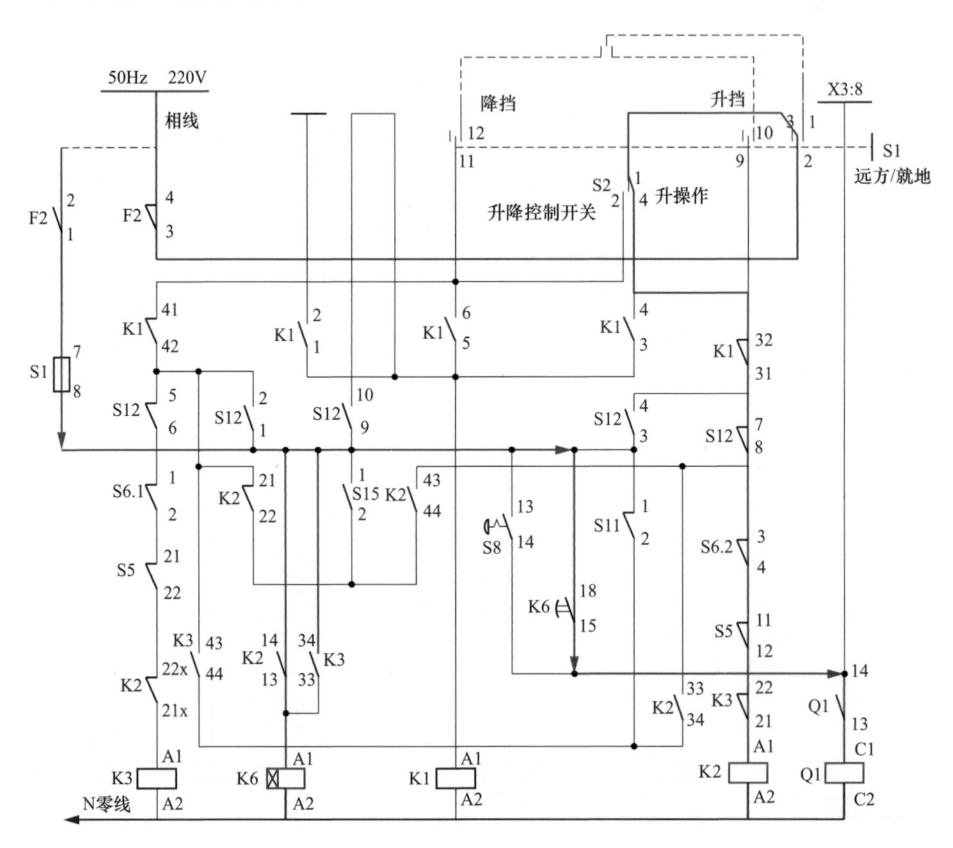


图4-15　滑挡保护回路

### 2. 升降挡互排斥闭锁回路

互斥有两种，一种是升降挡接触器接点K2（21X、22X）和K3（21、22）的互斥，另一种是凸轮开关行程接点S12（5、6）和S12（7、8）的互斥。升降挡接触器的互斥是依赖于电磁的，凸轮开关的互斥是纯粹机械行程的，是不依赖电磁保持的。当升降挡接触器受电励磁后，只要励磁不消失，其接点的互斥是全程可靠的。

### 3. 手动联锁

当手动操作升降挡时，手动联锁开关S5的接点S5（11、12）和S5（21、22）打开，从而断开升降挡回路。

4. 极限挡位行程闭锁

降挡的极限挡位是最低挡位（1 挡），此时末挡行程开关 S6.1 的接点 S6.1（1、2）打开，从而闭锁降挡；升挡的极限挡位是最高挡位，此时末挡行程开关 S6.1 的接点 S6.1（3、4）打开，从而闭锁升挡。

5. 急停回路

急停有三种方式：一是就地手动急停 S8（13、14）；二是远方遥控急停（X3：8）；三是运转超时急停 K6（15、18）。急停原理是用自保持电源给电动机电源开关脱扣线圈 Q1（C1、C2）励磁，脱扣后断开电动机电源从而停止调挡。超时急停的时间由运转时间继电器 K6 控制，超出时间则自动急停，具体同滑挡保护。

6. 步控回路

步控回路如图 4－16 所示。K1 继电器的作用是保证调挡能够逐级进行，防止因远方或就地的启动接点粘死而造成连续误调挡。在调挡过程中，凸轮

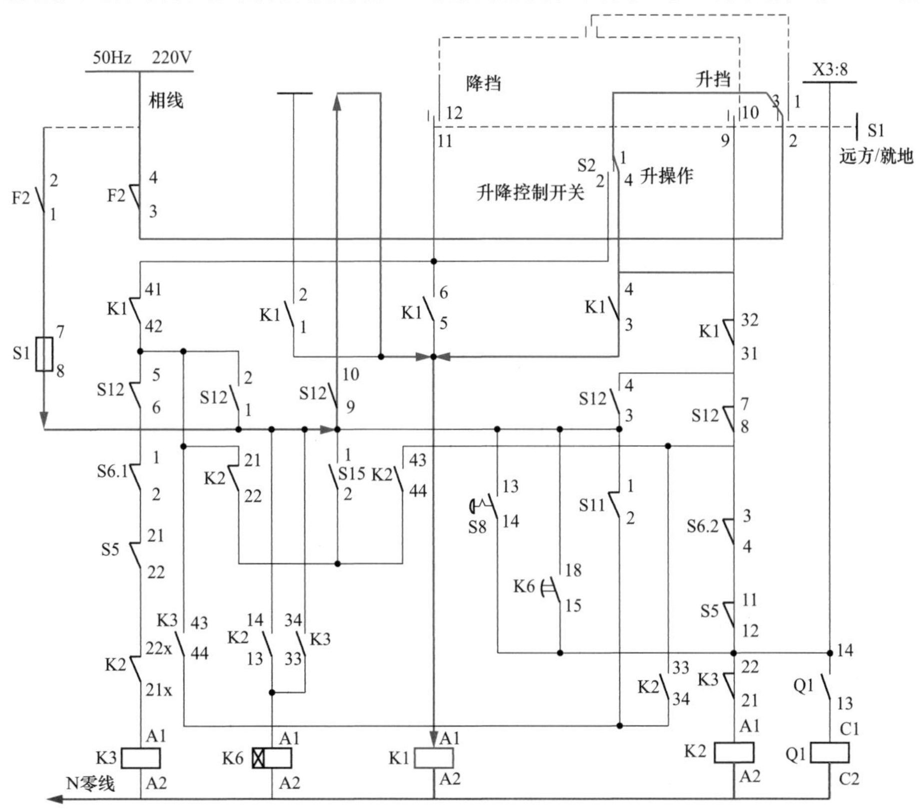


图 4－16　步控回路

行程接点 S12（9、10）闭合，K1 线圈励磁，K1 的常闭接点 K1（31、32）、K1（41、42）打开，分别断开升降挡的启动回路，直到升降挡行程结束，K1 返回才允许接受下一次启动。当调挡行程结束时，如果启动回路有电源，该电源将通过 K1 自身的接点 K1（1、2）、K1（3、4）和 K1（5、6），使得 K1 自保持以持续切断启动回路，这个回路有点类似断路器的防跳回路。

## 第五节　换流变压器风冷控制系统逻辑

变压器在运行中由于铜损、铁损的存在而发热，它的温升直接影响到变压器绝缘性能、负载能力及使用年限。为了降低温升，提高效率，保证变压器安全经济运行，运行变压器必须进行冷却。变压器冷却器的安全稳定运行，是保证变压器稳定运行的重要因素之一。

目前国内外变压器的冷却方式主要有四种，即自然油循环自冷散热、自然油循环风冷散热、强迫油循环风冷散热和强迫油循环水冷散热。由于换流变压器电压等级高、传输容量大，同时运行期间产生大量谐波，因此在运行过程中基本是采用强迫油循环导向风冷却（ODAF）的方式，即一方面通过变压器油泵导向强迫加速变压器油在器身内流动循环，另一方面依靠加装在变压器器身周围的风扇换热使变压器油得到迅速冷却。

在电力系统中，传统的大型变压器的冷却装置控制一般采用机电逻辑回路，即通过各种元器件的机械触点来实现逻辑控制电路。逻辑控制电路的组成比较复杂、中间环节比较多、在运行过程中故障率比较高，所以就呈现出自动化程度较低、故障频率高且不易维护等问题。目前新投运直流换流站的换流变压器的风冷控制系统大都使用可编程控制器（programmable logic controller，PLC）或者变压器在线电子控制（transformer electronic control，TEC）系统。PLC/TEC 自动控制系统是集保护、测量、控制、通信、分析于一体的高性能变压器智能化控制系统，该控制系统的工作原理主要是通过采集变压器本体数据信息，并对此进行分析，给出实时控制指令，并将分析结果传送给后台控制系统，同时能够接受后台控制系统的运行指令，能够对变压器冷却系统进行远方的投退操作，以此来实现冷却系统的智能化控制、监测及执行。

## 一、换流变压器风冷控制回路介绍

冷却器控制可以手动启动，包括就地控制和远方控制，也可自动启动，利用温度指示装置的硬接点或者输出模拟量，使风扇电动机运转和停止。每台风扇电动机均应有各自的热过负荷保护装置以防止过负荷和单相运行。油泵和风扇电动机的故障均提供故障指示。用于每组冷却器电源引线的两台主回路开关应有热过流跳闸元件，提供过电流和过负荷保护并且还具有反向和断相故障检测能力。

1. 风冷电源切换

按照国家电网公司《十八项电网重大反事故措施》中保证变压器冷却系统可靠运行的要求及国家能源局《防止电力生产事故的二十五项重点要求》中防止变压器冷却系统故障的要求，一方面强迫油循环的冷却系统必须配置两个相互独立的电源，并采用自动切换装置，应定期进行切换试验，有关信号装置应齐全可靠；另一方面强迫油循环变压器冷却系统的工作电源应有三相电压监测，任一相故障失电时，应保证自动切换至备用电源供电。

在实际运行中，两个相互独立的交流电源是通过切换把手进行控制的，其中一路电源被定义为主电源，另一路电源被定义为备用电源，例如“Ⅰ段为工作电源、Ⅱ段为备用电源”。换流变压器在正常运行过程中，一般切换把手会选择Ⅰ段接通工作电源（主电源），Ⅱ段断开（备用电源）。如果在运行中发生Ⅰ段电源故障、因其他原因消失或发生某相缺相时，风冷控制系统就会经过判断后自动将Ⅰ段主电源与400V系统母线断开，再经一定延时后，自动接通Ⅱ段备用电源来实现主、备用电源的自动切换，而当Ⅰ段主电源恢复时，Ⅱ段备用电源自动退出，Ⅰ段工作电源自动投入。同样，“Ⅱ段电源工作、Ⅰ段电源备用”情况与上述过程一致。

冷却器电源切换原理如图4－17所示，K1、K2为接触器，Q1、Q2为带过流保护的空气断路器，K5、K6为中间继电器，K7、K8为电压（过压、欠压）保护继电器，K9、K10为时间继电器，S11、S12为电源选择转换开关。

正常运行时，400V交流进线共有两路，Ⅰ路电源优先，S11（1、2）闭合，S11（3、4）断开，S12（1、2）闭合，S12（3、4）断开。正常情况下第一路电源Q1开关合上，K7（11、14）节点闭合，K5线圈带电，K5（13、14）节点闭合，K1线圈带电，继电器K1吸合，K1（21、22）节点打开。第二路 Q2 开关正常在合位，K8 线圈带电，经过 S1 的（9、10）节点，K5（21、22）节点打开，K10 线圈不带电，K6 线圈不带电，K6（13、14）节点打开，K1（21、22）节点打开，故正常情况下，K2 继电器线圈不带电，与 K1 继电器互锁，只有一路电源供电。

当第一路电源失电，进线开关 Q1 脱扣，K7 线圈失电导致该条回路上的 K5 线圈也失电，K5（13、14）节点打开，K1 线圈失电，K1 继电器不吸合。此时 K5（21、22）常闭节点吸合，K10 线圈带电，K10（15、18）延时 5s 后吸合，K6 线圈带电，K6（13、14）节点闭合，由于 K1 线圈失电所以 K1（21、22）节点闭合，K2 线圈带电，K2 继电器吸合，由第二路电源进行供电。

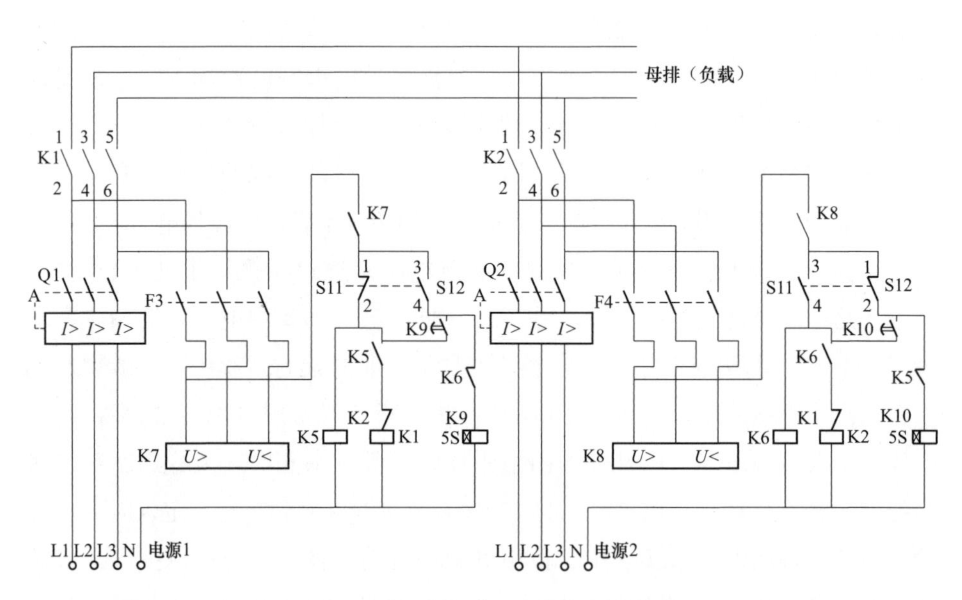


图 4－17　冷却器电源切换原理图

## 2. 故障信号回路

当电源Ⅰ和电源Ⅱ发生故障时，发出事故信号。

当工作或辅助冷却器发生故障，备用冷却器投入运行时，发出故障信号。

当备用冷却器投入运行后，产生故障，发出故障信号。

当冷却器投入运行后，产生故障，发出故障信号。

当冷却器内油流流速不正常，低于规定值时，油流继电器动作，表示冷却器内部发生故障，发出油流故障信号。

## 二、换流变压器风冷典型控制策略

目前，换流变压器风冷系统的控制均在 PLC 或者 TEC 中实现，本节主要对其控制逻辑进行说明。

1. 冷却器启停原则

PLC/TEC 控制系统启动或停止风冷的控制逻辑，遵从如下规则：

（1）变压器投运状态如果是极冷工况只启动一组油泵，否则最少启动一组风冷；

（2）极冷工况定值按顶部油温启停定值控制，启停二、三、四组风冷按对应定值控制；

（3）变压器停运时按定值停止冷却器，最后一组运行 30min 后停止；

（4）启动风冷时先启动油泵，30s 后启动风扇；

（5）停止风冷时先停止风扇后停止油泵；

（6）启动风冷时总是先启动运行时间最短的一组；

（7）停止风冷时总是先停止运行时间最长的一组；

（8）启动风冷时按所选控制逻辑中最大需求组数启动；

（9）停止风冷时按所选控制逻辑中最小需求组数停止；

（10）启动风冷时油泵或风机任一启动失败，则该组冷却器启动故障告警；

（11）任一组冷却器启动故障则返回系统具备冗余冷却能力信号；

（12）远方强制控制逻辑实现主控系统按组对风冷进行强投或强退控制，强投强退命令必须在 PLC 或 TEC 柜内就地复归；

（13）保护切冷却器逻辑实现在变压器保护跳闸时切除全部冷却器的控制，全切命令必须在 PLC 或 TEC 柜内就地复归；

（14）周期轮换控制逻辑实现周期轮换启动一组运行时间最短的冷却器并停止一组运行时间最长的冷却器；

（15）异常情况控制逻辑实现在装置测量异常或装置掉电时启动全部冷却器。

2. 冷却器分组启停策略

通过 PLC/TEC 自动控制系统操作，自动控制逻辑可配置顶部油温、绕组温度以及换流变压器负荷 3 种方式，实现按定值对冷却器进行自动启停控制。以下为冷却器的具体启停逻辑：

（1）换流变压器充电启动一组冷却器。换流变压器进线断路器合闸后，风冷逻辑启动一组冷却器。

（2）低温启动。换流变压器油在极寒天气情况下易凝滞，运动黏度增高，油流阻力大，致使线圈热量不能及时传递给绝缘油进行散热。此种情况下，一旦冷却器（包括潜油泵和风机）带电，换流变压器将带电启动冷却器，致使油温进一步降低，运动黏度更高，油流阻力更大，变压器油泵在冷油中运行时消耗的功率比在热油中更大，极端情况下还会导致油泵不能正常运行，甚至回油不畅。当油通道压力大于一定值时，将使冷却器散热管爆裂或绝缘油不能自上而下通过冷却器进行循环散热，最终导致线圈局部过热而烧损线圈。

当换流变压器运行后，如果是极冷工况则只启动一组油泵，即变压器带电且所有冷却器都停止，如果油面温度低于设定值 $T_1$，则只启动一组油泵；如果变压器带电且只有一组冷却器运行，油面温度低于设定值 $T_2$（$T_2 \leqslant T_1$），则停止风机，如表 4-2 所示。

**表 4-2　换流变压器冷却器启动定值（包括低温启动）**

| 冷却器组数（组） | 油温（℃） | | 绕组温度（℃） | | 负荷 | |
|---|---|---|---|---|---|---|
| | 启动 | 停止 | 启动 | 停止 | 启动 | 停止 |
| 极冷/一组 | 10 | 8 | 0 | 0 | 0 | 0 |
| 二组 | 35 | 30 | 60 | 55 | 33% | 23% |
| 三组 | 45 | 40 | 70 | 65 | 66% | 56% |
| 四组 | 70 | 65 | 105 | 100 | 100% | 90% |

从表 4-2 中可见，顶层温度低于 8℃为极冷工况，首先会启动一组冷却器（包括油泵和风扇），然后检测到极冷工况会停止风扇，油泵继续运行，经过一段时间当顶层油温大于 10℃时，会将该组风扇启动。

（3）启停其他组冷却器。按照油温、绕组温度及负荷电流最大化输出控制，启动第二组、第三组、第四组冷却器。

换流变压器冷却器启动和停止遵循最大化原则，按定值启动。《国家电网有限公司关于印发〈十八项电网重大反事故措施（修订版）〉的通知》（国家电网设备〔2018〕979 号）中 9.7.2.2 要求“强迫油循环变压器的潜油泵启动应逐台启用，延时间隔应在 30s 以上，以防止气体继电器误动。”启动冷却器时，总是启动累积运行时间最短的一组，多组冷却器连续启动会有30s间隔延时，避免出现冲击电流和避免4组冷却器同时启动，从而避免出现油流涌动，导致换流变压器本体重瓦斯动作。

冷却器启动逻辑如图4－18所示，根据油温、绕组温度及负荷控制最大化输出的逻辑图，结合表4－2中冷却器投切定值分析，换流变压器冷却器的投切逻辑如下：

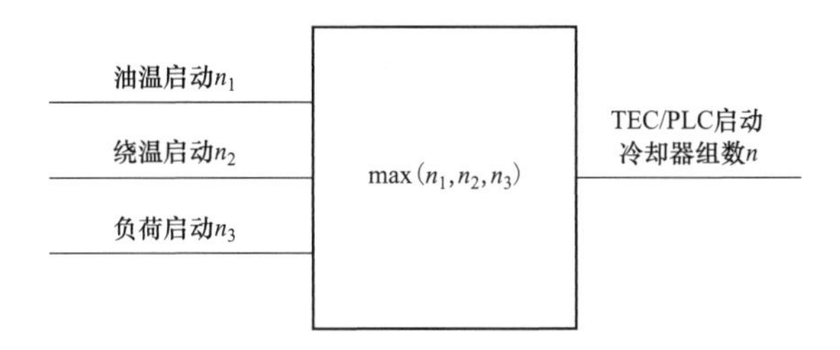


图4－18 冷却器启动逻辑图

1）投入判断。

一组启动条件：顶层油温＜35℃且绕组温度＜60℃且变压器负荷＜33%；

二组启动条件：35℃≤顶层油温＜45℃或60℃≤绕组温度＜70℃或33%≤变压器负荷＜66%；

三组启动条件：45℃≤顶层油温＜70℃或70℃≤绕组温度＜105℃或66%≤变压器负荷＜100%；

四组启动条件：顶层油温≥70℃或绕组温度≥105℃或变压器负荷≥100%。

2）切除判断。

四组变成三组条件：顶层油温＜65℃且绕组温度＜100℃且变压器负荷＜90%；

三组变成二组条件：30℃≤顶层油温＜40℃且55℃≤绕组温度＜65℃且23%≤变压器负荷＜56%；

二组变成一组条件：顶层油温＜30℃且绕组温度＜55℃且变压器负荷＜23%；

一组变成单一油泵条件：顶层油温＜8℃且绕组温度＜55℃且变压器负荷＜23%。

### 3. 冷却器故障处理策略

当冷却器运行时任意一台油泵或风机故障，则输出该组冷却器故障告警，并停止该组冷却器，然后重新选择一组投入；当 TEC 有模拟量（油温、绕组模拟量 4～20mA 输入）通道故障或硬接点开入故障时，则 4 组冷却器全部启动按最大化输出，确保冷却器安全正常运行。

（1）冷却器故障：当 4 组冷却器的任意一个油泵或风机出现故障（不含控制输出故障）后，首先切除该冷却器运行，然后由 TEC/PLC（自动）或人工（手动）选择另一组无故障、无强切的冷却器投入运行。

（2）油流继电器报警：手动方式下则由该油流继电器常开接点在继电器逻辑电路中启动第 4 组冷却器。

（3）温度信号掉线：当顶部油温或绕组温度信号消失，自动方式下 TEC/PLC 将所有无故障的冷却器全部投入运行。

故障判断方式：冷却器故障＝油泵故障或风机 X1 故障或风机 X2 故障或风机 X3 故障或风机 X4 故障或油泵/风机 X 输出无响应；

TEC/PLC 控制柜正常运行＝所有冷却器无故障＋所有冷却器空气开关＋接触器闭合＋TEC/PLC 系统无故障；具备冗余冷却能力＝所有冷却器无故障。

#### 4. 保护动作切除冷却器

换流变压器保护跳闸时切除全部冷却器。《国家电网有限公司关于印发〈十八项电网重大反事故措施（修订版）〉的通知》（国家电网设备〔2018〕979 号）中 9.7.1.5 要求“强迫油循环变压器内部故障跳闸后，潜油泵应同时退出运行。”

换流站每个极（每个阀组）包括 6 台换流变压器，每台换流变压器都配置有独立的电量保护和非电量保护。当换流变压器保护跳闸后，风冷逻辑应切除全部冷却器，防止潜油泵将变压器内部故障形成的碎屑带入绕组及铁芯内部，引起故障范围扩大。以往换流变压器保护动作后，不区分电量保护和非电量保护，只要保护动作就立即切除冷却器。同时，一些交流变电站不区分保护动作和变压器正常停运，只判断变压器进线开关位置，只要断路器分闸就立即停运冷却器，致使正常变压器停运后风机不再运行，从而停止对变压器油进行散热，反而增加了绝缘油的老化速率。

因此，换流变压器保护动作切除冷却器应该区分电量保护和非电量保护，保护动作切除冷却器原理如图 4－19 所示。

从图 4－19 可知，换流变压器保护动作切除冷却器逻辑如下：

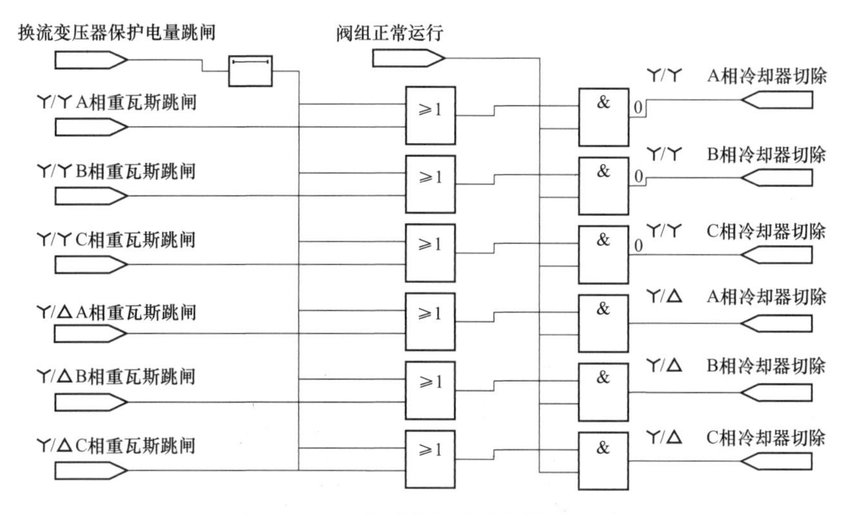


图 4－19　保护动作切除冷却器原理图

（1）换流变压器引线差动保护取 6 台换流变压器进线断路器 TA 和网侧套管 TA，一旦该电量保护动作，不能具体定位哪台换流变压器发生故障，此时阀组内 6 台换流变压器冷却器将全部瞬时切除。

（2）当非电量保护动作后，哪台换流变压器发生故障，则瞬时切除该台换流变压器冷却器，阀组内其他 5 台换流变压器冷却器将在进线断路器分闸后，最后一组冷却器满足停运条件后再运行 30min 停止，从而对变压器油进行充分冷却，减少绝缘油的劣化速度，增加绝缘油的使用寿命。后台控制系统发出保护切命令后，PLC 保持保护切命令并停止自动控制，此时需在 PLC 柜内就地复归后 PLC 自动控制才会恢复。

## 三、风冷控制系统技术标准归纳及运行维护

### 1. 风冷控制系统双重化配置

换流变压器风冷控制系统双重化配置，两套 TEC/PLC 独立运行，不分主备，两套 TEC/PLC 与双重化的控制系统交叉连接，允许两套 TEC/PLC 间进行通信，TEC/PLC 控制以利于换流变压器运行为基本原则。与直流控制保护系统之间除保护切除冷却器信号为干接点外，其余信号采用 IEC 61850 或 Profibus 协议通信。TEC/PLC 控制系统按以下原则执行：

（1）一侧 TEC/PLC 为有效侧，另一侧为无效侧，风冷按有效侧出口信号启停；

（2）若一侧 TEC/PLC 出现工作异常或掉电，则置为无效侧；

（3）如果两侧 TEC/PLC 皆无效，则启动全部风冷；

（4）如果无效侧工况需启动更多风冷时，则该侧切换为有效侧。

TEC/PLC 默认系统 A 为主站，系统 B 为从站，主从关系可以在触摸屏“参数设置”画面进行修改。主从 TEC 系统由网线互联并发送看门狗信号，当主站工作异常时，从站自动切换为主站；当主站工作正常时，所有逻辑输出信号将从主站实际输出。风冷系统双重化配置示意如图 4－20 所示。

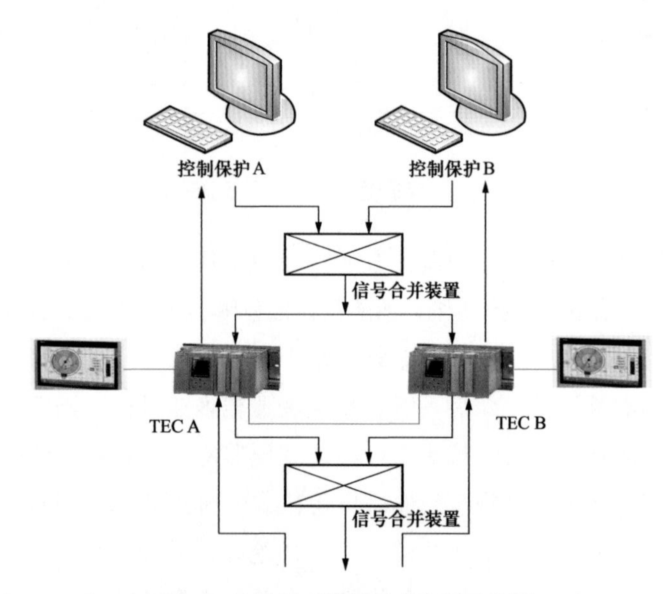


图 4－20　风冷系统双重化配置示意图

### 2. 内部模拟量采样采取防抖延时

温度变送器模拟量输入 1mA 的电流将折算成温度 10℃。冷却器投切定值的延迟裕度（滞回值）为 10℃，而电磁信号的干扰可能会导致少启动一组冷却器。因此，为了保证输出的一致性，在模拟量处理时可加入 3s 的软件防抖延时，当条件满足且延时 3s 后再做输出处理，以避免小信号对冷却器启动组数产生干扰。

风冷逻辑采取模拟量处理加入防抖延时后，现场电源切换、电磁信号干扰或者采样值短时突变引起温度跳跃等情况都不会导致冷却器少投多切。

### 3. 负荷启动冷却器采用网侧套管电流互感器

换流变压器采用网侧调压，如果换流阀换相过程中阀侧绕组发生两相短路，则阀侧绕组流过的直流电流以 12K（K 为自然数）次电流谐波含量最大，如表 4－3 所示。

**表 4－3　　额定运行时各谐波电流分量**

| N 次谐波 | 网侧电流(kA) | 阀侧电流(kA) | 占基波比例(网侧) | 占基波比例(阀侧) |
|---|---|---|---|---|
| 0 | 0.000691 | 0.000882 | — | — |
| 1 | 1.1138 | 3.428 | 100 | 100 |
| 5 | 0.1853 | 0.5776 | 16.64 | 16.85 |
| 7 | 0.1105 | 0.3459 | 9.92 | 10.09 |
| 11 | 0.0336 | 0.1041 | 3.02 | 3.04 |
| 13 | 0.0219 | 0.0695 | 1.97 | 2.03 |
| 17 | 0.0095 | 0.0315 | 0.85 | 0.92 |
| 19 | 0.0116 | 0.0372 | 1.04 | 1.08 |
| 23 | 0.0093 | 0.0294 | 0.83 | 0.86 |

从表 4－3 中可以看出，当换流变压器额定运行时，阀侧 $N$ 次谐波电流均大于网侧谐波电流，阀侧电流谐波分量占基波比例较大。因此，如果采用阀侧电流进行风冷启停控制，则阀侧电流的跳跃不平滑性及谐波电流影响都将增大换流变压器风冷系统控制的不准确性和故障概率。

风冷逻辑采取网侧电流作为换流变压器负荷启动冷却器的输入量，实现了按负荷电流大小平滑投切冷却器功能，解决了由于直流电流分量及谐波电流导致冷却器频繁启停问题。

# 第五章　换流变压器保护

## 第一节　换流变压器区保护配置

换流变压器区保护主要包括换流变压器引线、换流变压器和换流变压器阀侧交流引线等区域。换流变压器区保护配置及测点取量如图 5－1 所示。

换流变压器区保护涵盖的故障类型包括换流变压器及其引线的短路和接地故障、换流变压器匝间故障、交流过电压、交流系统故障或扰动等。如图 5－2 所示，一般有引线区外短路故障 K1，引线区内短路故障 K2，三角形连接（简称角接）Y/Δ 换流变压器网侧区内故障 K3、阀侧区内故障 K4、阀侧区外故障 K5，星形连接（简称星接）Y/Y 换流变压器网侧区内故障 K6、阀侧区内故障 K7、阀侧区外故障 K8。

### 一、换流变压器差动保护组

（1）换流变压器引线和换流变压器差动保护。保护范围是从换流器交流母线断路器电流互感器到换流变压器阀侧电流互感器。按相比较流入、流出保护范围的电流，当电流的相量和超过整定值时保护动作。保护仅对基波电流敏感，对穿越电流、涌流和过励磁是稳定的。

（2）换流变压器差动保护。保护目的是检测换流变压器从网侧套管电流互感器到阀侧套管电流互感器之间的故障。保护比较换流变压器网侧和阀侧的电流相量，其中考虑了变比和分接断路器位置。其工作原理是检测基波电流差值，如果稳态励磁电流的安匝数相等条件不满足，则保护动作；这是判断内部接地故障或绕组匝间短路的依据。在交流电压突然上升（如关合断路器）之后，将产生短暂的差动电流，这种涌流有大量的 2 次谐波分量，保护分析此电流并产生 2 次谐波制动。

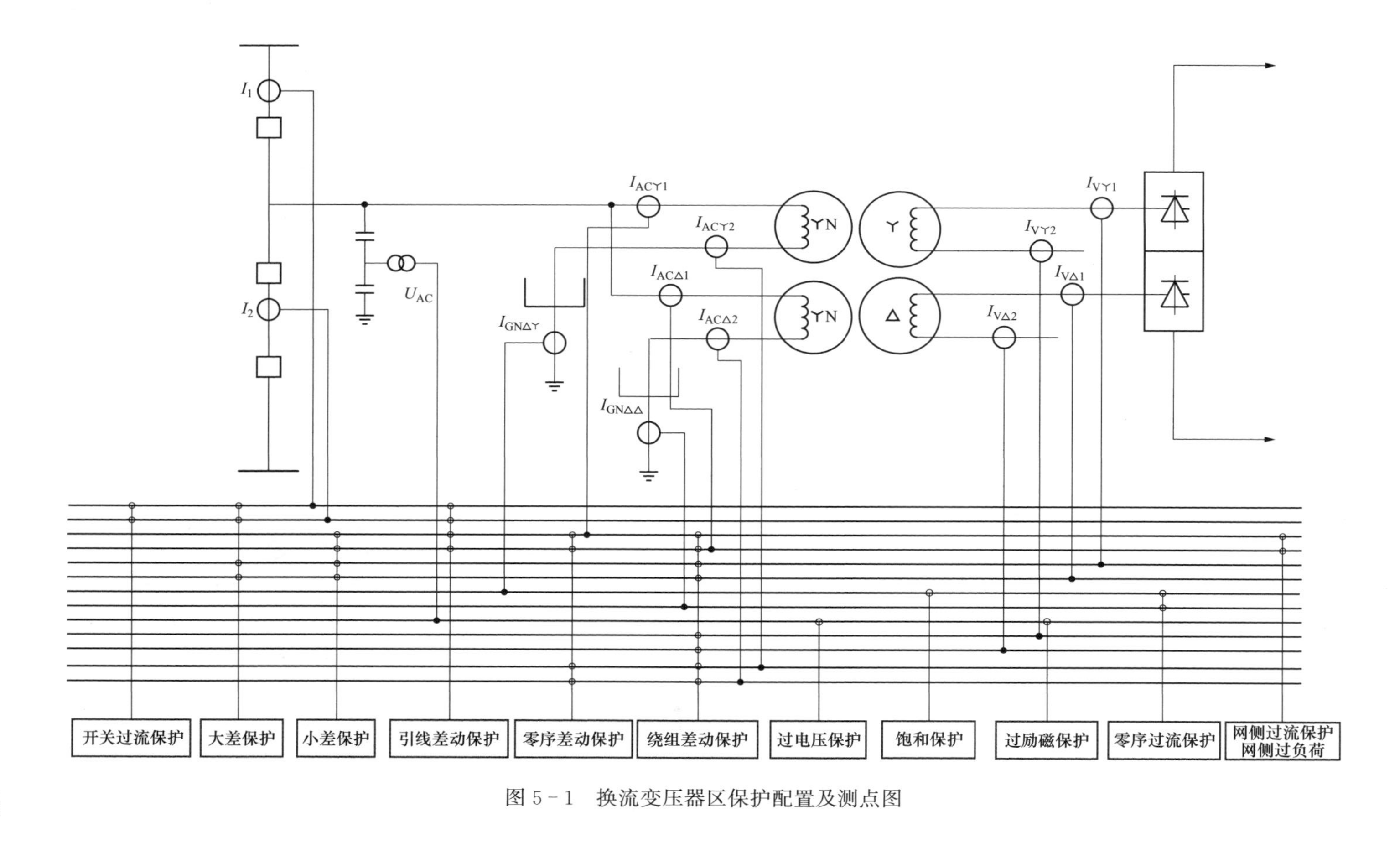


图 5－1 换流变压器区保护配置及测点图

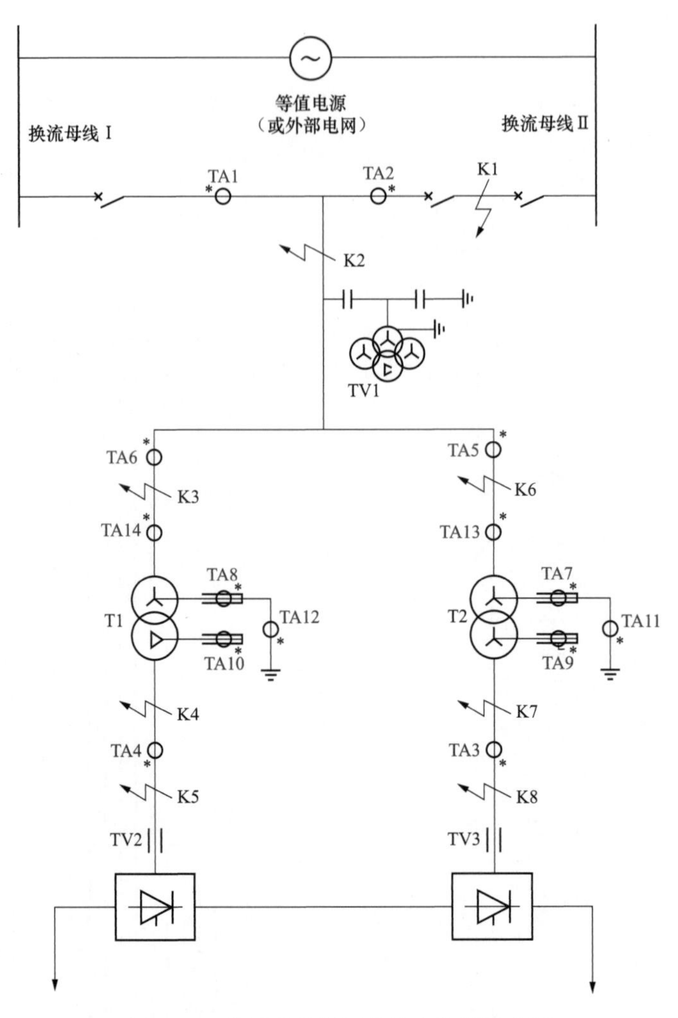


图 5-2　换流变压器区故障点位置示意图

在持续过电压期间，换流变压器可能会饱和，也会存在差动电流；保护通过检测 5 次谐波分量来检测过励磁电流，并制动保护。保护中有一个快速动作无制动的功能，仅检测大的差动电流，不检测谐波。保护在区外故障，有穿越电流时不应动作；当保护丢失分接断路器位置信息时，这种保持稳定的功能尤其重要。

(3) 换流变压器绕组差动保护。保护目的是使换流变压器绕组免受内部接地故障的损害。其工作原理是，一次绕组每相有两个电流互感器测量绕组电流，这两个电流互感器分别安装在绕组的两端，其保护取差动电流与整定值逐相比较，以定时限特性动作。星接阀侧绕组和角接阀侧绕组，每相也都有两个电流互感器测量绕组电流，这两个电流互感器分别安装在绕组的两端，其保护取差动电流与整定值逐相比较，以定时限特性动作。换流变压器绕组差动保护动作结果为闭锁换流器、跳开交流断路器。

## 二、换流变压器过应力保护组

（1）换流变压器过电流保护。保护目的是通过测量换流变压器一次侧电流，检测换流变压器内部故障，并按照可选的反时限特性动作。定值的选择能适合保护范围内的设备。此外，测量换流器交流母线电流，检测换流器交流母线和换流变压器区域内的故障，并按照可选的反时限特性动作。保护的整定与在最小短路功率水平和在最大短路功率水平时，故障清除后交流侧的预期涌流相配合。保护还要与其他过电流保护相配合，能快速地清除严重故障以及当短路功率较小时能有一定的灵敏度或故障不太严重时有一合理的较短延迟时间。保护动作结果为闭锁换流器、跳开交流断路器。

（2）换流变压器过负荷保护。保护目的是检测换流变压器过负荷，测量换流变压器一次绕组电流，并按照可选的发热时间常数动作。保护定值按照变压器制造厂提供的绕组温度与外部温度设置。保护动作为报警。

（3）换流变压器过励磁保护。保护原理是以变压器制造厂提供的过励磁曲线，选择换流变压器交流母线电压比值与频率比值和延时，确定保护整定值。保护动作为闭锁换流器、跳开交流断路器。

## 三、换流变压器不平衡保护组

（1）换流变压器零序电流保护。保护是测量换流变压器中性点电流，将三相电流瞬时值代数和输入保护，因此保护对零序电流分量敏感。保护分解电流并构成涌流（2 次谐波）制动。整定值的选择应能避免区外交流系统故障时误跳闸，整定应与外部故障期间零序电流的切除时间相配合。保护动作为闭锁换流器、跳开交流断路器。

（2）换流变压器饱和保护。保护的目的是防止直流电流从中性点进入换流变压器而引起换流变压器饱和。其工作原理是，监测变压器一次侧中性点电流和。在单极大地运行方式或双极不平衡运行方式，当直流中性母线接地断路器闭合时，将引起换流站接地网电压升高，有直流电流流过换流变压器中性点，这个电流较大时将使变压器直流饱和。这种现象的特点是中性点电流有很大的周期性的峰值，峰值与直流接地极电流呈线性变化。保护动作为报警、闭锁换流器、跳开交流断路器。

## 第二节　换流变压器差动保护

### 一、保护范围和目的

（1）换流变压器引线和换流变压器差动保护范围包括换流变压器引线和换流变压器，保护用于检测换流变压器引线上或换流变压器的故障，该保护通常称为大差保护，此外还包括工频变化量差动保护和差动速断保护。

（2）换流变压器差动保护范围包括换流变压器网侧和阀侧电流互感器之间的区域，用于检测保护范围内的接地和匝间短路故障。其中，星（角）接小差差动保护范围包括换流变压器星接网侧首端套管 TA 至阀侧首端套管 TA 及角接网侧首端套管 TA 至阀侧首端套管 TA 的区域，保护用于检测换流变压器的故障；零序差动保护范围包括换流变压器网侧首端套管 TA 至尾端套管 TA 之间的区域，保护用于检测换流变压器原边绕组的接地故障及绕组内部故障；绕组差动保护范围包括换流变压器网侧首端套管 TA 至尾端套管 TA 及阀侧首端套管 TA 至阀侧尾端套管 TA 之间的区域，保护用于检测换流变压器绕组内部的相间及接地故障，防止绕组损坏。该保护通常称为小差保护，此外还包括绕组差动保护、零序差动保护、工频变化量差动保护和差动速断保护。

（3）引线差动保护范围包括换流变压器引线断路器电流互感器到换流变压器网侧电流互感器之间的区域，保护用于检测换流变压器引线的相间及接地故障。

### 二、保护原理

换流变压器差动保护是主保护，主要包括比率制动式差动保护、增量式差动保护、差动速断保护、零序差动保护、绕组差动保护、引线差动保护。差动保护在整定时要考虑防止励磁涌流的影响，通常采用二次谐波或波形比较闭锁两种方式实现，为了防止换流变压器过励磁造成保护误动，引入五次谐波闭锁判据。

（1）换流变压器引线和换流变压器差动保护能反映换流变压器内部相间短路故障、高压侧单相接地故障及匝间层间等短路故障，测量换流变压器引线和换流变压器阀侧的电流，逐相比较差动电流，差动电流大于定值动作，其启动电流是随外部短路电流按比率增大的，既能保证外部短路不误动作，又能保证内部短路有较高的灵敏度。保护只对工频敏感，并且考虑穿越电流的制动特性。后备保护是换流变压器引线和换流变压器过流保护。

（2）换流变压器差动保护根据变比和分接头位置得出匝数，比较变压器一次、二次侧的安匝数。内部接地故障时电流产生差值，两侧安匝数不等；线圈发生匝间短路时，实际匝数与理论匝数不等。该保护测量换流变压器网侧和阀侧的电流，逐相比较差动电流，差动电流大于定值动作。后备保护是换流变压器引线和换流变压器差动保护、换流变压器引线和换流变压器过流保护、换流变压器零序电流保护。

（3）工频变化量差动保护属于增量式差动保护，测量换流变压器引线和换流变压器阀侧电流。由于比率制动式差动保护制动电流的选取包含正常的负荷电流，因而变压器发生弱故障时，比率差动保护由于制动电流大，可能延时动作或者不动作。工频变化量差动保护则不受正常运行的负荷电流的影响，与比率制动式差动保护相比具有更高的灵敏度，主要用来检测变压器轻微的匝间故障和高阻接地故障。差动速断保护用以快速切除变压器严重的内部故障，通常按照躲过换流变压器励磁涌流进行整定，当任一相差流大于差动速断定值时差动速断保护瞬时动作，跳开断路器，闭锁换流器。

（4）零序差动保护一般采用比率制动式差动保护，主要应用于换流变压器网侧发生单相接地故障时，在换流变压器差动保护灵敏度不够的情况下。保护比较换流变压器网侧首端三相合成的零序电流和网侧尾端三相合成的零序电流，差动电流大于定值，保护动作。该保护只对工频敏感，无后备保护。

（5）绕组差动保护测量换流变压器网侧首尾端套管 TA 和阀侧首尾端套管 TA 的电流，逐相比较电流，差动电流大于定值动作。保护只对工频敏感，并且考虑穿越电流的制动特性。后备保护为换流变压器引线和换流变压器差动保护、换流变压器零序电流保护、换流变压器过电流保护和换流器直流差动保护。

（6）引线差动保护测量换流变压器引线的电流，逐相比较电流，差动电流大于定值动作。保护只对工频敏感，并且考虑穿越电流的制动特性。后备保护为换流变压器引线和换流变压器差动保护，及换流变压器引线和换流变压器过流保护。

## 三、保护判据

### 1. 换流变压器引线和换流变压器差动保护

换流变压器引线和换流变压器差动保护动作方程为

$$\begin{cases} I_d > 0.2I_r + I_{cdqd} & I_r \leqslant 0.5I_e \\ I_d > K_{b1}(I_r - 0.5I_e) + 0.1I_e + I_{cdqd} & 0.5I_e \leqslant I_r \leqslant 6I_e \\ I_d > 0.75(I_r - 6I_e) + K_{b1}(5.5I_e) + 0.1I_e + I_{cdqd} & I_r > 6I_e \\ I_r = \frac{1}{2}\sum_{i=1}^{m}|I_i| \\ I_d = \sum_{i=1}^{m}|I_i| \end{cases}$$

$$\begin{cases} I_d > 0.6(I_r - 0.8I_e) + 1.2I_e \\ I_r > 0.8I_e \end{cases} \tag{5-1}$$

换流变压器引线和换流变压器差动保护采用 2 个断路器电流、星接阀侧套管首端电流和角接阀侧套管首端电流进行差动计算，其中 $I_e$ 为额定电流，参与差动的每个 TA 都有各自的额定电流，$I_1 \cdots I_m$ 为变压器各侧的调整电流(即本侧实际电流值/本侧额定电流)，$I_{cdqd}$ 为稳态比率差动启动定值，$I_d$ 为差动电流，$I_r$ 为差动制动电流，$K_{fbl}$ 为差动比率制动系数整定值（$0.2 \leqslant K_{fbl} \leqslant 0.75$)，一般固定设为 0.5。通常依次按相判别，当满足以上条件时（在灰色动作区内，如图 5-3 所示)，差动保护动作。

换流变压器引线和换流变压器差动保护测点，如图 5-4 所示。

### 2. 星（角）接小差差动保护

星（角）接小差差动保护动作方程与式（5-1）相同，星（角）接小差比率差动保护动作区示意图与图 5-3 相同。

星接小差使用星接换流变压器网侧套管首端电流和阀侧套管首端电流进行差动计算，角接小差使用角接换流变压器网侧首端电流和阀侧套管首端电流进行差动计算。通常依次按相判别，当满足以上条件时（在灰色动作区内，如图 5－3 所示），星（角）接小差比率差动动作。

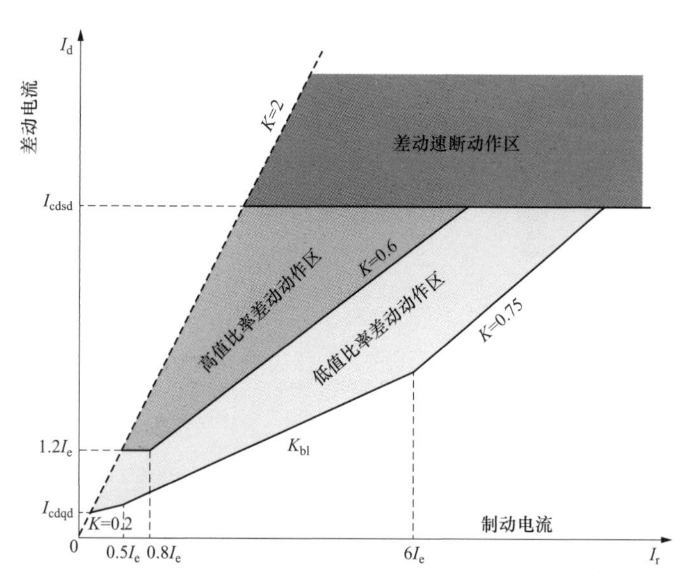


图 5－3 换流变压器引线和换流变压器比率差动动作区示意图

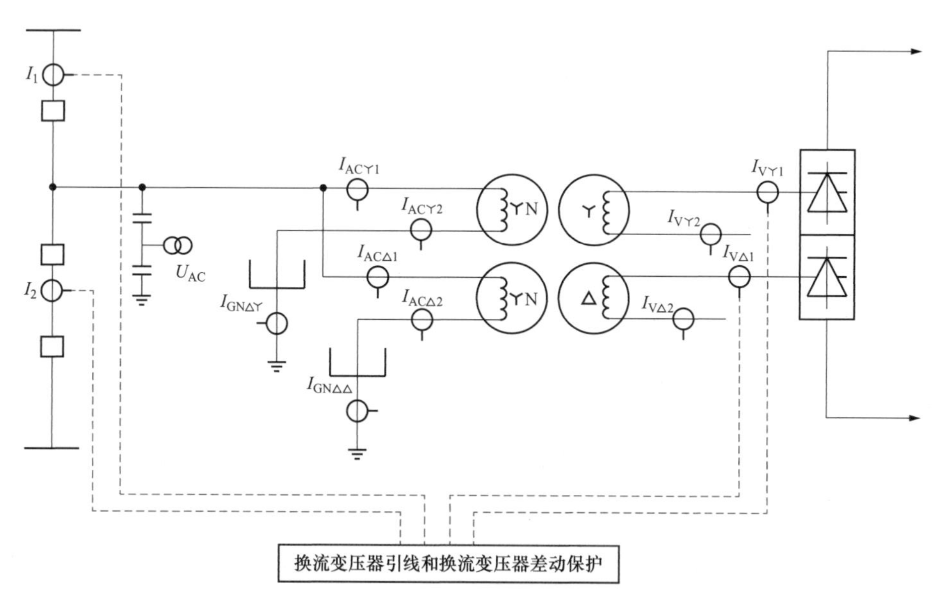


图 5－4 换流变压器引线和换流变压器差动保护测点图

星（角）接小差差动保护如图 5－5 所示。

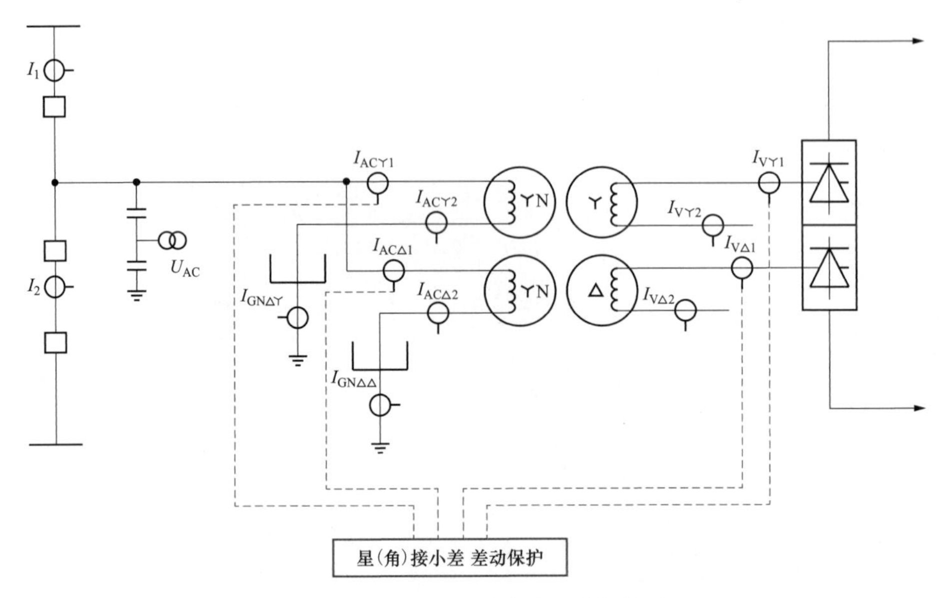


图 5－5　星（角）接小差差动保护图

### 3. 工频变化量差动保护

工频变化量差动保护动作方程为

$$\begin{cases}\Delta I_{d} > 1.25\Delta I_{dt} + I_{dth} & \\ \Delta I_{d} > 0.6\Delta I_{r} & \Delta I_{r} < 2I_{e} \\ \Delta I_{d} > 0.75\Delta I_{r} - 0.3I_{e} & \Delta I_{r} > 2I_{e}\end{cases} \tag{5-2}$$

$$\Delta I_{r} = \max\{|\Delta I_{1\phi}| + |\Delta I_{2\phi}| + \cdots + |\Delta I_{m\phi}|\}$$

$$\Delta I_{d} = |\Delta\dot{I}_{1} + \Delta\dot{I}_{2} + \cdots + \Delta\dot{I}_{m}|$$

$\Delta I_{dt}$ 为浮动门坎，随着变化量输出增大而逐步自动提高；$\Delta I_{1}\cdots\Delta I_{m}$ 分别为变压器各侧电流的工频变化量，$m$ 是参与工频变化量差动保护计算的差动分支数；$\Delta I$ 为差动电流的工频变化量；$I_{dth}$ 为固定门坎，出厂直接整定；$\Delta I_{dr}$ 为制动电流的工频变化量，取最大侧最大相制动。通常依次按相判别，当满足以上条件时（在灰色动作区内，如图 5－6 所示），工频变化量比率差动保护动作。工频变化量比率差动保护经过涌流判别元件闭锁后出口。

由于工频变化量比率差动保护的制动系数可取较高的数值，其本身的特性抗区外故障时 TA 的暂态和稳态饱和能力较强。工频变化量比率差动元件提高了装置在变压器正常运行时内部发生轻微匝间故障的灵敏度。

工频变化量差动保护测点，如图 5－7 所示。

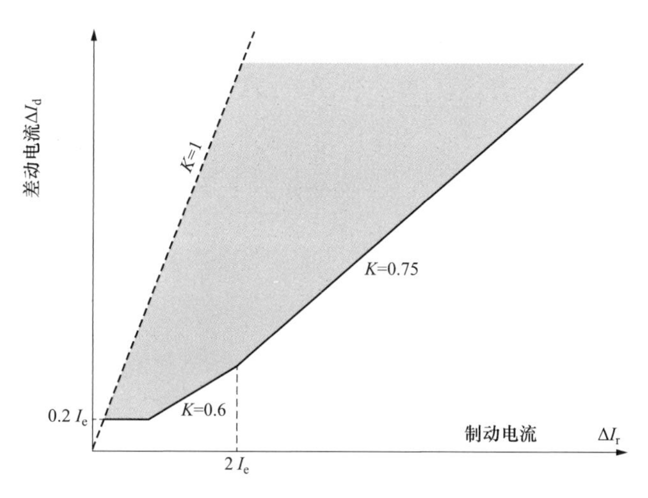


图 5-6 工频变化量比率差动保护动作区示意图

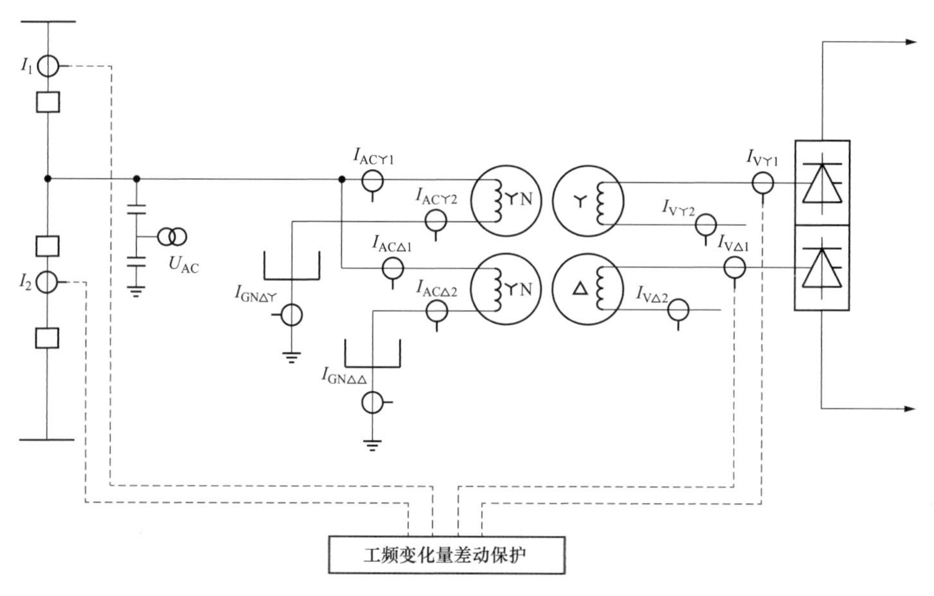


图 5-7 工频变化量差动保护测点图

## 4. 零序差动保护

零序差动保护动作方程为

$$\begin{cases} I_{0d} > I_{0cdqd} & I_{0r} \leqslant 0.5 I_n \\ I_{0d} > K_{fb1}(I_{0r} - 0.5 I_n) + I_{0cdqd} \\ I_{0r} = \max\{|I_{01}|, |I_{02}|\} \\ I_{0d} = |\dot{I}_{01} + \dot{I}_{02}| \end{cases} \tag{5-3}$$

其中，$I_{01}$、$I_{02}$ 分别为网侧首端 TA 三相合成的零序电流和网侧尾端 TA 三相合成的零序电流；$I_{0cdqd}$ 为零序比率差动启动定值；$I_{0d}$ 为零序差动电流；$I_{0r}$ 为零序差动制动电流；$K_{fbl}$ 为零序差动比率制动系数整定值；$I_n$ 为 TA 二次额定电流。$K_{fbl}$ 固定整定为 0.5。当满足以上条件时（在灰色动作区内，如图 5－8 所示），零序比率差动保护动作。

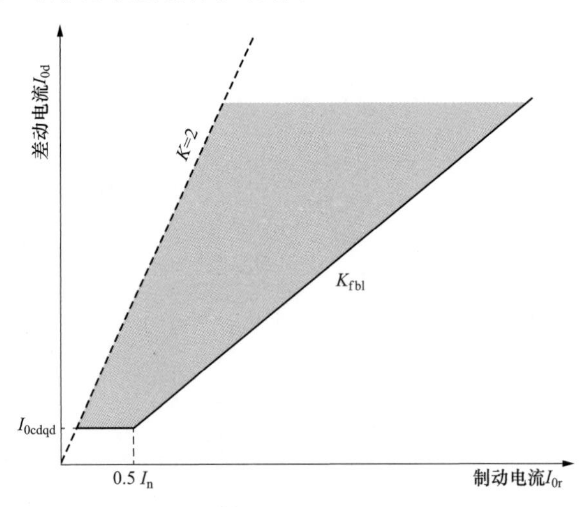


图 5－8　零序比率差动保护动作区示意图

零序差动保护测点，如图 5－9 所示。

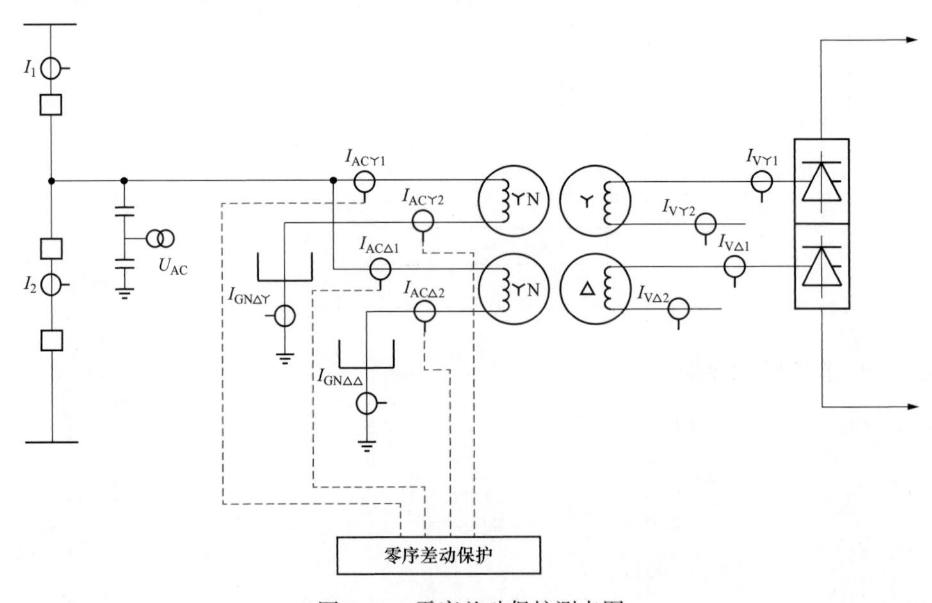


图 5－9　零序差动保护测点图

5. 绕组差动保护

绕组差动保护动作方程为

$$\begin{cases} I_{d} > I_{fcdaq} & I_{r} \leqslant 0.5I_{e} \\ I_{d} > K_{fb1}[I_{r} - 0.5I_{e}] + I_{fcdaq} \\ I_{r} = \max\{|I_{1}|, |I_{2}|\} \\ I_{d} = |\dot{I}_{1} + \dot{I}_{2}| \end{cases} \tag{5-4}$$

绕组差动保护主要应用绕组两端，采用 4 个换流变压器网侧套管 TA 和 4 个换流变压器阀侧套管 TA 电流进行差动计算，其中 $I_1$、$I_2$ 分别为星接或角接的网侧首端套管 TA 电流和尾端套管 TA 电流，$I_{fcdqd}$ 为绕组差动启动定值，$I_d$ 为绕组差动电流，$I_r$ 为绕组差动制动电流，$K_{fbl}$ 为绕组差动比率制动系数整定值，$I_e$ 为 TA 二次额定电流。$K_{fbl}$ 固定整定为 0.5。依次按相判别，当满足以上条件时（在灰色动作区内，如图 5－10 所示），差动保护动作。

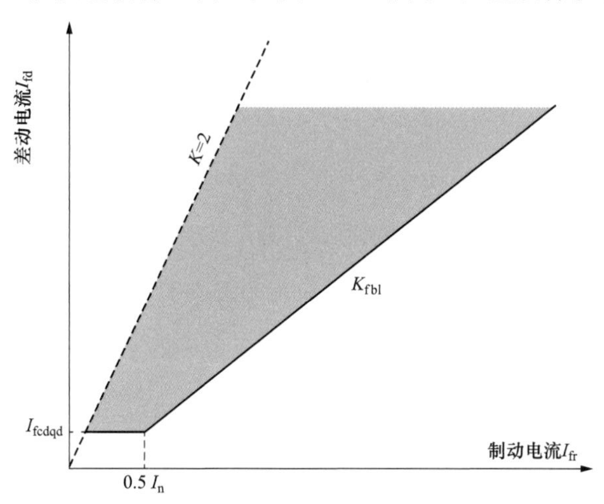


图 5－10　绕组比率差动动作区示意图

绕组差动保护测点，如图 5－11 所示。

6. 引线差动保护

引线差动保护动作方程为

$$\begin{cases} I_{d} > I_{fcdqd} & I_{r} \leqslant 0.5I_{n} \\ I_{d} > K_{fb1}[I_{r} - 0.5I_{n}] + I_{fcdqd} \\ I_{r} = \max\{|I_{1}|, |I_{2}|\} \\ I_{d} = |\dot{I}_{1} + \dot{I}_{2}| \end{cases}$$

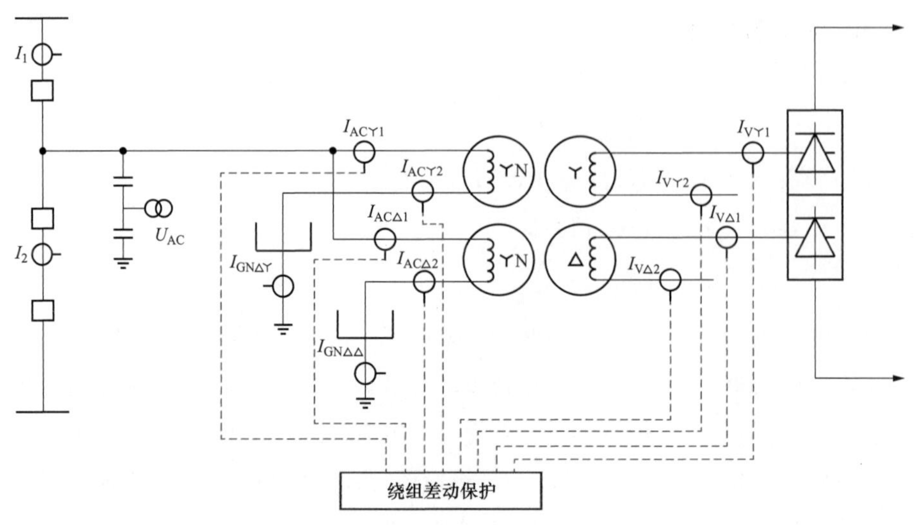


图 5－11　绕组差动保护测点图

引线差动保护采用 2 个进线断路器 TA 和 2 个换流变压器网侧套管 TA 进行差动计算（共 4 个 TA），其中 $I_1$、$I_2$、$I_3$、$I_4$ 代表换流变压器进线断路器 TA 电流和网侧套管 TA 的电流，$I_{fcdqd}$ 为差动启动定值，$I_d$ 为差动电流，$I_r$ 为差动制动电流，$K_{fbl}$ 为差动比率制动系数整定值，$I_n$ 为 TA 二次额定电流。$K_{fbl}$ 固定整定为 0.5。依次按相判别，当满足以上条件时（在灰色动作区内，如图 5－10 所示），差动保护动作。

引线差动保护测点，如图 5－12 所示。

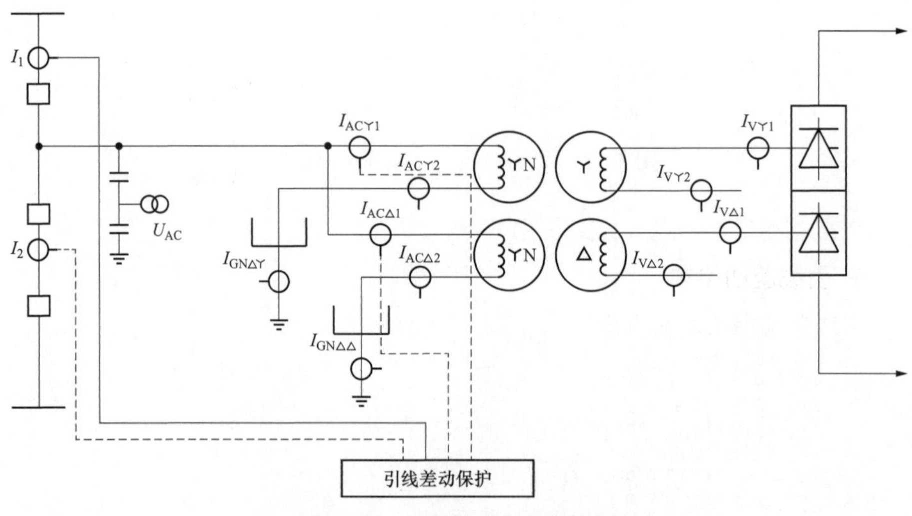


图 5－12　引线差动保护测点图

## 四、保护配置

换流变压器差动保护配置，如表 5－1 所示。

**表 5－1　　换流变压器差动保护配置**

| 序号 | 保护配置 | 取量 | 保护分段及定值 | 动作后果 |
| --- | --- | --- | --- | --- |
| 1 | 换流变压器引线和换流变压器差动保护 | $I_{VY1}$<br>$I_{VD1}$<br>$I_1$<br>$I_2$ | (1) 差动速断定值 $6I_e$；<br>(2) 差动保护启动电流定值 $0.5I_e$；<br>(3) 比率差动定值见图 5－3 | (1) 换流器退出（换流器层 Y 闭锁）；<br>(2) 跳交流断路器；<br>(3) 启动失灵；<br>(4) 锁定交流断路器；<br>(5) 触发录波 |
| 2 | 星（角）接小差差动保护 | $I_{VY1}$<br>$I_{ACY1}$<br>$I_{VD1}$<br>$I_{ACD1}$ | (1) 差动速断定值 $6I_e$；<br>(2) 差动保护启动电流定值 $0.5I_e$；<br>(3) 小差比率差动定值见图 5－3 | (1) 换流器退出（换流器层 Y 闭锁）；<br>(2) 跳交流断路器；<br>(3) 启动失灵；<br>(4) 锁定交流断路器；<br>(5) 触发录波 |
| 3 | 零序差动保护 | $I_{ACY1}$<br>$I_{ACY2}$<br>$I_{ACD1}$<br>$I_{ACD2}$ | 零序比率差动定值见图 5－8 | (1) 换流器退出（换流器层 Y 闭锁）；<br>(2) 跳交流断路器；<br>(3) 启动失灵；<br>(4) 锁定交流断路器；<br>(5) 触发录波 |
| 4 | 绕组差动保护 | $I_{VY1}$<br>$I_{VY2}$<br>$I_{VD1}$<br>$I_{VD2}$<br>$I_{ACY1}$<br>$I_{ACY2}$<br>$I_{ACD1}$<br>$I_{ACD2}$ | (1) 差动保护启动电流定值 $0.3I_e$；<br>(2) 绕组比率差动定值见图 5－10 | (1) 换流器退出（换流器层 Y 闭锁）；<br>(2) 跳交流断路器；<br>(3) 启动失灵；<br>(4) 锁定交流断路器；<br>(5) 触发录波 |
| 5 | 引线差动保护 | $I_{ACY1}$<br>$I_{ACD1}$<br>$I_1$<br>$I_2$ | (1) 差动速断定值 $6I_e$；<br>(2) 差动保护启动电流定值 $I_n$；<br>(3) 引线比率差动定值见图 5－10 | (1) 换流器退出（换流器层 Y 闭锁）；<br>(2) 跳交流断路器；<br>(3) 启动失灵；<br>(4) 锁定交流断路器；<br>(5) 触发录波 |

## 五、保护逻辑

### 1. 换流变压器引线和换流变压器差动保护

换流变压器引线和换流变压器差动保护逻辑，如图 5－13 所示。

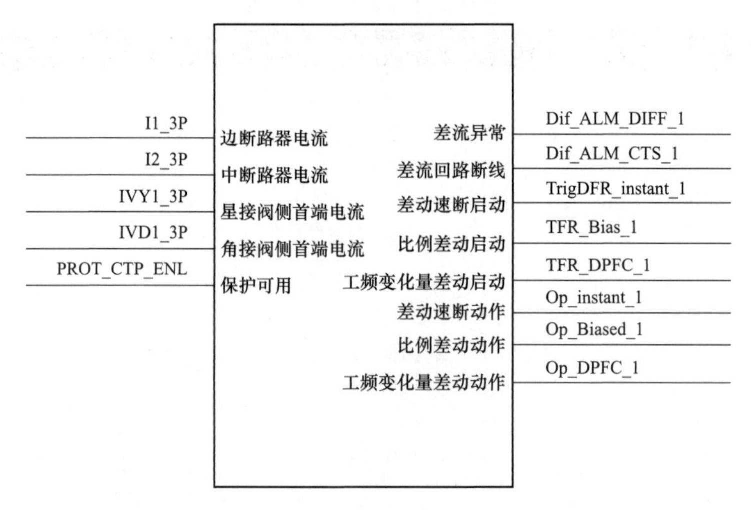


图 5－13　换流变压器引线和换流变压器差动保护图

图 5－13 中需要说明的信号如下：

I1_3P——换流变压器进线边断路器电流值；

I2_3P——换流变压器进线中断路器电流值；

IVY1_3P——换流变压器星接阀侧首端电流值；

IVD1_3P——换流变压器角接阀侧首端电流值；

PROT_CTP_ENL——换流变压器引线和换流变压器差动保护可用；

Dif_ALM_DIFF_1——换流变压器引线和换流变压器差动保护差流异常；

Dif_ALM_CTS_1——换流变压器引线和换流变压器差动保护差流回路断线；

TrigDFR_instant_1——换流变压器引线和换流变压器差动保护差动速断启动；

TFR_Bias_1——换流变压器引线和换流变压器差动保护比例差动启动；

TFR_DPFC_1——换流变压器引线和换流变压器差动保护工频变化量差动启动；

Op_instant_1——换流变压器引线和换流变压器差动保护差动速断动作；

Op_Biased_1——换流变压器引线和换流变压器差动保护比例差动动作；

Op_DPFC_1——换流变压器引线和换流变压器差动保护工频变化量差动动作。

2. 换流变压器差动保护

换流变压器差动保护逻辑，如图 5－14 所示。

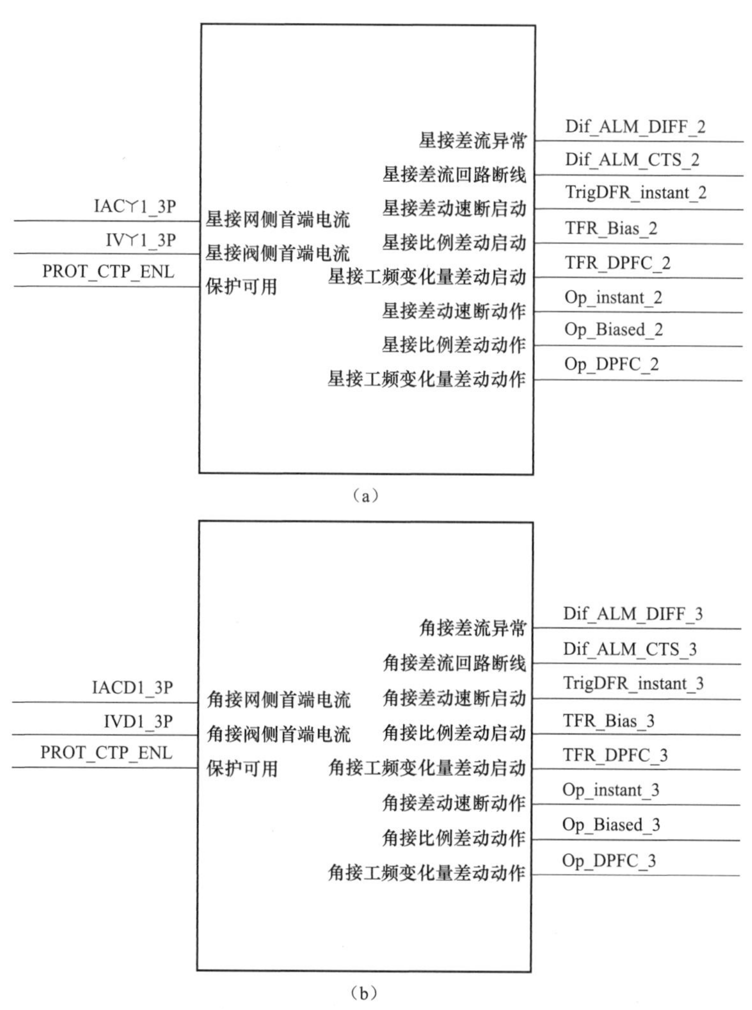


图 5－14 换流变压器差动保护图

(a) 星接小差差动保护；(b) 角接小差差动保护

图 5－14 中需要说明的信号如下：

IACY1_3P——换流变压器星接网侧首端电流值；

IACD1_3P——换流变压器角接网侧首端电流值；

IVY1_3P——换流变压器星接阀侧首端电流值；

IVD1_3P——换流变压器角接阀侧首端电流值；

PROT_CTP_ENL——换流变压器差动保护可用；

Dif_ALM_DIFF_2——换流变压器差动保护星接差流异常；

Dif_ALM_CTS_2——换流变压器差动保护星接差流回路断线；

TrigDFR_instant_2——换流变压器差动保护星接差动速断启动；

TFR_Bias_2——换流变压器差动保护星接比例差动启动；

TFR_DPFC_2——换流变压器差动保护星接工频变化量差动启动；

Op_instant_2——换流变压器差动保护星接差动速断动作；

Op_Biased_2——换流变压器差动保护星接比例差动动作；

Op_DPFC_2——换流变压器差动保护星接工频变化量差动动作；

Dif_ALM_DIFF_3——换流变压器差动保护角接差流异常；

Dif_ALM_CTS_3——换流变压器差动保护角接差流回路断线；

TrigDFR_instant_3——换流变压器差动保护角接差动速断启动；

TFR_Bias_3——换流变压器差动保护角接比例差动启动；

TFR_DPFC_3——换流变压器差动保护角接工频变化量差动启动；

Op_instant_3——换流变压器差动保护角接差动速断动作；

Op_Biased_3——换流变压器差动保护角接比例差动动作；

Op_DPFC_3——换流变压器差动保护角接工频变化量差动动作。

### 3. 换流变压器绕组差动保护

换流变压器绕组差动保护逻辑，如图 5 - 15 所示。

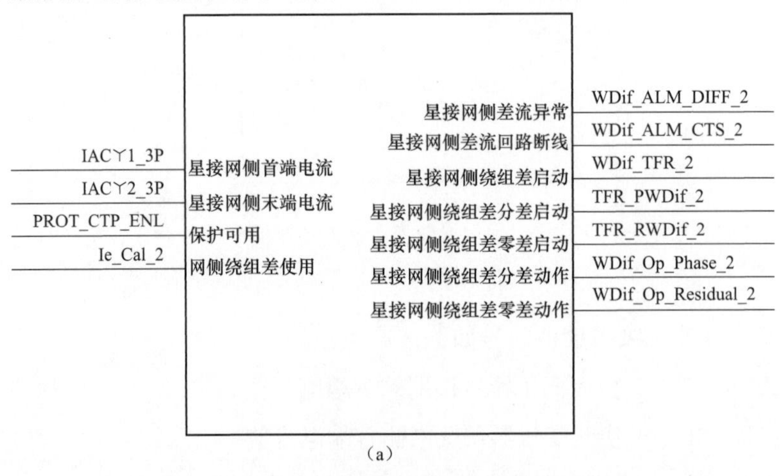


图 5 - 15　换流变压器绕组差动保护逻辑图（一）

(a) 星接网侧绕组差动保护

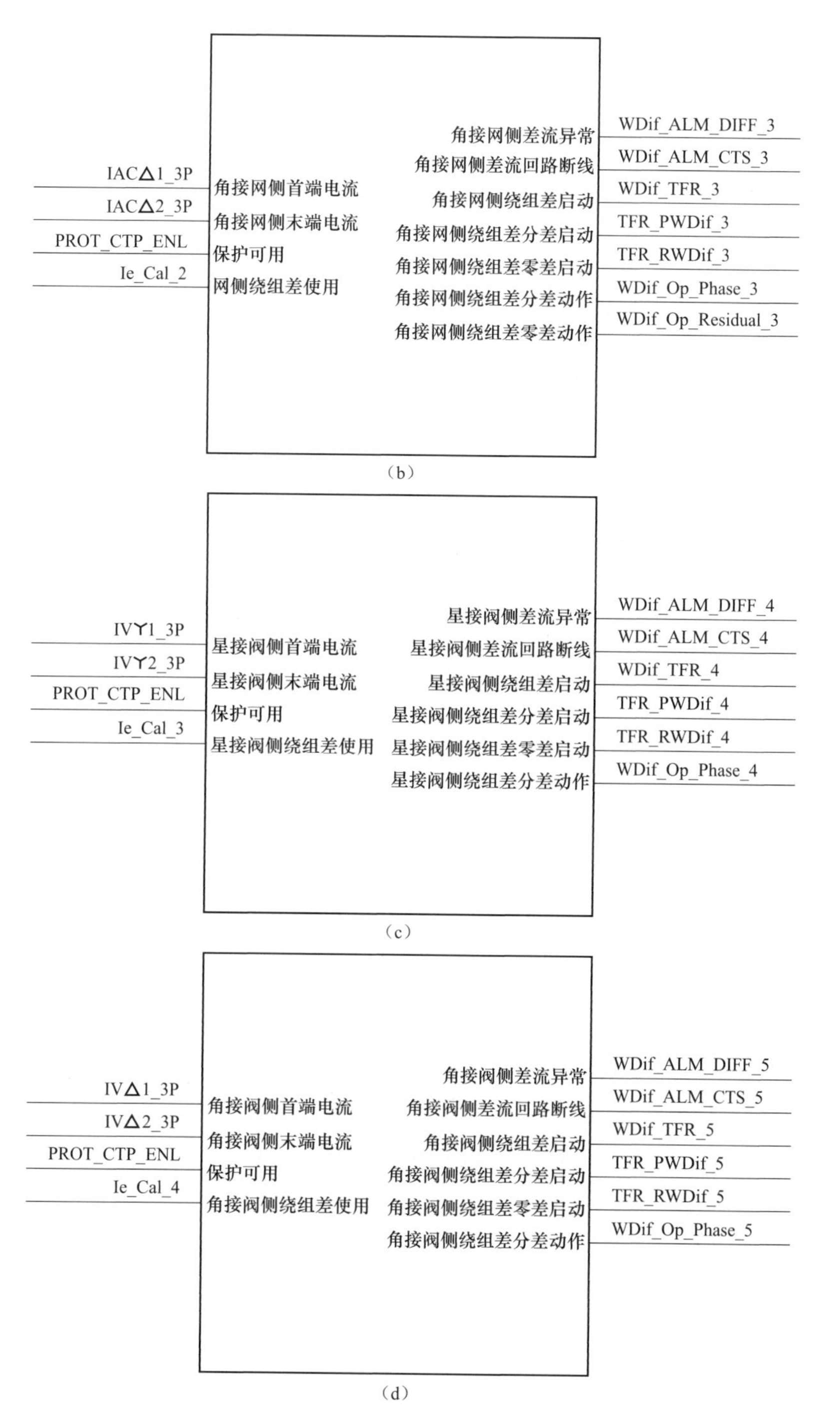


图 5-15 换流变压器绕组差动保护逻辑图

(b) 角接网侧绕组差动保护；(c) 星接阀侧绕组差动保护；(d) 角接阀侧绕组差动保护

图 5－15 中需要说明的信号如下：

IACY1_3P——换流变压器星接网侧首端电流值；

IACY2_3P——换流变压器星接网侧末端电流值；

IACD1_3P——换流变压器角接网侧首端电流值；

IACD2_3P——换流变压器角接网侧末端电流值；

IVY1_3P——换流变压器星接阀侧首端电流值；

IVY2_3P——换流变压器星接阀侧末端电流值；

IVD1_3P——换流变压器角接阀侧首端电流值；

IVD2_3P——换流变压器角接阀侧末端电流值；

PROT_CTP_ENL——换流变压器绕组差动保护可用；

Ie_Cal_2——换流变压器网侧绕组差使用；

Ie_Cal_3——换流变压器星接阀侧绕组差使用；

Ie_Cal_4——换流变压器角接阀侧绕组差使用；

WDif_ALM_DIFF_2——换流变压器星接网侧绕组差流异常；

WDif_ALM_CTS_2——换流变压器星接网侧绕组差流回路断线；

WDif_TFR_2——换流变压器星接网侧绕组差启动；

TFR_PWDif_2——换流变压器星接网侧绕组差分差启动；

TFR_RWDif_2——换流变压器星接网侧绕组差零差启动；

WDif_Op_Phase_2——换流变压器星接网侧绕组差分差动作；

WDif_Op_Residual_2——换流变压器星接网侧绕组差零差动作；

WDif_ALM_DIFF_3——换流变压器角接网侧绕组差流异常；

WDif_ALM_CTS_3——换流变压器角接网侧绕组差流回路断线；

WDif_TFR_3——换流变压器角接网侧绕组差启动；

TFR_PWDif_3——换流变压器角接网侧绕组差分差启动；

TFR_RWDif_3——换流变压器角接网侧绕组差零差启动；

WDif_Op_Phase_3——换流变压器角接网侧绕组差分差动作；

WDif_Op_Residual_3——换流变压器角接网侧绕组差零差动作；

WDif_ALM_DIFF_4——换流变压器星接阀侧绕组差流异常；

WDif_ALM_CTS_4——换流变压器星接阀侧绕组差流回路断线；

WDif_TFR_4——换流变压器星接阀侧绕组差启动；

TFR_PWDif_4——换流变压器星接阀侧绕组差分差启动；

TFR_RWDif_4——换流变压器星接阀侧绕组差零差启动；

WDif_Op_Phase_4——换流变压器星接阀侧绕组差分差动作；

WDif_ALM_DIFF_5——换流变压器角接阀侧绕组差流异常；

WDif_ALM_CTS_5——换流变压器角接阀侧绕组差流回路断线；

WDif_TFR_5——换流变压器角接阀侧绕组差启动；

TFR_PWDif_5——换流变压器角接阀侧绕组差分差启动；

TFR_RWDif_5——换流变压器角接阀侧绕组差零差启动；

WDif_Op_Phase_5——换流变压器角接阀侧绕组差分差动作。

4. 换流变压器引线差动保护

换流变压器引线差动保护逻辑，如图 5－16 所示。

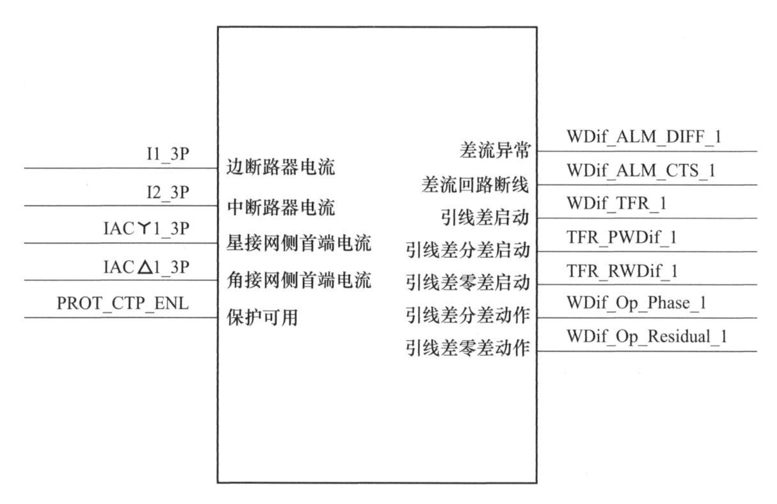


图 5－16 换流变压器引线差动保护逻辑图

图 5－16 中需要说明的信号如下：

I1_3P——换流变压器边断路器电流值；

I2_3P——换流变压器中断路器电流值；

IACY1_3P——换流变压器星接网侧首端电流值；

IACD1_3P——换流变压器角接网侧首端电流值；

PROT_CTP_ENL——换流变压器引线差动保护可用；

WDif_ALM_DIFF_1——换流变压器引线差动保护差流异常；

WDif_ALM_CTS_1——换流变压器引线差动保护差流回路断线；

WDif_TFR_1——换流变压器引线差动保护引线差启动；

TFR_PWDif_1——换流变压器引线差动保护引线差分差启动；

TFR_RWDif_1——换流变压器引线差动保护引线差零差启动；

WDif_Op_Phase_1——换流变压器引线差动保护引线差分差动作；

WDif_Op_Residual_1——换流变压器引线差动保护引线差零差动作。

## 六、典型故障特征分析

### 1. 引线区内 K2 点短路故障

以换流变压器引线区 K2 点发生单相金属性接地短路为例进行故障特征分析，验证在大地回线、功率正送、最小功率的条件下，A 相 100ms 金属性接地故障时换流变压器保护及控制系统的反应及配合情况。K2 点故障交流系统、直流系统故障录波如图 5－17 和图 5－18 所示。

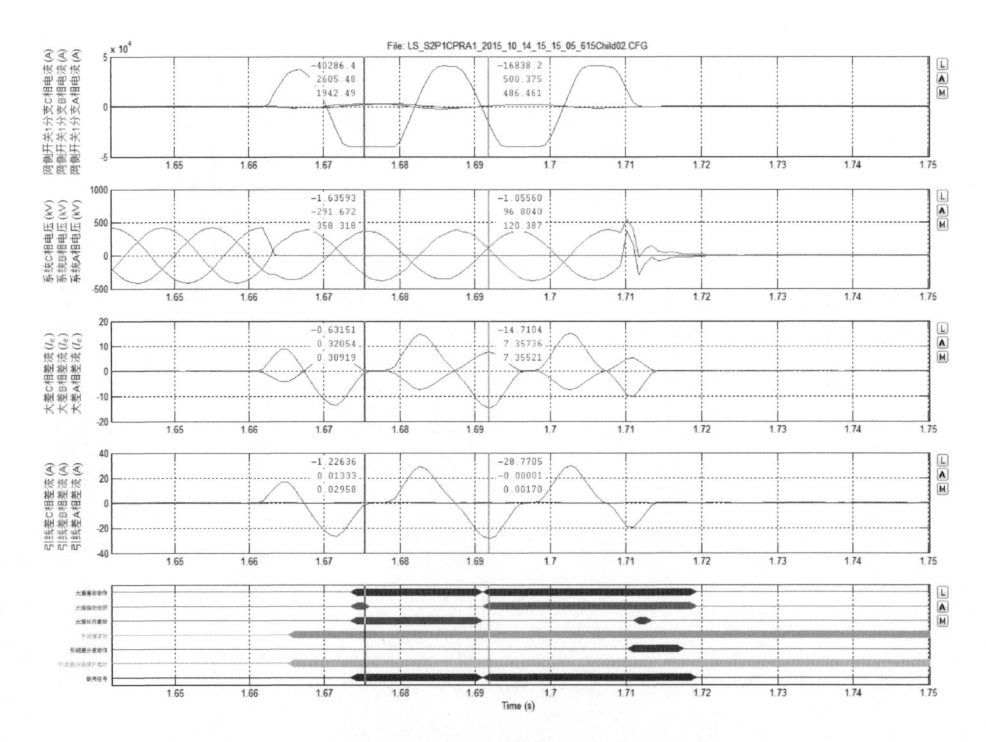


图 5－17　K2 点故障交流系统故障录波图

从图 5－17 和图 5－18 可以看出，A 相发生金属性短路接地故障后，系统 A 相电压被迅速拉至零，A 相电流增大至 40286A，并出现削顶现象，大差保护 A 相差流达到 $14I_e$，引线差 A 相差流达到 28A，大差差动保护、引线差分

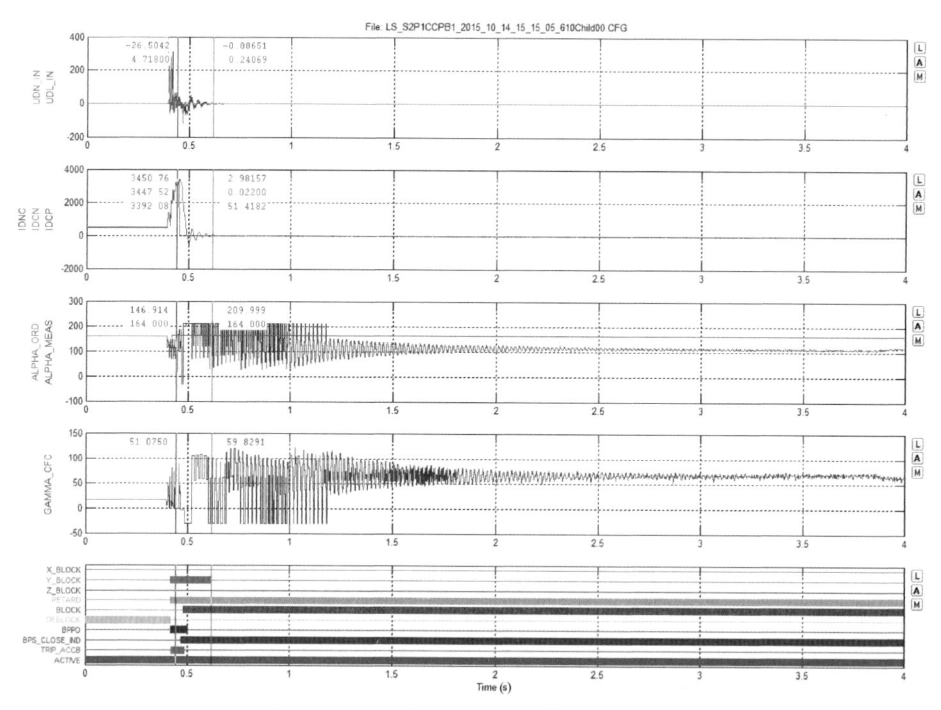


图 5-18 K2 点故障直流系统故障录波图

相差动保护分别启动，大差差动速断保护动作、大差差动保护动作、大差比率差动保护动作，引线差分相差动保护动作、引线差零序差动保护动作，直流电压 $U_{DL}$ 迅速拉至零，中性母线电流 $I_{DNC}$ 先迅速增大至 3450A 又降到零，投入旁通对，触发角被迅速拉至 164°，跳交流进线断路器并锁定，执行换流器 Y 闭锁、极隔离。

2. 换流变压器网侧区内 K3 点短路故障

以换流变压器区内 K3 点发生 AB 两相短路金属性接地故障为例进行故障特征分析，验证在大地回线、功率正送、最小功率的条件下，角接换流变压器网侧 K3 点发生 AB 两相短路金属性接地故障时换流变压器保护及控制系统的反应及配合情况。K3 点故障交流系统、直流系统故障录波如图 5-19 和图 5-20 所示。

从故障录波图 5-19 和图 5-20 可以看出，AB 两相发生金属性短路接地故障后，系统 A、B 相电压被迅速拉至零，A 相电流增大至 40114A，并出现削顶现象，大差保护 A 相差流达到 $13I_e$，角接小差 A 相差流达到 $25I_e$，Y/Δ 网侧绕组差 A 相差流达到 $24I_n$，大差保护、角接小差、Y/Δ 网侧绕组差动保

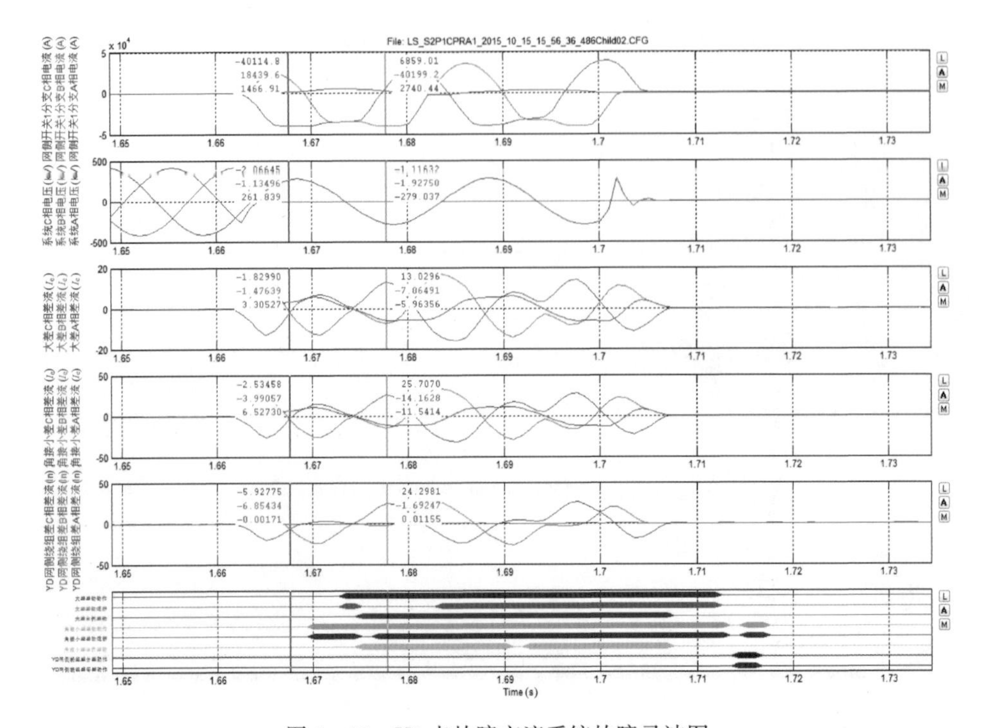


图 5－19　K3 点故障交流系统故障录波图

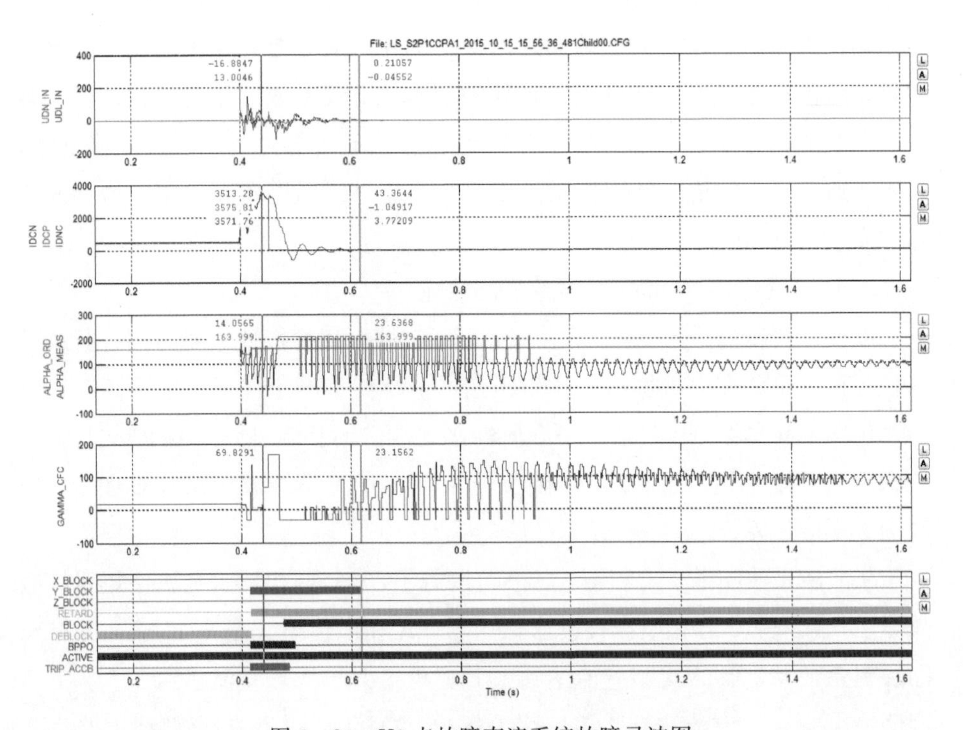


图 5－20　K3 点故障直流系统故障录波图

护分别启动，角接小差差动速断动作、角接小差比率差动保护动作，大差差动速断动作、大差差动动作、大差比率差动保护动作，Y/Δ 网侧绕组分相差动动作、Y/Δ 网侧绕组零序差动动作，直流电压 $U_{DL}$ 迅速拉至零，中性母线电流 $I_{DNC}$ 先迅速增大至 3514A 又降到零，投入旁通对，触发角被迅速拉至 164°，跳交流进线断路器并锁定，执行换流器 Y 闭锁、极隔离。

# 第三节 换流变压器过电流保护

## 一、保护范围和目的

换流变压器过电流保护作为换流变压器以及相邻元件的后备保护而配备，保护范围包括换流变压器引线和换流变压器，用于检测换流变压器引线及换流变压器的短路故障。

## 二、保护原理

换流变压器过电流保护只需与直流系统的最大过负荷能力配合，灵敏度容易满足要求，通常不采用复压闭锁与方向闭锁，保护测量换流变压器一次侧的电流，一般采用定时限特性。换流变压器过电流保护测点，如图 5－21 所示。

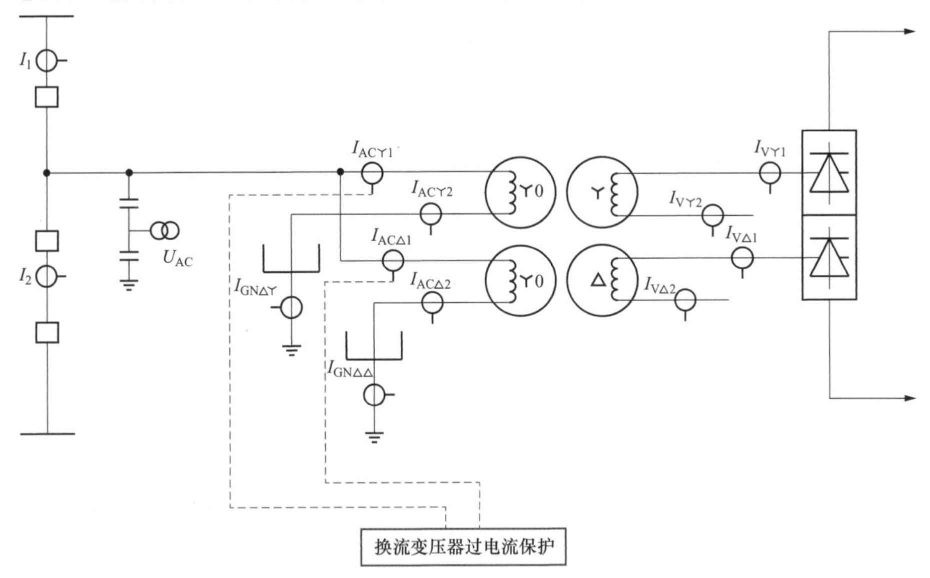


图 5－21 换流变压器过电流保护测点图

## 三、保护判据

换流变压器网侧套管首端电流 $I_{ACY1}>\Delta$ 或 $I_{ACD1}>\Delta$（$\Delta$ 为动作值）。

## 四、保护配置

换流变压器过电流保护配置，如表 5-2 所示。

表 5-2　　换流变压器过电流保护配置

| 保护分段 | 保护定值（A） | 延时（s） | 动作后果及时序 | 备注 |
|---|---|---|---|---|
| 网侧过负荷报警 | 1353 | 5 | （1）请求系统切换；<br>（2）触发录波 | |
| 网侧过电流Ⅰ段 | 1353 | 10 | （1）Y闭锁；<br>（2）跳闸启动失灵；<br>（3）锁定换流变压器进线断路器；<br>（4）长期动作报警；<br>（5）触发录波 | |
| 网侧过电流Ⅱ段 | 1353 | 10 | （1）Y闭锁；<br>（2）跳闸启动失灵；<br>（3）锁定换流变压器进线断路器；<br>（4）长期动作报警；<br>（5）触发录波 | |

## 五、保护逻辑

换流变压器过电流保护逻辑，如图 5-22 所示。

图 5-22 中需要说明的信号如下：

I1_3P——换流变压器进线边断路器电流值；

I2_3P——换流变压器进线中断路器电流值；

IACY1_3P——换流变压器进线星接网侧首端电流值；

IACD1_3P——换流变压器进线角接网侧首端电流值；

PROT_CTP_ENL——换流变压器过电流保护可用；

Sum_I3P_TFR_1——换流变压器断路器过流Ⅰ段启动；

Sum_I3P_TR_1——换流变压器断路器过流Ⅰ段动作；

Sum_I3P_TFR_2——换流变压器断路器过流Ⅱ段启动；

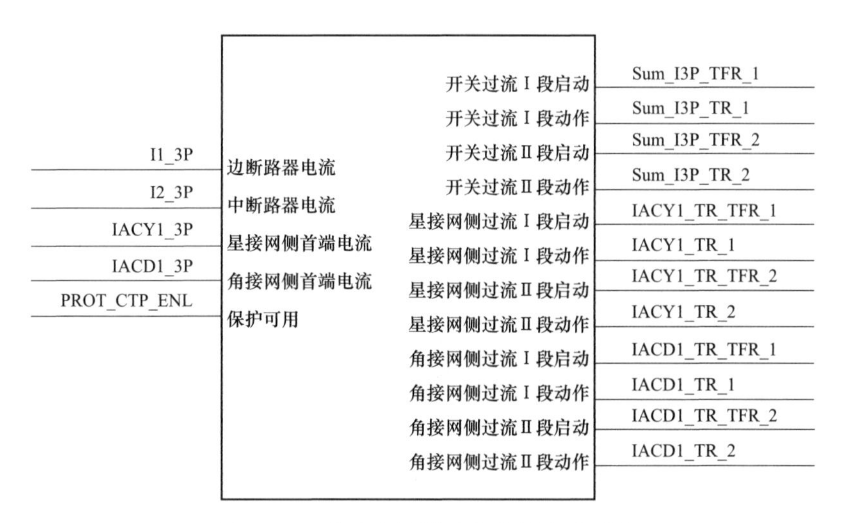


图 5-22　换流变压器过电流保护逻辑图

Sum_I3P_TR_2——换流变压器断路器过流Ⅱ段动作；
IACY1_TR_TFR_1——换流变压器星接网侧过流Ⅰ段启动；
IACY1_TR_1——换流变压器星接网侧过流Ⅰ段动作；
IACY1_TR_TFR_2——换流变压器星接网侧过流Ⅱ段启动；
IACY1_TR_2——换流变压器星接网侧过流Ⅱ段动作；
IACD1_TR_TFR_1——换流变压器角接网侧过流Ⅰ段启动；
IACD1_TR_1——换流变压器角接网侧过流Ⅰ段动作；
IACD1_TR_TFR_2——换流变压器角接网侧过流Ⅱ段启动；
IACD1_TR_2——换流变压器角接网侧过流Ⅱ段动作。

# 第四节　换流变压器引线过压保护

## 一、保护范围和目的

换流变压器引线过电压保护用于检测换流变压器连接线及换流变压器电压，防止严重的过电压对换流变压器和换流阀桥臂故障。

## 二、保护原理

换流变压器引线过电压保护测量换流变压器引线 3 个线电压，其中任一线电压大于整定值，保护即动作，延时时间需要与直流控制保护系统调节交流电压的时间相配合。换流变压器引线过压保护测点，如图 5－23 所示。

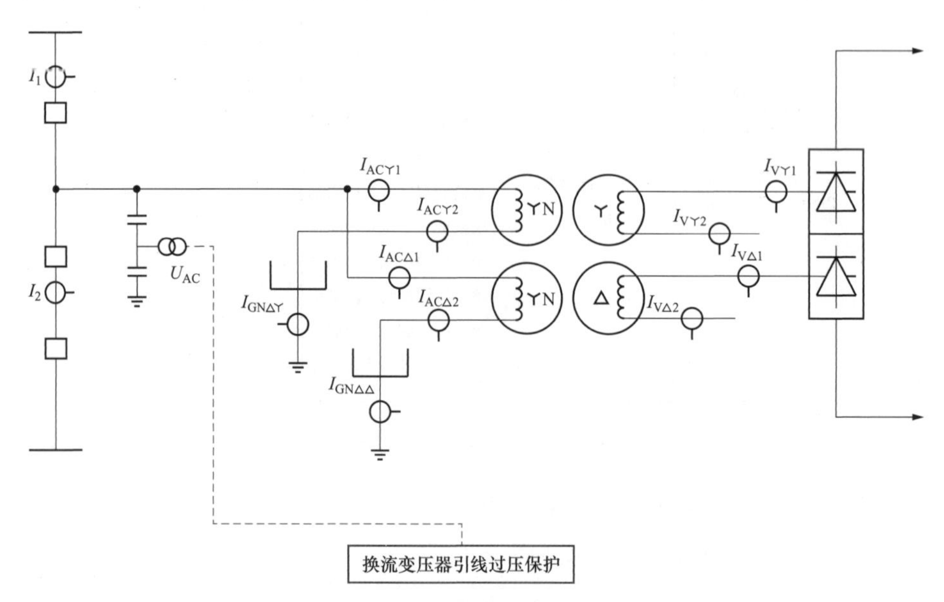


图 5－23　换流变压器引线过压保护测点图

## 三、保护判据

换流变压器网侧交流进线电压 $U_{AC}>\Delta$。

## 四、保护配置

换流变压器引线过压保护配置，如表 5－3 所示。

**表 5－3　　换流变压器引线过压保护配置**

| 保护分段 | 保护定值 (p.u.) | 延时 (s) | 动作后果及时序 | 备注 |
|---|---|---|---|---|
| 过压报警 | 1.046 | 20 | (1) 请求系统切换；<br>(2) 触发录波 | |
| 过压Ⅰ段 | 1.5 | 0.02 | (1) Y闭锁；<br>(2) 跳闸启动失灵；<br>(3) 锁定换流变压器断路器；<br>(4) 长期动作报警；<br>(5) 触发录波 | |

续表

| 保护分段 | 保护定值(p.u.) | 延时(s) | 动作后果及时序 | 备注 |
|---|---|---|---|---|
| 过压Ⅱ段 | 1.3 | 0.5 | (1) Y闭锁；<br>(2) 跳闸启动失灵；<br>(3) 锁定换流变压器断路器；<br>(4) 长期动作报警；<br>(5) 触发录波 | |

## 五、保护逻辑

换流变压器引线过电压保护逻辑，如图 5-24 所示。

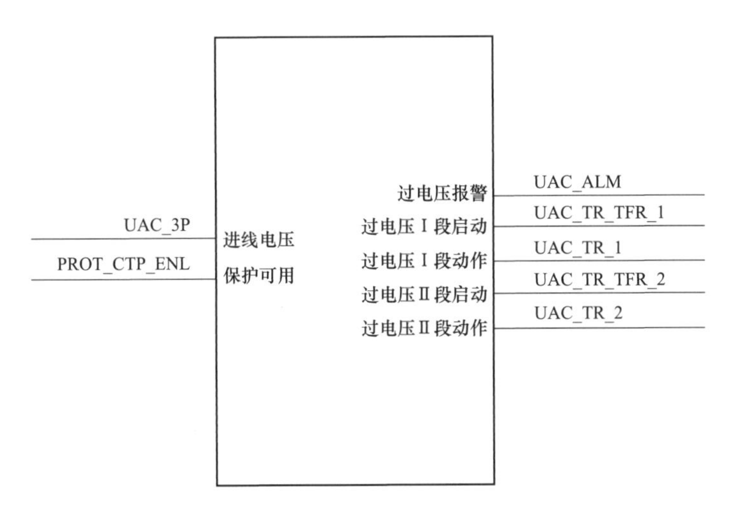


图 5-24　换流变压器引线过电压保护逻辑图

图 5-24 中需要说明的信号如下：

UAC_3P——换流变压器进线电压值；

PROT_CTP_ENL——换流变压器引线过电压保护可用；

UAC_ALM——换流变压器引线过电压报警；

UAC_TR_TFR_1——换流变压器引线过电压Ⅰ段启动；

UAC_TR_1——换流变压器引线过电压Ⅰ段动作；

UAC_TR_TFR_2——换流变压器引线过电压Ⅱ段启动；

UAC_TR_2——换流变压器引线过电压Ⅱ段动作。

# 第五节　换流变压器过负荷保护

## 一、保护范围和目的

换流变压器过负荷保护用于避免由于过负荷而产生过高的温度对换流变压器和其他设备造成的损坏，作为换流变压器的异常运行保护。

## 二、保护原理

换流变压器过负荷保护通过检测流过换流变压器的电流来判断其过载情况，然后延时告警。换流变压器过负荷保护测点，如图 5－25 所示。

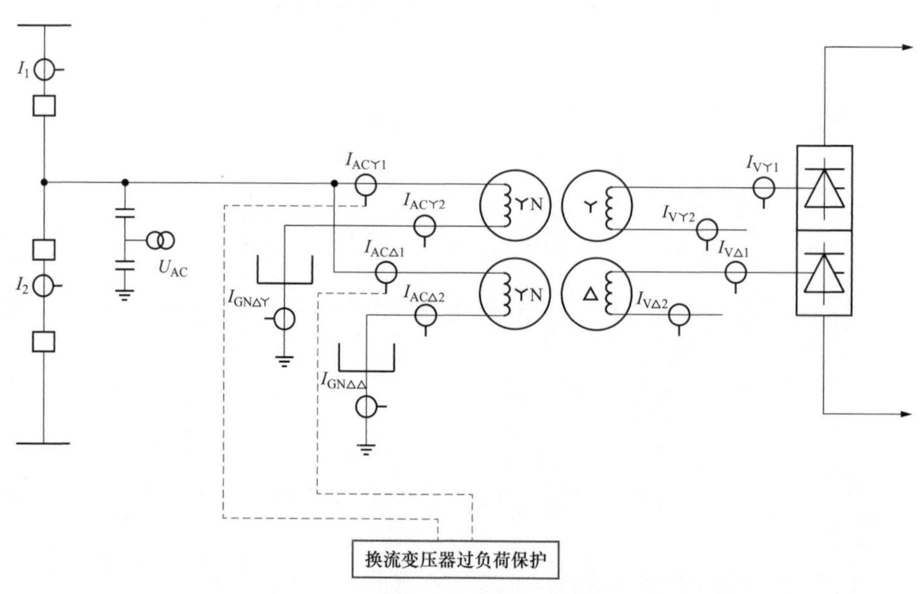


图 5－25　换流变压器过负荷保护测点图

## 三、保护判据

换流变压器网侧首端套管电流 $I_{ACY1}>\Delta$ 或 $I_{ACD1}>\Delta$。

## 四、保护配置

换流变压器过负荷保护配置，如表 5－4 所示。

表 5 - 4　　换流变压器过负荷保护配置

| 保护分段 | 保护定值（A） | 延时（s） | 动作后果及时序 | 备注 |
|---|---|---|---|---|
| 过负荷保护 | 1353 | 5 | 报警 | |

## 五、保护逻辑

换流变压器过负荷保护逻辑，如图 5 - 26 所示。

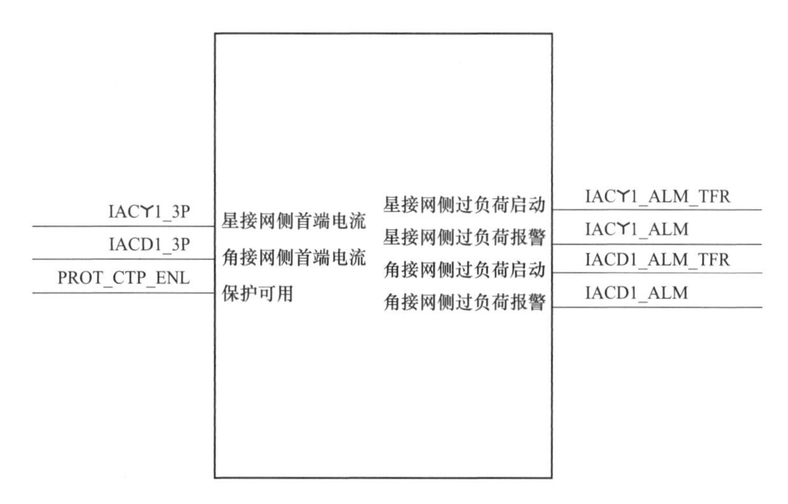


图 5 - 26　换流变压器过负荷保护逻辑图

图 5 - 26 中需要说明的信号如下：

IACY1_3P——换流变压器星接网侧首端电流值；

IACD1_3P——换流变压器角接网侧首端电流值；

PROT_CTP_ENL——换流变压器过负荷保护可用；

IACY1_ALM_TFR——换流变压器星接网侧过负荷启动；

IACY1_ALM——换流变压器星接网侧过负荷报警；

IACD1_ALM_TFR——换流变压器角接网侧过负荷启动；

IACD1_ALM——换流变压器角接网侧过负荷报警。

（1）计算换流变压器的热最大值。在过负荷条件还没有发生的情况下，根据外界的环境温度和负荷电流值，来计算换流变压器的热最大值，与换流变压器提供的热额定值相比较，保护输出告警或跳闸。

（2）计算三相电流有效值。在过负荷的条件下，保护计算三相电流的有效值，与换流变压器的过负荷特性曲线相配合，保护输出跳闸。

（3）计算换流变压器的热点温度。保护通过测量绕组电流来计算绕组的温度，再与换流变压器的底部油温相加，求出换流变压器热点温度，然后与换流变压器给定的定值相比较，保护输出告警信号。

## 第六节　换流变压器零序电流保护

### 一、保护范围和目的

换流变压器零序电流保护为换流变压器及其相邻元件接地故障及相间故障的后备保护，用以检测网侧单相接地或相间短路故障，用于换流变压器网侧绕组。

### 二、保护原理

换流变压器零序电流保护测量换流变压器中性线上的电流，保护对零序分量敏感且考虑励磁涌流的制动，一般采用定时限特性。换流变压器零序电流保护测点，如图 5－27 所示。

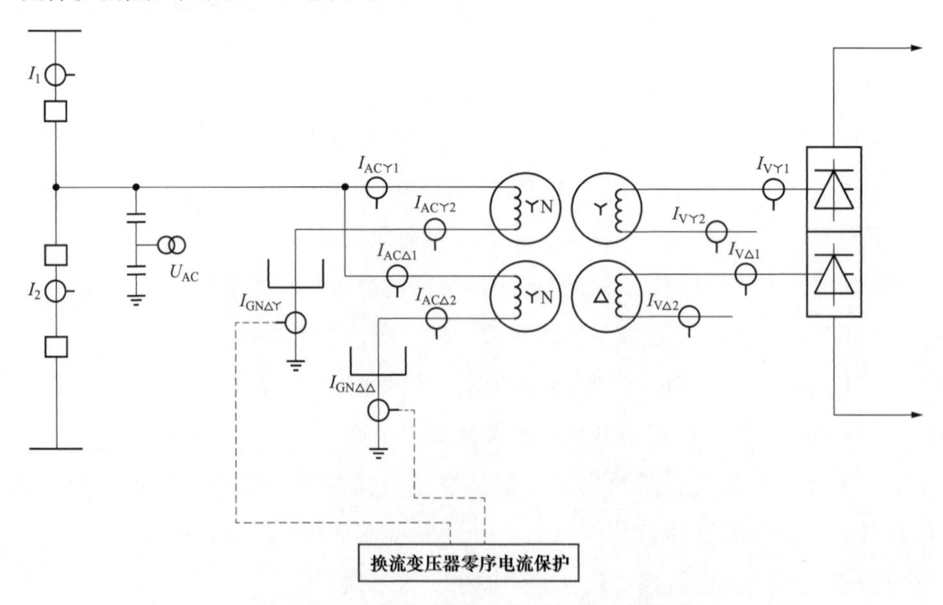


图 5－27　换流变压器零序电流保护测点图

## 三、保护判据

换流变压器网侧中性线零序电流互感器电流 $I_{GNDY}>\Delta$ 或 $I_{GNDD}>\Delta$。

## 四、保护配置

换流变压器零序电流保护配置，如表 5－5 所示。

表 5－5　换流变压器零序电流保护配置

| 保护分段 | 保护定值(A) | 延时(s) | 动作后果及时序 | 备注 |
|---|---|---|---|---|
| 零序过流保护Ⅰ段 | 300 | 6 | 报警 | |
| 零序过流Ⅱ段 | 300 | 6.5 | (1) Y闭锁；<br>(2) 跳闸启动失灵；<br>(3) 锁定换流变压器断路器；<br>(4) 长期动作报警；<br>(5) 触发录波 | |

## 五、保护逻辑

换流变压器零序电流保护逻辑，如图 5－28 所示。

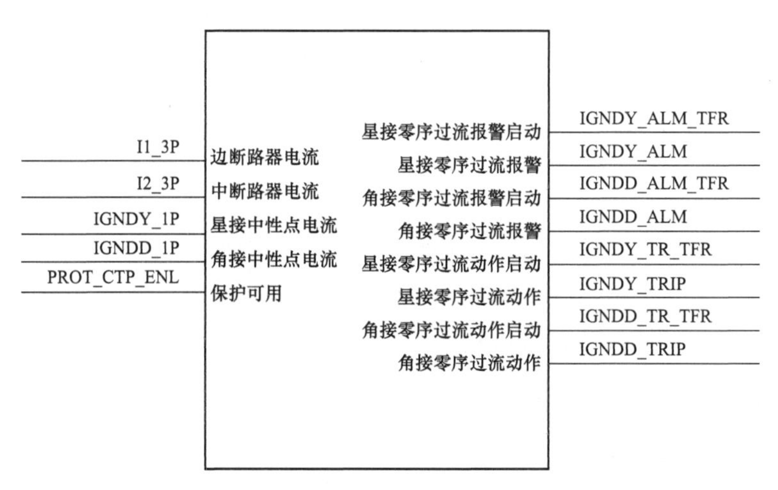


图 5－28　换流变压器零序电流保护逻辑图

图 5－28 中需要说明的信号如下：

I1_3P——换流变压器进线边断路器电流值；

I2_3P——换流变压器进线中断路器电流值；

IGNDY_1P——换流变压器星接中性点电流值；
IGNDD_1P——换流变压器角接中性点电流值；
PROT_CTP_ENL——换流变压器零序电流保护可用；
IGNDY_ALM_TFR——换流变压器星接零序过流报警启动；
IGNDY_ALM——换流变压器星接零序过流报警；
IGNDD_ALM_TFR——换流变压器角接零序过流报警启动；
IGNDD_ALM——换流变压器角接零序过流报警；
IGNDY_TR_TFR——换流变压器星接零序过流动作启动；
IGNDY_TRIP——换流变压器星接零序过流动作；
IGNDD_TR_TFR——换流变压器角接零序过流动作启动；
IGNDD_TRIP——换流变压器角接零序过流动作。

# 第七节 换流变压器过励磁保护

## 一、保护范围和目的

换流变压器过励磁保护通过对电压和频率的不间断监测，以防止当频率下降或电压升高时，引起换流变压器铁芯的工作磁通密度过高而导致发热，进而加速换流变压器的绝缘老化。

## 二、保护原理

换流变压器过励磁保护：电压和频率的比值增加，会导致励磁电流增加，从而使铁芯发热，根据电压和频率的比值来反映换流变压器的过励磁，通常采用定时限保护用以过励磁启动的告警信号，反时限保护作用于跳闸。换流变压器过励磁保护测点，如图 5－29 所示。

## 三、保护判据

（1）定时限过励磁保护定值 $n$ 为

$$n=U*/f*n>n_{set}$$

式中 $U*$——电压标幺值；

$f*$——频率标幺值。

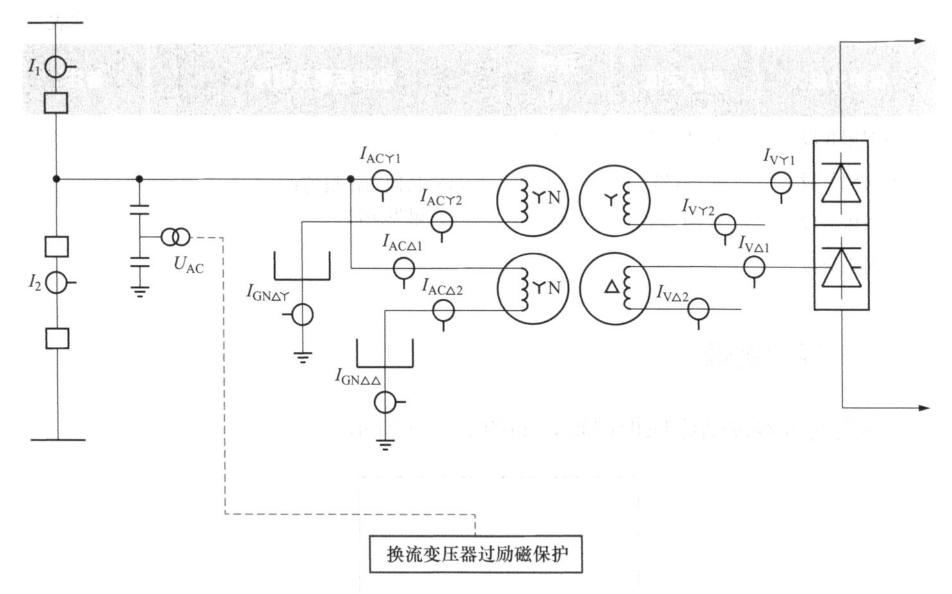


图 5－29　换流变压器过励磁保护测点图

（2）反时限过励磁保护定值 $n$ 为

$$n=\sqrt{\frac{\int_0^T n^2(t)\,\mathrm{d}t}{T}}\quad n>n_{\mathrm{set}}$$

式中　$T$——过励磁开始到计算时刻的时间；

$n(t)$——过励磁测量倍数，是随时间变化的函数，过励磁测量倍数中既含有当前时刻的过励磁信息，同时也含有过励磁开始后各时间段的累积过励磁信息。

## 四、保护配置

换流变压器过励磁保护配置，如表 5－6 所示。

**表 5－6　　换流变压器过励磁保护配置**

| 保护分段 | 保护定值 | 延时<br>(s) | 动作后果及时序 | 备注 |
|---|---|---|---|---|
| 定时限 | $n>1.125$ | 100 | 告警 | |
| 反时限Ⅰ段 | $n>1.125$ | 600 | （1）Y 闭锁；<br>（2）跳闸启动失灵；<br>（3）锁定换流变压器断路器； | |
| 反时限Ⅱ段 | $n>1.152$ | 180 | | |
| 反时限Ⅲ段 | $n>1.176$ | 96 | | |

续表

| 保护分段 | 保护定值 | 延时(s) | 动作后果及时序 | 备注 |
| --- | --- | --- | --- | --- |
| 反时限Ⅳ段 | $n>1.197$ | 60 | (4) 长期动作报警；<br>(5) 触发录波 | |
| 反时限Ⅴ段 | $n>1.22$ | 40 | | |
| 反时限Ⅵ段 | $n>1.33$ | 12 | | |
| 反时限Ⅶ段 | $n>1.4$ | 6 | | |

## 五、保护逻辑

换流变压器过励磁保护逻辑，如图 5－30 所示。

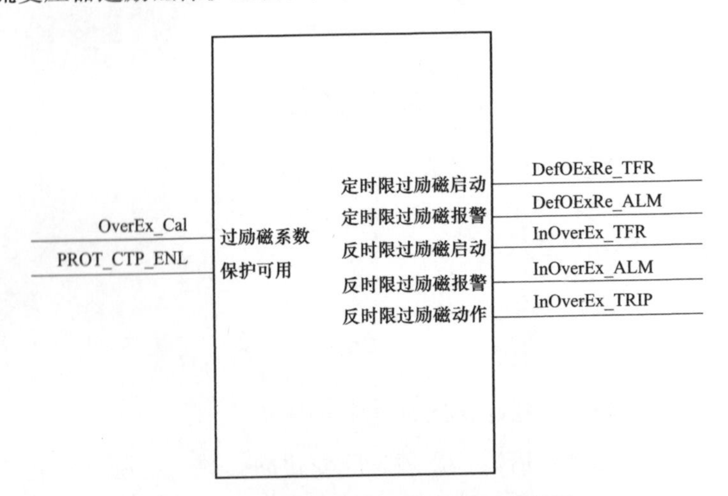


图 5－30　换流变压器过励磁保护逻辑图

图 5－30 中需要说明的信号如下：

OverEx_Cal——过励磁系数；

PROT_CTP_ENL——换流变压器过励磁保护可用；

DefOExRe_TFR——换流变压器定时限过励磁启动；

DefOExRe_ALM——换流变压器定时限过励磁报警；

InOverEx_TFR——换流变压器反时限过励磁启动；

InOverEx_ALM——换流变压器反时限过励磁报警；

InOverEx_TRIP——换流变压器反时限过励磁动作。

(1) 保护装置采集三相交流电压与频率，计算过励磁系数，进行保护逻辑判断并发出定时限过励磁告警或反时限过励磁动作指令。

（2）定时限过励磁只有告警功能，反时限过励磁共 7 段，定值越大，延时越短。反时限过励磁动作后，经三取二逻辑判断出口，进行换流器 Y 闭锁，跳换流变压器进线断路器并启动失灵，锁定断路器。

# 第八节　换流变压器饱和保护

## 一、保护范围和目的

换流变压器饱和保护用于监视网侧中性线电流来判断换流变压器是否发生饱和故障，防止直流电流从中性点进入变压器造成直流饱和造成对变压器的损坏。

## 二、保护原理

换流变压器饱和保护检测变压器网侧中性线电流，当运行不平衡时，就会有直流电流通过变压器中性线流入。由变压器生产厂家提供换流变压器流过的直流电流、零序电流和运行时间的对应表，根据这些数据分段线性化成为一条反时限动作曲线，如图 5－31 所示，通过检测接地支路的零序电流峰值来进行饱和保护判断，并根据实时的外接零序电流进行反时限累计判断。饱和保护一般采用两段式保护，一段饱和告警，二段饱和跳闸。换流变压器饱和保护测点，如图 5－32 所示。

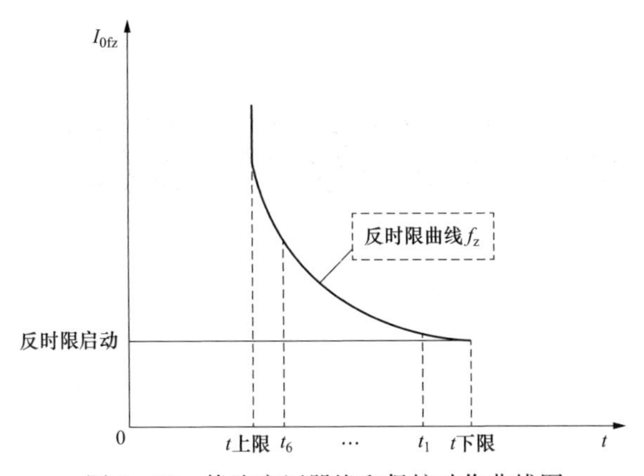


图 5－31　换流变压器饱和保护动作曲线图

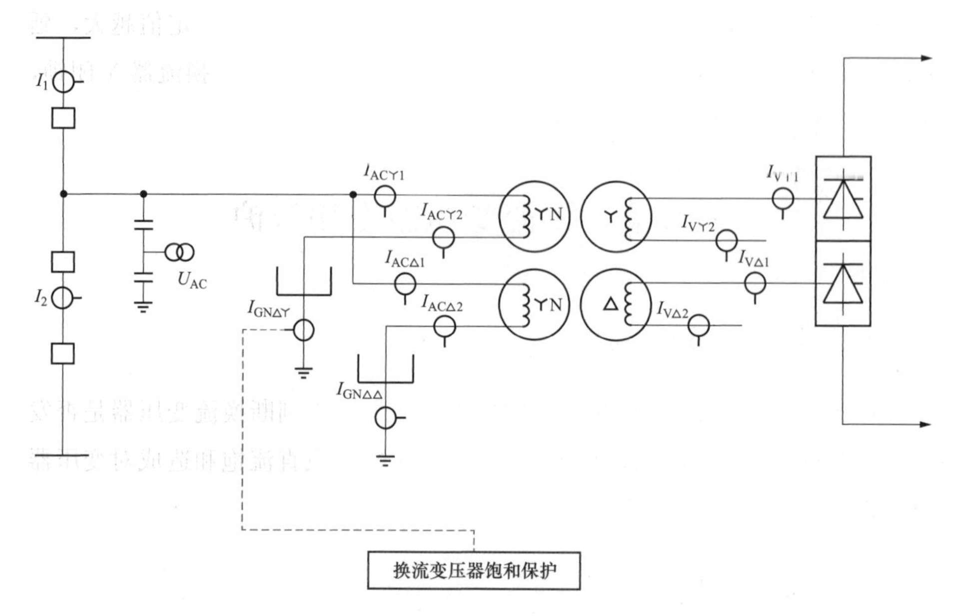


图 5-32　换流变压器饱和保护测点图

## 三、保护判据

换流变压器网侧星接中性点电流互感器电流大于所设定值且满足反时限动作曲线，饱和保护发出报警或动作信号，$I_{GNDY}>\Delta$。

## 四、保护配置

换流变压器饱和保护配置，如表 5-7 所示。

**表 5-7　　换流变压器饱和保护配置**

| 保护分段 | 保护定值（A） | 延时（s） | 动作后果及时序 | 备注 |
|---|---|---|---|---|
| 零序过流报警段 | 126 | 100 | 发出换流变压器饱和保护报警 | |
| 零序过流保护Ⅰ段 | 126 | 770 | （1）切换系统；<br>（2）换流器 Y 闭锁；<br>（3）跳相应交流断路器；<br>（4）启动交流断路器失灵；<br>（5）锁定相应交流断路器；<br>（6）启动录波；<br>（7）长期动作报警 | |
| 零序过流保护Ⅱ段 | 275 | 120 | | |
| 零序过流保护Ⅲ段 | 460 | 50 | | |
| 零序过流保护Ⅳ段 | 540 | 36 | | |

## 五、保护逻辑

换流变压器饱和保护逻辑，如图 5－33 所示。

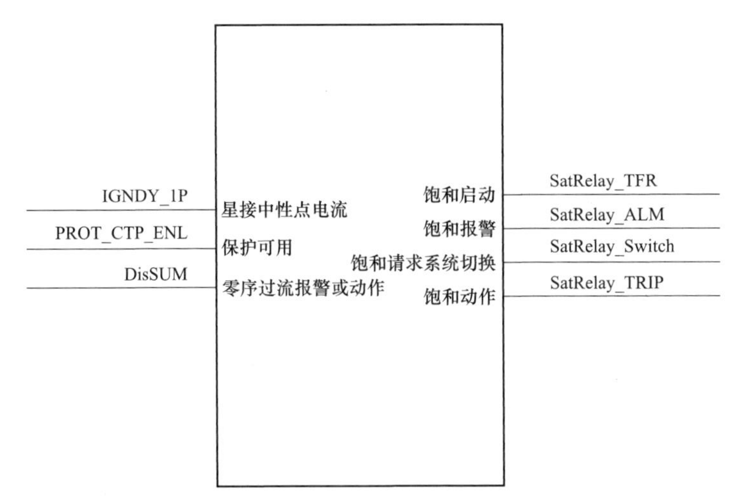


图 5－33 换流变压器饱和保护逻辑图

图 5－33 中需要说明的信号如下：

IGNDY_1P——换流变压器星接中性点电流值；

PROT_CTP_ENL——换流变压器饱和保护可用；

DisSUM——换流变压器零序过流报警或动作；

SatRelay_TFR——换流变压器饱和启动；

SatRelay_ALM——换流变压器饱和报警；

SatRelay_Switch——换流变压器饱和请求系统切换；

SatRelay_TRIP——换流变压器饱和动作。

# 第六章　换流变压器在线监测

换流变压器按台配置一套在线监测装置，监测范围包括油中溶解气体（全组分，含微水）、顶层油温、绕组温度、本体油位、铁芯夹件接地电流、网侧套管局部放电及升高座氢气、阀侧套管 $SF_6$ 压力、分接开关油温、油位等。

一般情况下，每台换流变压器的各类传感器测量模块通过 RS485/4～20mA 通信方式将在线监测数据上传至在线监测 IED 装置内，IED 装置对数据进行分析打包形成 IEC 61850 规约数据包，通过光纤光缆将数据上传至一体化在线监测服务器，进而在工作站界面集中显示，便于运维人员对换流变压器进行实时监测和状态把控。换流变压器在线监测范围如表 6－1 所示。

**表 6－1　　换流变压器在线监测范围**

| 序号 | 类型 | 名称 | 测量点 | IED 柜 | 信号类型 | OMS |
|---|---|---|---|---|---|---|
| 1 | 模拟量 | 气体分析 | 油中气体及微水 | 输出 | IEC 61850 | 输入 |
| 2 | 模拟量 | 温度 | 顶层油温 | 输出 | IEC 61850 | 输入 |
| 3 | 模拟量 | 温度 | 绕组温度 | 输出 | IEC 61850 | 输入 |
| 4 | 模拟量 | 油位 | 本体油位（浮球式） | 输出 | IEC 61850 | 输入 |
| 5 | 模拟量 | 油位 | 本体油位（压力式） | 输出 | IEC 61850 | 输入 |
| 6 | 模拟量 | 电流 | 铁芯接地电流 | 输出 | IEC 61850 | 输入 |
| 7 | 模拟量 | 电流 | 夹件接地电流 | 输出 | IEC 61850 | 输入 |
| 8 | 模拟量 | 局部放电 | 网侧套管 A 局部放电 | 输出 | IEC 61850 | 输入 |
| 9 | 模拟量 | 压力 | 阀侧套管 a $SF_6$ 压力 | 输出 | IEC 61850 | 输入 |
| 10 | 模拟量 | 压力 | 阀侧套管 b $SF_6$ 压力 | 输出 | IEC 61850 | 输入 |
| 11 | 模拟量 | 气体分析 | 网侧套管升高座氢气 | 输出 | IEC 61850 | 输入 |
| 12 | 模拟量 | 油位 | 分接开关油位 | 输出 | IEC 61850 | 输入 |
| 13 | 模拟量 | 温度 | 分接开关油温 | 输出 | IEC 61850 | 输入 |
| 14 | 开关量 | 挡位 | 分接开关挡位 | 输出 | IEC 61850 | 输入 |

# 第一节　换流变压器油色谱在线监测

## 一、油中溶解气体产生机理

大型电力变压器多选择油浸式结构，内部主要采用变压器油、绝缘板、纸板绑带等固体有机绝缘材料，其中变压器油具有冷却、散热以及加强绝缘等特点。变压器油作为一种矿物油，主要成分是 C、H 两元素构成的烃类化合物，如烷烃、环烷烃、芳香烃等。

当变压器内部发生放电故障或潜伏性故障时，如局部放电或过热故障等，变压器油中烃类物质的 C—C 键和 C—H 键由于故障点高能量、高温度的作用而随之断裂，产生一些性质活跃的 H 原子和自由基，活跃物质进而迅速发生化合反应，形成 $H_2$ 和一些低分子烃类气体，如 $CH_4$、$C_2H_6$、$C_2H_2$ 等，甚至会产生碳颗粒和碳氢聚合物。因此，当变压器发生故障后，产生的这些特征气体将经过对流扩散，进一步溶解于变压器油中，形成油中溶解气体。

## 二、装置基本原理及类别

### 1. 装置基本工作原理

油中溶解气体在线监测装置是通过检测变压器油中溶解气体组分及浓度来表征变压器运行状态，其基本原理是从变压器中取出油样，从油样中解析出溶解的特征气体，用气相色谱法或其他方法来分析特征气体的组分及浓度，初步判断变压器内部是否发生故障，发生何种故障类型，推断出故障点位置及故障产生能量等情况，及时提醒运维人员检查处理异常问题，避免故障进一步扩大。

### 2. 油中溶解气体在线监测装置类别

根据气体检测组分的不同，油中溶解气体在线监测装置可分为单组分气体在线监测装置和多组分气体在线监测装置。

（1）单组分气体在线监测装置。主要特点是不进行其他组分分离而直接测量变压器油中溶解气体体积分数，能够反映产气率的大小。单组分气体检测主要是对氢气和可燃总烃（TCG）进行检测，利用渗透膜进行油气分离，常用的氢气检测器主要有钯栅极场效应管、催化燃烧型传感器和燃料电池，特点是反应速度快，每5min可更新一次数据，但只能反映气体总量趋势，不能显示各特征气体浓度，特别是对乙炔等特征气体反应不灵敏。

以氢气在线监测装置为例，直流输电工程上，换流变压器网侧套管升高座处配置有氢气在线监测装置，其氢气产生机理为：换流变压器套管升高座内主要配置套管和互感器，在变压器运行过程中易产生局部放电、电晕及因接触不良导致过热等问题，且套管升高座位于变压器上部，形成相对独立空间，极易将变压器内部产生的气体和压力进行汇聚，一旦换流变压器套管升高座处有任何故障产生，都将存在较大安全事故风险。氢气是换流变压器大多数故障条件下会产生的特征气体类型，是换流变压器寿命周期中产生严重问题的早期迹象。

因此，当换流变压器升高座内部发生故障时，升高座内部压力将快速变化，导致升高座油中分解出氢气等故障特征气体，通过对氢气进行实时监测，可及早发现换流变压器套管升高座处潜在性或发展性故障。

（2）多组分气体在线监测装置。主要特点是能够对多种气体进行分离和检测，从而衡量多种组分气体的浓度和产气率。多组分气体分离和检测技术主要有气相色谱技术、红外光谱技术、激光光谱技术和光声光谱技术，都可定量分析气体，特点是可以对氢气（$H_2$）、甲烷（$CH_4$）、乙烷（$C_2H_6$）、乙烯（$C_2H_4$）、乙炔（$C_2H_2$）、一氧化碳（CO）、二氧化碳（$CO_2$）等气体进行定量分析，所测数据与试验室数据基本保持一致，理论上最小检测周期为每小时检测1次，工程上一般检测周期设置为每4h检测1次。

1）气相色谱技术。气相色谱法主要包括气体组分分离和气体组分检测两个步骤。气体组分分离由色谱柱完成，根据各组分特征气体在色谱柱中运行速度的不同，经过一定时间的流动后，使各种特征气体彼此分离，按一定顺序离开色谱柱进入检测器。气体组分检测由检测器（热导检测器或半导体检测器）完成，将色谱柱中特征气体浓度转化为电信号，在记录器上描绘出各特征气体组分的色谱峰，从而得出特征气体组分及浓度。

气相色谱法一般采用外标法进行组分浓度计算。首先配置已知气体组分浓度的标准气体，将标准气体进样，测出峰面积，再将待测样品进样，测出相应峰面积，在一定的浓度范围内，特征气体浓度与相应峰面积呈线性关系，因此可得出待测样品各特征气体组分及浓度。

以 TM8 气相色谱油中溶解气体在线监测装置为例，其工作原理是由脱气装置将变压器油中氢气、甲烷、乙炔、乙烯、乙烷、一氧化碳、二氧化碳、氧气 8 种气体脱出，然后送入色谱柱进行气体浓度分析，由系统电路板统一控制，将色谱柱分析的结果进行对比计算，经通信模块送至 IED 在线监测装置及服务器中。气相色谱油中溶解气体在线监测装置如图 6－1 所示。

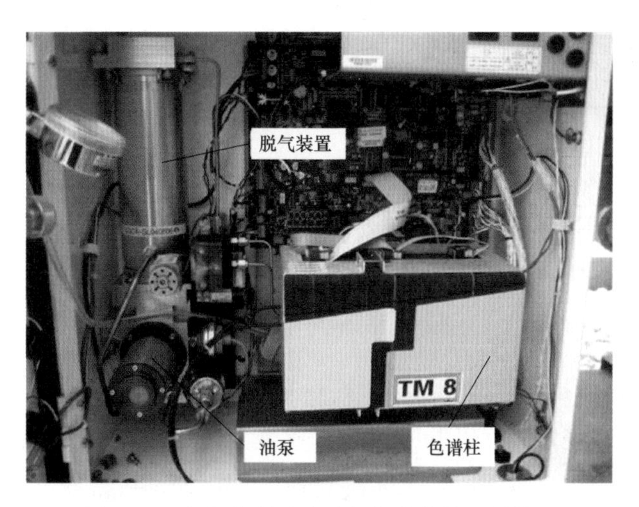


图 6－1　气相色谱油中溶解气体在线监测装置

正常情况下，按照每 4h 检测 1 次的检测周期，每瓶载气（氦气）可使用 3 年以上，当载气瓶高压侧压力低于 150psi（10.34bar）时，需要更换载气瓶。按照每 3 天标定 1 次的标定周期和标气检验证书有效期，每瓶标气可使用 3 年以上，当标气瓶高压侧压力低于 25psi（1.72bar）时，需要更换标气瓶。

2）红外光谱技术。红外光谱法检测原理是基于气体分子吸收红外光的吸光定律（比尔定律）。红外气体分析器的特点是能测量多种气体含量（但 $H_2$ 不具有红外特性），测量范围宽、灵敏度、精度高、相应快，选择性良好，可靠性高、寿命长；它无需载气及气体分离，可以实现连续分析和自动控制。缺点是检测所需气样较多（约 100mL），且对蒸汽、湿度很敏感，价格昂贵。

以 ABB 红外光谱油中溶解气体在线监测装置为例，其工作原理是采用特氟龙毛细管对换流变压器油中溶解气体进行脱气，经测量单元、柔性管路进入试样检测器，通过参比检测器进行光学测量，实现对氢气、甲烷、乙烯、乙烷、乙炔、丙烷、丙烯、一氧化碳、二氧化碳、微水等 10 种气体浓度测量。红外光谱油中溶解气体在线监测装置如图 6-2 所示。

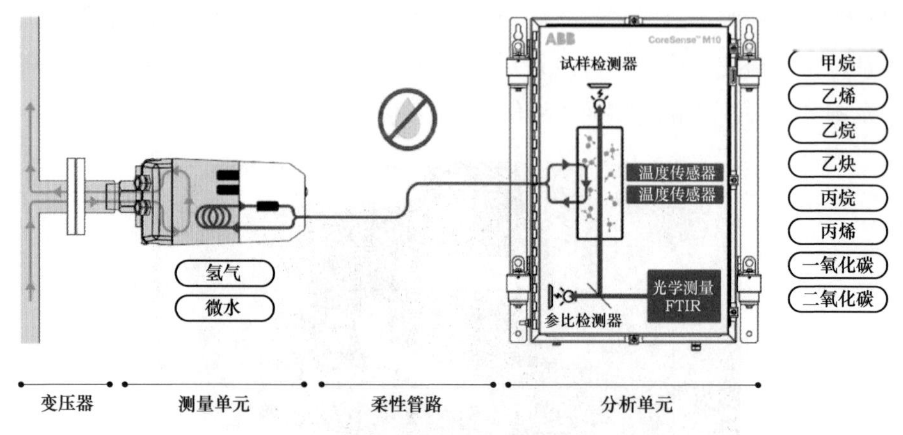


图 6-2　红外光谱油中溶解气体在线监测装置

3）激光光谱技术。激光光谱法检测原理与红外光谱法类似，基于气体分子吸收激光的吸光定律。以 NRIM-6000 激光光谱油中溶解气体在线监测装置为例，使用激光吸收光谱技术实现对换流变压器油中溶解气体进行实时在线监测，主要由油气分离模块、气体检测模块、传感检测模块、数据采集处理模块、数据分析判断模块、信息管理模块、用户模块和控制模块等八大模块组成，共同完成特征气体浓度测量。激光光谱油中溶解气体在线监测装置如图 6-3 所示。

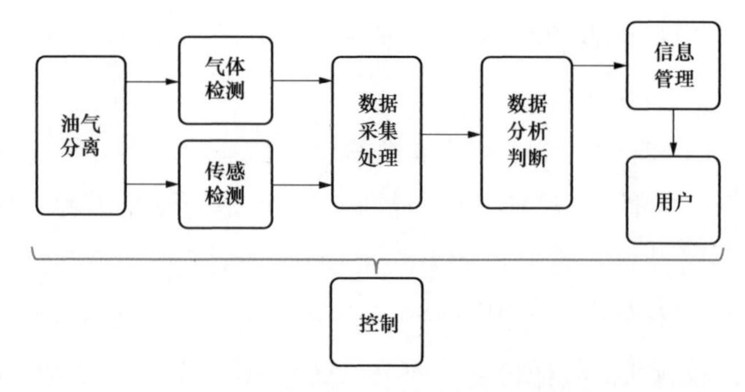


图 6-3　激光光谱油中溶解气体在线监测装置

4）光声光谱技术。光声光谱法检测原理是基于气体分子能够吸收电磁辐射的光声效应。当特征气体吸收特定波长的红外线后，温度随之升高，再以释放热能的方式进行退激，释放出的热能会使气体产生成比例的压力波，压力波频率与光源频率一致，可通过高灵敏微音器对其强度进行检测，压力波强度与特征气体浓度成比例关系。

以 TRANSFIX 光声光谱油中溶解气体在线监测装置为例，使用高精度和稳定的光声光谱技术，利用动态顶空脱气法将油样中目标气体取出，实现对氢气、甲烷、乙烷、乙烯、一氧化碳、二氧化碳、乙炔、氧气、氮气及油中微水等 10 种特征气体浓度测量。

5）多组分气体在线监测装置技术参数对比。

（a）气相色谱油中溶解气体在线监测装置。气相色谱法技术较为成熟，优点是造价便宜，工程应用最为广泛；缺点是最小检测周期较长，误差较大，且需要频繁更换载气、标气、色谱柱等耗材，运维工作量大。

（b）红外光谱油中溶解气体在线监测装置。红外光谱法是近年来油中溶解气体分析产生的一种新技术，由于造价过高，国内尚未大面积工程应用，优点是支持测量多种气体浓度（$H_2$ 不具有红外特性），测量范围宽、精度高、响应快、选择性好、可靠性高、寿命长，支持连续分析和自动控制功能，最小检测周期为 10s，误差为 5%，检测灵敏度为 0.1ppm，无须载气和气体分离，无须更换耗材，运维工作量较小；缺点是检测所需气样较多，对油蒸汽、湿度很敏感，价格昂贵。

（c）激光光谱油中溶解气体在线监测装置。激光光谱法采用新型激光和传感检测技术，优点是检测精度高、重复性好、实时性强、免维护、可长期稳定运行，能够广泛应用于不同电压等级、多种型号的变压器，最小检测周期为 1h，误差为 5%，检测灵敏度为 0.1ppm，无需载气和气体分离，无须更换耗材，运维工作量较小；缺点是对油蒸汽、湿度很敏感，价格昂贵。

（d）光声光谱油中溶解气体在线监测装置。光声光谱法是近年来油中溶解气体分析产生的一种新技术，由国外引进，国内尚未大面积工程应用，优点是支持混合气体测量，检测精度主要取决于气体分子特征吸收光谱的选择、窄宽滤光片的性能及微音器的灵敏度，其分辨率较高，可达到 ppm 级，所需气样少，最小检测周期 1h，误差为 5%～10%，检测灵敏度为 0.1ppm，无需载气及气体分离，无须更换耗材，运维工作量较小；缺点是对油蒸汽污染敏感，环境适应能力差。

四种监测技术参数对比如表 6－2 所示。

**表 6-2　　　　四种监测技术参数对比**

| 序号 | 技术参数 | 气相色谱 | 红外光谱 | 激光光谱 | 光声光谱 |
|---|---|---|---|---|---|
| 1 | 正常温度（℃） | −45～+60 | −50～+60 | −50～+60 | −50～+60 |
| 2 | 极限工作温度（℃） | −50～+100 | −60～+100 | −60～+100 | −60～+100 |
| 3 | 正常油温（℃） | −20～+100 | −20～+100 | −20～+100 | −20～+100 |
| 4 | 极限油温（℃） | −20～+100 | −20～+120 | −20～+120 | −20～+120 |
| 5 | 最小检测周期 | 4h（2h） | 10s | 1h | 1h |
| 6 | 检测灵敏度 | 1ppm | 0.1ppm | 0.1ppm | 0.1ppm |
| 7 | 测量误差 | 30%～40% | 5% | 5% | 5%～10% |
| 8 | 连续检测能力 | 差 | 优 | 良 | 良 |
| 9 | 测量重复性 | 良 | 优 | 优 | 优 |
| 10 | 是否需要载气（标气） | 是 | 否 | 否 | 否 |
| 11 | 运维工作量 | 大 | 小 | 小 | 小 |

## 三、装置结构及技术要求

### 1. 装置结构

（1）单组分气体在线监测装置。以换流变压器套管升高座氢气在线监测装置为例，其结构包括单氢监测装置、IED 在线监测装置、数据交换机和数据分析平台软件等部分。

通过在气体继电器与升高座之间加装三通连管，将单氢监测装置探头接入三通连管处，探头距离不得超出升高座内壁，装置电源通过电缆取自换流变压器在线监测组件柜内电源模块 24V 输出端，通过 RS 485 通信电缆将数据送至换流变压器 IED 在线监测装置。在换流变压器在线监测组件柜内通过 RS 485 通信电缆将单氢监测装置数据接至 IED 在线监测装置，通过空气开关为电源模块提供 220V 输入电源，通过 IED 在线监测装置的光纤网络传至在线监测服务器中。

（2）多组分气体在线监测装置。以换流变压器本体气相色谱油中溶解气体在线监测装置为例，其结构包括油样采集与油气分离、气体检测、数据采集与控制、通信及辅助等部分。

1）油样采集与油气分离部分。油样采集部分通过与换流变压器本体油箱相连的管路系统完成自动取样，油气分离部分实现溶解气体与变压器油的分离，主要采用真空分离法、动态顶空分离法和膜渗透分离法等。

2）气体检测部分。主要对油气分离后的气体进行气—电转换，主要采用气相色谱法、光谱法和传感器法等。

3）数据采集与控制部分。主要完成电信号采集与数据处理，实现分析过程的控制等。

4）通信部分。主要用于实现与控制部分的通信及远程维护，应满足监测数据传输要求，支持标准、可靠的通信网络。

5）辅助部分。主要用于保证装置正常工作的其他相关部件，包括恒温控制、载气瓶、管路等。

2. 装置技术要求

（1）油样采集部分，包括循环油和非循环油两种工作方式。

1）循环油工作方式：油气采集部分需进行严格控制，应满足不污染油、循环取样不消耗油等条件。取样前应排除取样管路中及取样阀门内的空气和“死油”，且所取油样必须能代表换流变压器中油的真实情况，确保取样方式及回油不影响主设备安全运行。

2）非循环油工作方式：分析完的油样不允许回注主油箱，应单独收集处理。取样前应排除取样管路中及取样阀门内的空气和“死油”，且所取油样必须能代表变压器中油的真实情况，取样方式不影响主设备的安全运行。

（2）取样管路要求。油管应采用不锈钢或紫铜材质，油管外应加管路伴热带、保温管等保温及防护部件，以维持管路温度在0℃之上，保证换流变压器油在管路中的顺畅流动。

（3）功能要求。换流变压器油中溶解气体在线监测装置应满足以下基本功能：

1）装置应具备长期稳定工作能力，具有现场校验模式，提供校验用硬件接口，人工标定周期应不大于1年。

2）装置最小检测周期应不大于2h，且检测周期可以通过现场或远程方式进行设定。

3）装置若为单组分监测装置，至少应监测氢气（$H_2$）、乙炔（$C_2H_2$）等关键组分浓度。

4）装置若为多组分监测装置，则需提供各气体组分浓度、绝对产气速率、相对产气速率数据，并给出产气速率趋势图、实时数据直方图、单一组分及多组分监测结果的原始谱图，并给出通过改良三比值法、大卫三角法、援例分析法等方法的综合辅助诊断分析结果。

5）装置具有故障报警功能，如数据超标报警、装置功能异常报警等。

6）装置具有恒温、除湿等功能。

（4）性能要求。《变电设备在线监测装置检验规范　第2部分：变压器油中溶解气体在线监测装置》对在线监测装置数据与试验室气相色谱仪测量数据进行分析比对，按计算测量误差从高到低将在线监测的测量误差性能定义为A级、B级和C级，合格产品要求应不低于C级。在线监测装置测量误差需符合表6-3要求。其中，测量误差（绝对）和测量误差（相对）计算方法如式（6-2）、式（6-3）所示。

测量误差（绝对）＝在线检测数据－离线检测数据　　（6-2）

测量误差（相对）＝（在线检测数据－离线检测数据）/离线检测数据×100%　　（6-3）

表6-3　　多组分在线监测装置技术指标

| 检测参量 | 检测范围（μL/L） | 测量误差限值（A级） | 测量误差限值（B级） | 测量误差限值（C级） |
|---|---|---|---|---|
| 氢气（$H_2$） | 2～20 | ±2μL/L或±30% | ±6μL/L | ±8μL/L |
| | 20～2000 | ±30% | ±30% | ±40% |
| 乙炔（$C_2H_2$） | 0.5～5 | ±0.5μL/L或±30% | ±1.5μL/L | ±3μL/L |
| | 5～1000 | ±30% | ±30% | ±40% |
| 甲烷（$CH_4$）<br>乙烯（$C_2H_4$）<br>乙烷（$C_2H_6$） | 0.5～10 | ±0.5μL/L或±30% | ±3μL/L | ±4μL/L |
| | 10～1000 | ±30% | ±30% | ±40% |
| 一氧化碳（CO） | 25～100 | ±25μL/L或±30% | ±30μL/L | ±40μL/L |
| | 100～5000 | ±30% | ±30% | ±40% |
| 二氧化碳（$CO_2$） | 25～100 | ±25μL/L或±30% | ±30μL/L | ±40μL/L |
| | 100～5000 | ±30% | ±30% | ±40% |
| 总烃 | 2～20 | ±2μL/L或±30% | ±6μL/L | ±8μL/L |
| | 20～4000 | ±30% | ±30% | ±40% |

## 第二节　换流变压器铁芯夹件接地电流监测

换流变压器正常运行时，铁芯、夹件都必须一点可靠接地，否则铁芯对地会产生悬浮电压，当出现多点接地时将造成环流引起铁芯或夹件发热，严重时将造成换流变压器事故发生。通过对铁芯、夹件接地电流进行连续或周期性自动监测可以直接反映换流变压器是否存在多点接地。随着自动化水平的不断提高，采用在线监测装置对换流变压器铁芯、夹件接地电流进行监测具有实时性好、精度高的优势，能够及时准确地发现换流变压器故障隐患，避免人工巡检不及时产生的安全隐患。

## 一、监测结构及原理

### 1. 在线监测结构

换流变压器铁芯、夹件接地电流在线监测装置由穿心式电流互感器、信号采集与处理电路、通信及显示接口等部分组成。

### 2. 在线监测原理

换流变压器铁芯、夹件接地电流通过穿心式电流互感器隔离变换为小信号，经信号转换、滤波与放大等调理电路，由模数转换器变换为数字信号，微处理器经过数字滤波与运算获得铁芯、夹件接地电流，本地显示实时接地电流，当超过报警限值时具有 LED 指示，可通过 RS485 通信接口上传至 IED 在线监测装置和在线监测服务器中。

## 二、监测装置及技术特点

### 1. 装置特点

换流变压器铁芯、夹件接地电流在线监测装置性能稳定，功能强大，具有如下装置特点：

（1）实时监测换流变压器铁芯接地电流。

（2）采用 5 位数码管本地显示实时接地电流，具备电源、运行、通信、报警各种状态指示。

（3）具有 RS485/CAN/GSM/GPRS 多种通信接口可选，可实现定期数据主动上传或请求应答上传；可接入状态监测系统后台。

（4）可设置预警限和报警限 2 级报警限值，电流超过预警限值时主动通过通信接口上传数据，超过报警限值时装置本地发光报警并通过通信报警。

（5）具有限流电阻投切单元接口，实现铁芯、夹件接地电流的自动限制并报警。

（6）装置具有内部非易失存储空间，断电不丢失数据。

（7）装置具备自诊断和自恢复功能，装置异常、通信异常时报警。

### 2. 技术特点

换流变压器铁芯、夹件接地电流在线监测装置性能稳定，功能强大，具有如下技术特点：

（1）监测数据准确可靠。装置采用特制电流互感器、高精度模拟电路及先进的数字信号处理技术，测量范围宽，精度高，抗干扰性能好。

（2）应用配置灵活。装置具有多种通信接口，可接入在线监测后台或独立配置为通过 GSM 短信实现监测。

（3）安装维护简单。装置本体与电流互感器采用分体设计，专用的夹具使电流互感器可灵活安装到铁芯、夹件接地引下线上，装置本体可根据现场情况灵活安装至不同位置。装置具备完善的自检功能，可及时判断装置的状态并告警。装置可在不影响换流变压器运行的情况下对所有部件包括传感器、旁路铁芯接地引下线进行安装和维护。

（4）安全可靠。穿心式电流互感器不破坏接地引下线，对变压器的安全运行无任何影响。所有元件均采用工业化标准生产，具有良好的抗电磁冲击及温度突变能力。装置采用全密封设计，具备防腐、防风、防尘、防电磁干扰等功能，能适应户外恶劣运行环境。

## 三、接地电流监测及要求

### 1. 接地电流离线测量

对于未安装铁芯或夹件接地电流在线监测装置的换流站，应根据现场运行规程，按照检测周期和检测方法测量接地电流，及时监测接地电流数值及变化趋势。如果接地电流大于 300mA，则说明铁芯或夹件存在绝缘不良。

### 2. 接地电流在线监测

换流变压器铁芯或夹件接地电流在线监测装置是将取自该接地回路的电信号经过放大处理，接入监控后台实现数据显示、报警等功能。由于换流变压器铁芯和夹件在运行过程中必须可靠接地，要求在获取在线监测信号时不能影响换流变压器接地的可靠性，应防止换流变压器在运行中出现铁芯或夹件接地点开路现象，否则会出现高电压悬浮电位放电故障。

3. 性能要求

换流变压器铁芯、夹件接地电流在线监测装置需在有效测量范围内，其测量接地电流时所产生的误差应满足表6－4要求。其中，测量误差（绝对）和测量误差（相对）计算方法如式（6－4）、式（6－5）所示。

测量误差（绝对）＝在线监测数据－标准测量数据　（6－4）

测量误差（相对）＝（在线监测数据－标准测量数据）/标准测量数据×100%　（6－5）

表6－4　换流变压器铁芯或夹件接地电流在线监测装置技术指标

| 检测参量 | 测量范围 | 测量误差要求 |
| --- | --- | --- |
| 铁芯、夹件接地电流 | 5mA～10A | ±3%或±1mA，测量误差取两者最大值 |

# 第三节　换流变压器套管监测

换流变压器高压套管受损原因主要包括两大类，一是过电压造成电容屏蔽层部分击穿短路，主要反应在套管泄漏电流、电容量增大；二是套管受潮或者绝缘劣化，其故障进程较慢，主要反应在套管介质损耗和压力参数变化。根据基本特性，通过实时监测高压套管介质损耗、电容量及高频局部放电信号的变化对换流变压器套管运行状态进行在线监测，能够及时发现并处理隐患问题。

## 一、套管局部放电在线监测

电容式套管是将换流变压器内部的高压绕组引至油箱外部的出线装置，不仅作为引线的对地绝缘，也起着固定引线的作用，是换流变压器重要的附件之一。电容式套管主要采用油纸绝缘的内绝缘结构，在工作电压下发生局部放电是油纸绝缘老化、击穿的重要因素，局部放电往往从气泡、杂质、导体表面毛刺以及油隙等处起始发生。

导致电容式套管绝缘产气的因素主要包括：一是套管绝缘结构和制造工艺缺陷，从而形成局部放电；二是高压套管在长期运行过程中绝缘材料老化、劣化，如绝缘受潮时，其水分在过热点汽化或在高电场作用下电解都将产生气泡。因此，局部放电是电容式套管绝缘劣化的主要征兆和原因。

通过测量局部放电量能够有效发现电容式套管内部绝缘固有缺陷和绝缘老化局部隐患问题。

1. 套管局部放电机理分析

电容式套管在环氧浇注绝缘和挤压成型的时候，不可避免地混入气泡，每层油纸中不可避免存在一些气隙，介质局部放电过程的等效电路如图 6－4 所示。

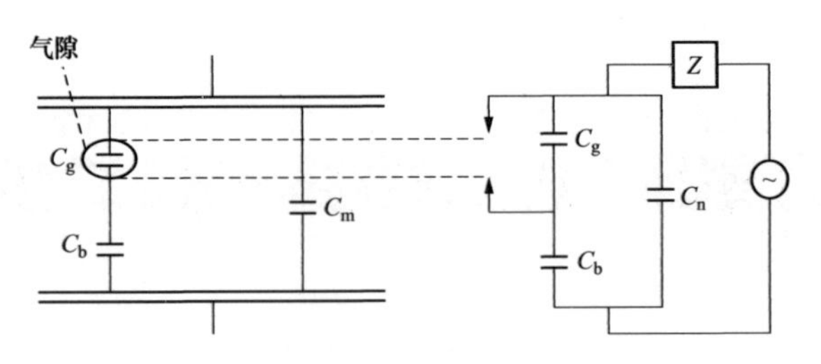


图 6－4 介质局部放电等效电路

图 6－4 中，$C_g$ 是空气隙的电容，$C_b$ 是与空气隙串联的介质电容，$C_m$ 为除 $C_g$ 与 $C_b$ 以外绝缘完好部分的电容，通常 $C_m \geqslant C_g \geqslant C_b$。由于电容 $C_g$ 在较低电压 $U_g$ 时就开始放电，因此可用放电间隙 $g$ 与 $C_g$ 并联来表示等效电路。

当电极间施加工作电压时，$C_g$ 上的瞬时电压为 $U_g$，随着 $U$ 增大到气隙放电电压 $U_g$ 时，气隙内将发生放电，使气隙内的电压急剧下降，$C_g$ 上的电压将降至气隙放电熄灭电压。当气隙内放电熄灭后，$C_g$ 又开始充电，直到 $C_g$ 上的电压再次达到 $U_g$ 则发生第二次放电。以此类推，当 $C_g$ 上的电压随外施电压的极性改变时，电压达到 $-U_g$ 时同样发生放电。气隙每次放电时电容两端电压均会有微小的电压突降。

2. 局部放电信号传播过程

在换流变压器运行条件下高压套管发生局部放电时，往往伴随着声、光、化学、电磁辐射等各种物理现象，油中放电时会分解出特征气体，产生能量损失，引起局部过热。

通过采用脉冲电流法对高压套管局部放电信号进行监测，对局部放电发生后电压波动过程进行分析。电容式套管内部发生局部放电时，会在套管内部导电杆中发生微弱的电压波动，从而影响导电杆与离它最近的油纸之间形成的电容值，以此类推，将这种信号通过层层电容，向最外层油纸绝缘进行传播，直至传到末屏接地线处，从而导入地下。

由此可见，在电容式套管末屏接地线中包含有套管内局部放电的信号，通过对套管接地线的电流进行采集，再通过信号分析可以提取出套管内部局部放电信号。

3. 套管局部放电在线监测

（1）工作原理。在交流电压作用下，流过高压套管介质的电流由电容电流分量 $I_c$ 和电阻电流分量 $I_r$ 两部分组成。$I_r$ 由介质损耗产生，流过介质的电流偏离电容性电流的角度 $\delta$ 称为介质损耗角，其正切值 $\tan\delta$ 反映了绝缘介质损耗的大小，且仅取决于绝缘特性，与材料尺寸无关，可以很好地反映换流变压器高压套管的绝缘状况。同样，介质电容量 $C$ 的特征参数能够反映设备的绝缘状况。因此，通过实时测量介质损耗、电容变化量能够在线监测高压套管的绝缘状况。套管介质损耗测量原理如图 6－5 所示。

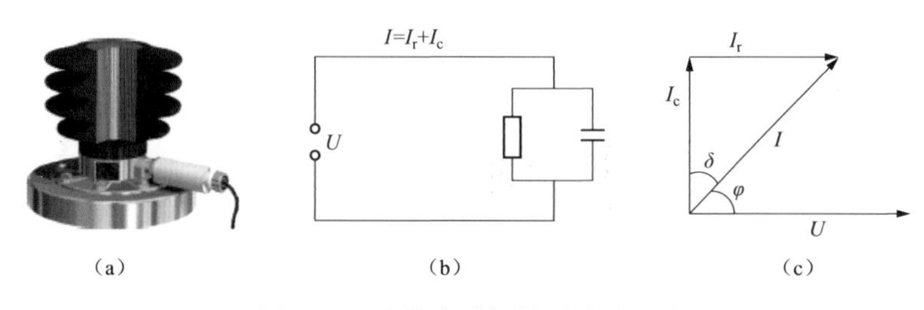


图 6－5　套管介质损耗测量原理图

（a）套管末屏；（b）等效电路图；（c）关系曲线

此外，高频脉冲电流法是目前应用最广泛的一种局部放电检测方法，其测量原理为：当高压套管发生局部放电时会造成电荷的移动，移动的电荷在外部测量回路中会产生脉冲电流，通过对流经换流变压器接地线、中性点接线以及电缆本体中的高频脉冲电流信号进行检测，可以实现对局部放电的测量。

（2）在线监测方案。以基于介质损耗、电容量及高频局部放电信号实时测量的一体化套管在线监测系统为例，针对换流站同一交流母线下存在多根网侧套管的特点，套管局部放电在线监测系统将采用综合相对测量法，分析套管介质损耗值和电容值变化趋势，从而避免传统套管局部放电在线监测系统电压相位测量误差较大的问题。

套管局部放电在线监测系统由套管末屏适配器、数据采集单元、精确时间同步交换机和数据分析平台等部分组成，如图 6－6 所示，通过在套管末屏安装智能适配器，同时内置高频及小电流传感器，在不改变原有套管末屏电气特性，尤其是接地特性的条件下，能够实现套管高频局部放电和泄漏电流的高精度测量。

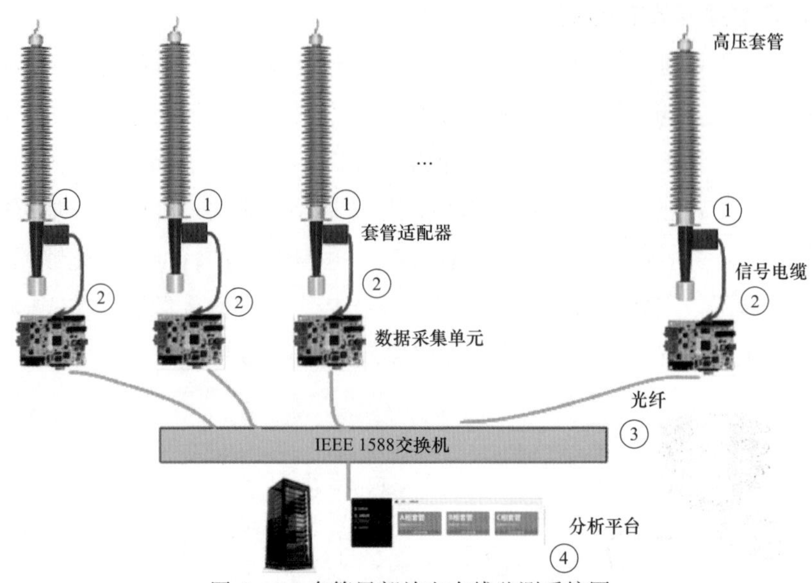


图6-6 套管局部放电在线监测系统图

①—一体化套管智能适配器；②—数据采集单元（泄漏电流及高频信号）；

③—IEEE 1588 交换机；④—数据分析平台软件组成

如图6-6所示，套管末屏适配器与采集单元之间通过带屏蔽的信号电缆和高频同轴电缆相连，将零磁通小电流传感器和高频电流传感器的输出信号送至采集单元。所有采集单元均通过光纤连接至精确时间同步交换机，确保采集单元相互之间的同步误差小于100ns。监测平台负责数据分析、结果展示，其平台软件采用综合相对测量法来分析套管介质损耗值和电容值变化，对局部放电图谱进行统计和智能化分析。

1）套管末屏适配器。套管末屏适配器用以取代套管末屏保护罩（接地装置)，确保末屏引出线可靠接地。在不改变原有套管末屏电气特性的条件下，提供高质量的泄漏电流和高频局部放电信号。套管末屏适配器将内置高精度零磁通小电流传感器和高频电流传感器，其输出信号通过带屏蔽的信号电缆和高频同轴电缆送至数据采集单元。套管末屏适配器具备优良的防锈、防潮、防腐性能，且便于安装，其防水性能达到IP68等级。

(a) 零磁通小电流传感器。如图6-7所示，套管末屏适配器采用有源零磁通技术，选用起始磁导率较高、损耗较小的特殊合金铁芯，借助电子信号处理技术对铁芯内部励磁磁势进行全自动跟踪补偿，使铁芯保持在接近理想的零磁通工作状态，有效提高了小电流传感器的检测精度。

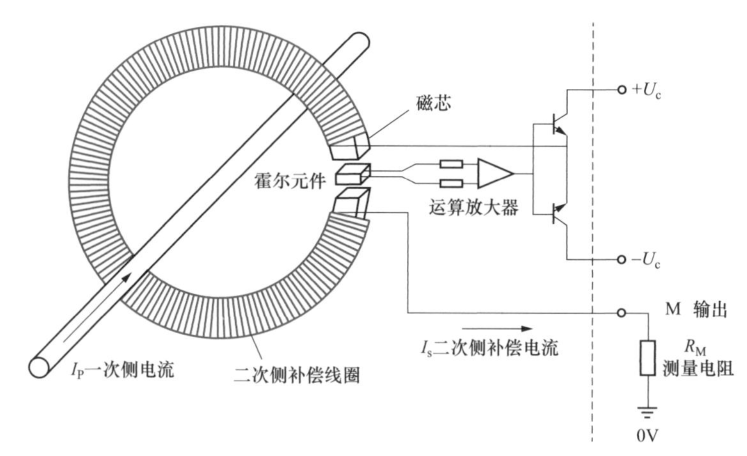


图 6－7　高精度零磁通小电流传感器原理图

（b）高频电流传感器。如图 6－8 所示，高频电流传感器由环形铁氧体磁芯构成，铁氧体配合经磁化处理的陶瓷材料，对于高频信号具有较高的灵敏度。当局部放电发生后，放电脉冲电流将沿着接地线轴向传播，即垂直于电流传播方向的平面上产生磁场，高频电流传感器将从该磁场中耦合放电信号。高频电流传感器的频率响应如图 6－9 所示。

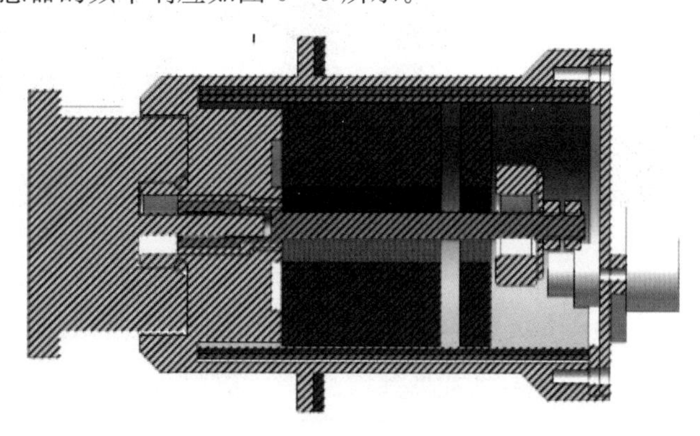

图 6－8　高频电流传感器结构图

为确保套管末屏适配器安装完成后在任何情况下都不会从法兰上脱落，特定设计了适配器防脱落装置。套管末屏适配器防脱装置利用限位孔锁死套管末屏适配器，使其不能转动，防脱装置底部靠近法兰，其宽度足以限制适配器转动，从而确保在任何情况下套管末屏均能可靠接地。以沈阳传奇公司产品为例，套管末屏适配器结构及实物如图 6-10 和图 6-11 所示，白色部件为套管末屏适配器结构，紫色部件为防脱落装置。

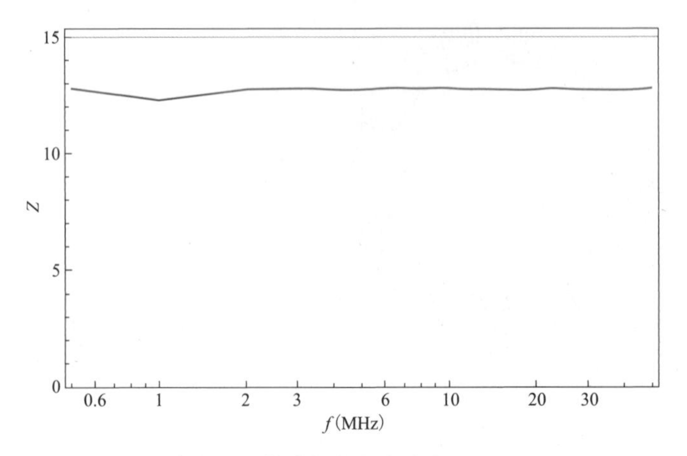


图 6-9　高频电流传感器的频率响应（0.1～30MHz）

图 6-10　套管末屏适配器现场实物图

以 ABB 公司产品为例，套管末屏适配器结构及实物如图 6-12 和图 6-13 所示，蓝色部件为套管末屏适配器结构，紫色部件为防脱落装置。

2）数据采集单元。如图 6-14 所示，数据采集单元硬件主要包括主 CPU 单元、供电单元、信号调理及采样单元、光纤通信及精确时钟同步单元。其中，主 CPU 单元负责泄漏电流和高频局部放电信号分析，每个数据采集单元最多同时支持 3 路泄漏电流、1 路高频局部放电信号以及 3 路压力传感器信号的采样和处理功能。

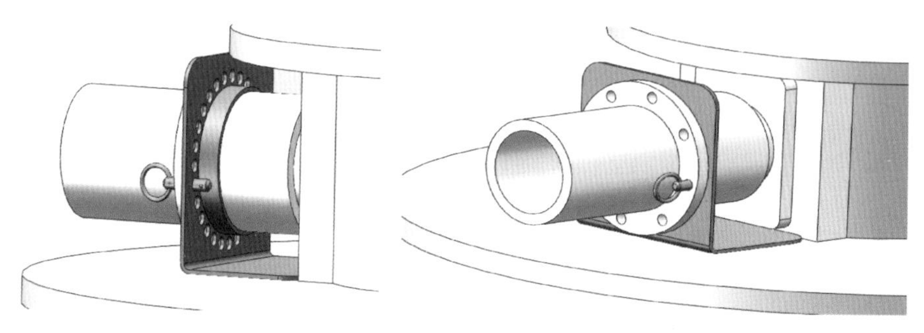

图 6-11　套管末屏适配器防脱落装置结构图

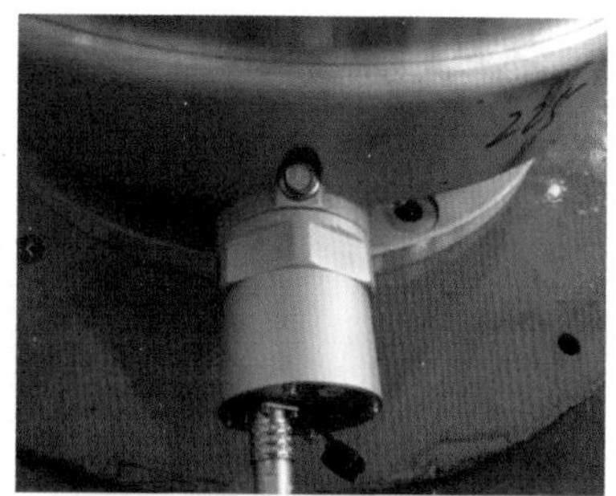

图 6-12　现场实物图

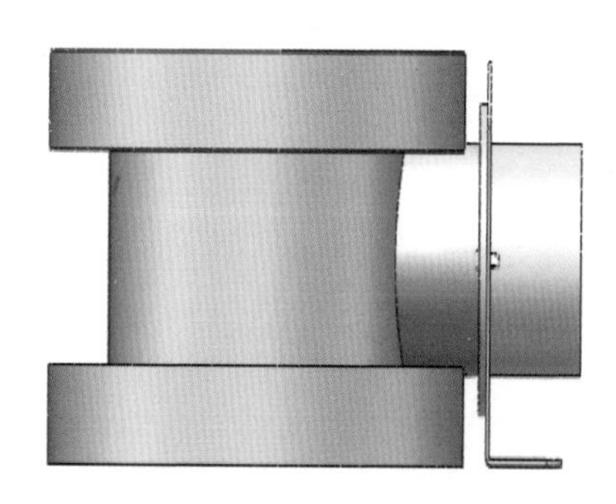

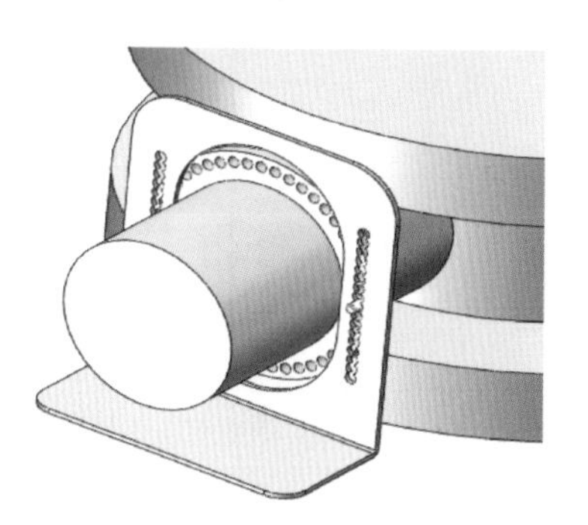

图 6-13　套管末屏适配器防脱落装置结构图

3）精确时间同步交换机。精确时间同步 IEEE1588 交换机负责将同步数据打包并打上时标，严格同步发送时钟与接收时钟，保证发送同步数据包的时标与接收同步数据包的时钟相位误差为零。如图 6-15 所示，精确时间同步协议是根据接收与发送同步数据包的时标信息，完成一系列对时流程。

(a) 交换机发送时延。如式（6-6）所示，Sync 数据包从交换机发送到同步采集装置的时延 $t_{msd}$ 为

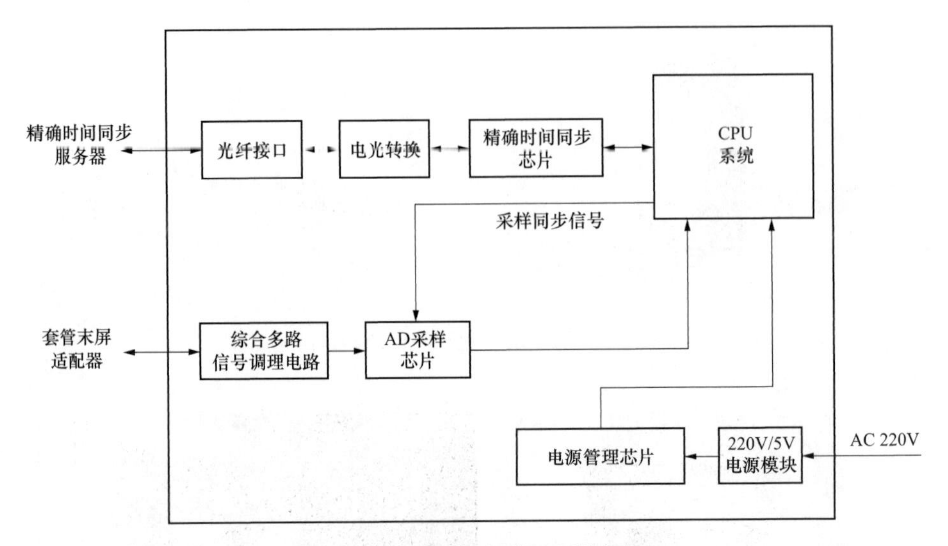


图 6-14　数据采集单元硬件框图

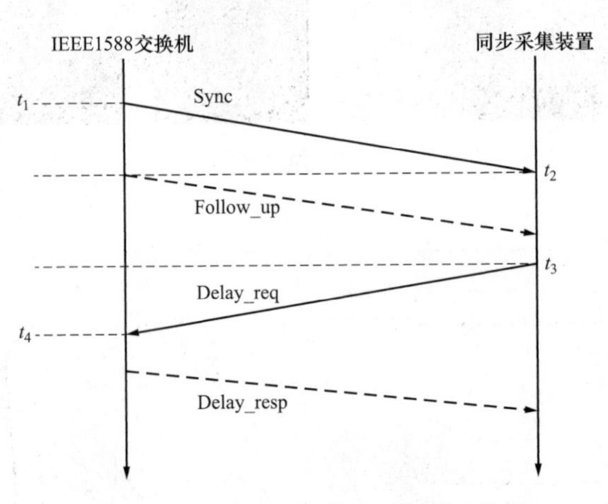


图 6-15　IEEE1588 精确时间同步协议

$$t_{msd}=t_2-t_1 \tag{6-6}$$

式中　$t_1$——IEEE1588 交换机发送 Sync 数据包时标；

$t_2$——同步采集装置接收 Sync 数据包时标。

（b）同步采集装置发送时延。如式（6-7）所示，Delay_req 从同步采集装置发送到交换机的时延 $t_{smd}$ 为

$$t_{smd}=t_4-t_3 \tag{6-7}$$

式中　$t_3$——同步采集装置发送 Delay_req 数据包时标；

$t_4$——IEEE1588 交换机接收 Delay_req 数据包时标。

（c）由于通信路径的对称性，两个传输方向时延是一致的。因此，如式（6－8）所示，IEEE1588与同步采集装置的时间差 $t_{\Delta}$ 为

$$t_{\Delta}=\frac{1}{2}(t_2-t_1+t_4-t_3) \tag{6-8}$$

当同步采集装置（数据采集单元）发送时钟与接收时钟同步时，消除了 $t_2$ 与 $t_3$ 时标记录的相位误差，但 $t_{\Delta}$ 没有考虑由于同步采集装置晶振频率漂移引起的误差。

（d）高精度压控振荡器。输出频率与控制电压呈线性关系，如式（6－9）所示，输入电压（$v$）与频率（$f$）的斜率 $k$ 为

$$k=\frac{f_1-f_2}{v_1-v_2} \tag{6-9}$$

同步装置单元可根据斜率 $k$ 拟合一张经过校准后的控制字表，实现频率偏移的精确校准。经过校准后，高精度压控晶体振荡器的频率精度在0.01ppm以下。

4）数据分析平台。数据分析平台负责对采集到的套管局部放电数据进行分析，主要包括相对介质损耗分析、相对电容量分析和高频局部放电图谱分析。

（a）相对介质损耗分析。正常情况下，同一交流母线相同参考电压 $U$ 时的多根套管泄漏电流相位差值很小。因此，通过判断多根套管泄漏电流之间相位误差的变化趋势即可表征套管的运行状态变化。如图6－16（b）所示，$I_2$ 相位相对其他电流有明显异常。

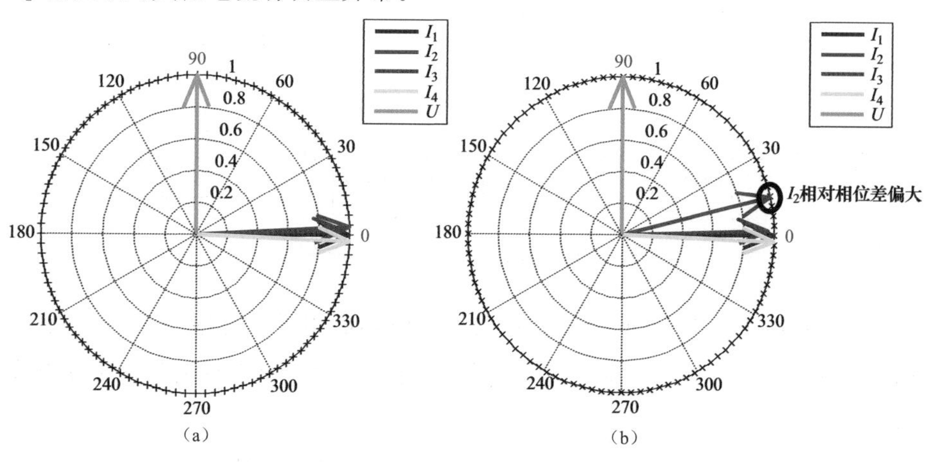


图6－16　IEEE1588精确时间同步协议

（a）正常情况；（b）异常情况

实际应用中，通过对属于同一相的 $N$ 支套管之间的综合相对介质损耗进行分析，可以看出某支套管相对其他套管的介质损耗变化趋势，及时发现介质损耗值变大的套管，基本计算过程如图 6－17 所示。

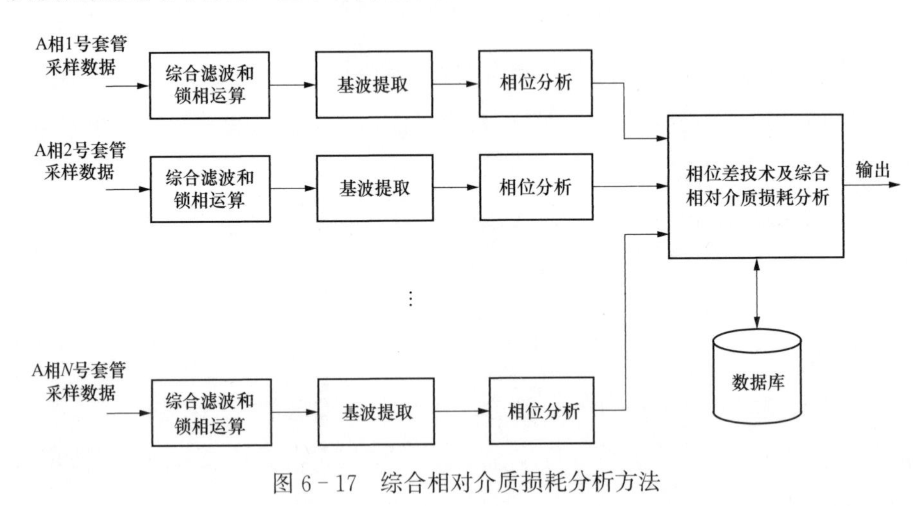


图 6－17　综合相对介质损耗分析方法

（b）相对电容量分析。与相对介质损耗分析方法类似，相对电容量基本计算过程如图 6－18 所示。

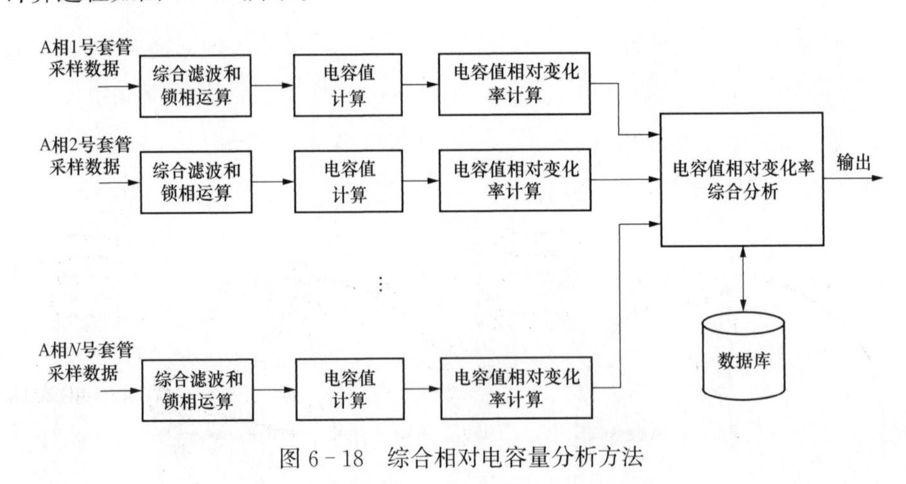


图 6－18　综合相对电容量分析方法

正常情况下，属于同一相的 $N$ 支套管电容值相对变化率是基本一致的，如果某支套管的变化率相对于其他套管有明显偏大，则表明该套管实际电容值出现了异常。

（c）高频局部放电图谱分析。基于局部放电传感器数据的三维实时 PRPS 图谱和三维 PRPD 图谱分析，能够实现准确的局部放电类型识别，能够对局部放电信号的变化趋势进行分析，如图 6－19 所示。

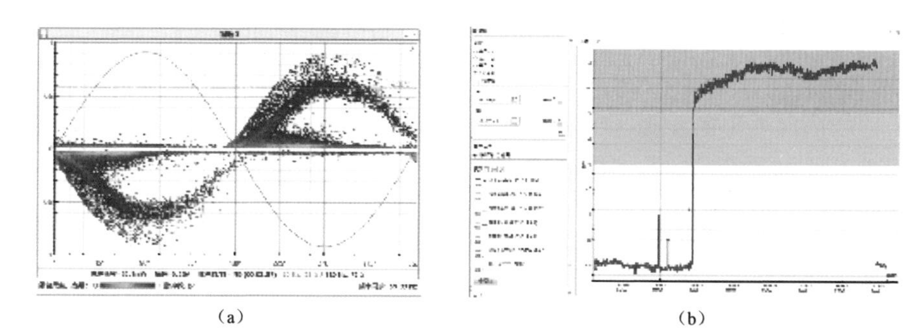

（a） （b）

图 6－19 高频局部放电图谱分析方法

（a）局部放电图谱；（b）变化趋势图

局部放电类型识别算法是采用人工智能技术，由大量现场高压设备上所采集的真实数据训练而来，对高频局部放电类型具有准确的判断和识别能力，杜绝误报警和漏报警。同时，采用独有的脉冲聚类技术，能够分离局部放电信号与噪声信号，能够分离来自不同缺陷的放电信号。

## 二、套管气体在线监测

$SF_6$ 气体密度在线监测已有较为成熟的技术、经验和方法，能够实现自动检测和报警功能。针对套管 $SF_6$ 气体密度在线监测，主要目的是监视 $SF_6$ 气体压力是否在规定范围内，进一步保障换流变压器的安全稳定运行。

### 1. 监测结构及功能

换流变压器阀侧套管 $SF_6$ 气体在线监测主要由气体压力密度表、电源信号传输线缆、数据采集板、IED 在线监测装置等部分组成。其中，气体压力密度表能够实现自动温度补偿，并带有压力高、压力低报警接点，报警信号可接入在线监测后台。

### 2. 安全注意事项

在换流变压器运行时，套管气体在线监测装置主要用于监视阀侧套管 $SF_6$ 气体压力情况，初步判断是否存在漏气问题。如果存在漏气问题，则人员进入阀厅检查处理前，应先进行通风。如果套管发生故障造成泄漏或 $SF_6$ 气体可能经过高温电弧分解时，人员进入阀厅除按规定通风外，还需佩戴防护用具，防止人员中毒。

## 第四节　换流变压器微水、油温及油位监测

一般情况下，换流变压器常用在线监测除了本体油中溶解气体监测、本体铁芯夹件接地电流监测、套管局部放电监测及气体监测外，还监测本体油中微水、本体油温、绕温、油位以及分接开关油温、油位等信息，共同表征换流变压器整体运行状态。

### 一、油中微水监测

换流变压器长时间运行、维护或故障后，本体油中含水量会不断增加，溶解水会在油中产生水蒸气泡，降低油的击穿电压和局部放电场强，引发换流变压器内部绝缘材料的老化，导致换流变压器发生局部发热或放电问题。通过在线监测换流变压器油中微水含量，评估换流变压器绝缘状态，为制定换流变压器维护计划，提高换流变压器使用寿命提供参考。

（1）油中微水监测原理。基于油中水含量与水分活度的关系，水分活度能够反应油中水分含量占整个溶解度范围的比例。采用高精度、高稳定性的敏感元件传感器探头检测油中水分含量，经电源信号传输线缆、数据采集板、IED在线监测装置送至在线监测服务器中，实现微水数据显示、实时监测及报警功能。

（2）油中微水含量限值要求如表6－5所示。

**表6－5　油中微水含量限值要求**

| 电压等级（kV） | 微水含量限值（μL/L） |
| --- | --- |
| 220 | 25 |
| 330及以上 | 15 |

### 二、油温、油位监测

换流变压器正常运行时，需对本体、分接开关油室的油温、油位进行实时监测，实现对设备运行状态的及时把控，保障换流变压器绝缘油满足运行需求。

（1）换流变压器本体、分接开关油温监测。通过温度传感器Pt100测量

电阻值，利用电阻/温度对应关系曲线来计算油室温度，再将温度值传送至温度控制器，能够便捷显示有载分接开关油温，同时判断油温处于何种运行状态。温度控制器测量模块通过 RS485 通信方式将温度值上传至 IED 在线监测装置内，对温度数据进行分析并形成 IEC 61850 规约数据包。通过光纤网络将温度数据上传至在线监测服务器中，实现温度数据集中显示、实时监测及报警功能。

（2）换流变压器本体、分接开关油位监测。油位监测包括压力式油位测量方法与浮杆式油位测量方法，数据测量方式采用 4～20mA 信号传输，现场油位表计将测得的油位值转换为 4～20mA 信号送至现场 IED 在线监测装置内，IED 装置将信号转换成油位数据送至在线监测服务器中，便于运维人员查阅使用。